职业院校工业机器人技术专业“十三五”系列教材

工业机器人知识要点解析

（FANUC 机器人）

张明文　等编著

机 械 工 业 出 版 社

本书基于 LR Mate 200iD/4S 工业机器人进行编写，采用碎片化教学方式，将 FANUC 工业机器人知识体系分解细化，对知识要点做了针对性解析，并配以详细的操作步骤。本书以工业机器人组成为切入点，系统地介绍了 FANUC 工业机器人的主要技术参数、手动操纵方法、坐标系标定流程、I/O 配置过程、程序编辑步骤、手动调试技巧以及示教器常用操作等核心内容，同时对实际使用中常用的指令进行了详细讲解。

本书可作为普通高等学校及中高职院校机电一体化、电气自动化及机器人技术等相关专业的教材，也可作为工业机器人培训机构的培训教材，并可供相关行业的技术人员参考使用。

本书配套有丰富的教学资源，凡使用本书作为教材的教师可咨询相关机器人实训装备，也可通过书末“教学课件下载步骤”下载相关数字教学资源。咨询邮箱：edubot_zhang@ 126. com。

图书在版编目（CIP）数据

工业机器人知识要点解析：FANUC 机器人/张明文等编著. —北京：机械工业出版社，2020. 3（2024. 8 重印）
职业院校工业机器人技术专业“十三五”系列教材
ISBN 978-7-111-64995-3

Ⅰ. ①工… Ⅱ. ①张… Ⅲ. ①工业机器人-高等职业教育-教材 Ⅳ. ①TP242. 2

中国版本图书馆 CIP 数据核字（2020）第 039459 号

机械工业出版社（北京市百万庄大街 22 号 邮政编码 100037）
策划编辑：赵磊磊 王振国 责任编辑：赵磊磊 王振国 张雁茹
责任校对：张 征 责任印制：常天培
北京机工印刷厂有限公司印刷
2024 年 8 月第 1 版第 3 次印刷
184mm×260mm · 10. 5 印张 · 257 千字
标准书号：ISBN 978-7-111-64995-3
定价：49. 80 元

电话服务
客服电话：010-88361066
010-88379833
010-68326294

网络服务
机 工 官 网：www. cmpbook. com
机 工 官 博：weibo. com/cmp1952
金 书 网：www. golden-book. com
机工教育服务网：www. cmpedu. com

编审委员会

序　一

PREFACE

现阶段，我国制造业面临资源短缺、劳动成本上升、人口红利减少等压力，而工业机器人的应用与推广将提高生产效率和产品质量，降低生产成本和资源消耗，有效提高我国工业制造的竞争力。我国《机器人产业发展规划（2016—2020年）》强调，机器人是先进制造业的关键支撑装备和未来生活方式的重要切入点。广泛采用工业机器人，对促进我国先进制造业的崛起有着十分重要的意义。“机器换人，人用机器”的新型制造方式有效推进了工业升级和转型。

工业机器人作为集众多先进技术于一体的现代制造业装备，自诞生至今已经取得了长足进步。当前，新科技革命和产业变革正在兴起，全球工业竞争格局面临重塑。世界各国紧抓历史机遇，纷纷出台了一系列国家战略，如美国的“再工业化”战略、德国的“工业4.0”计划、欧盟的“欧洲2020战略”，以及我国推出的“中国制造2025”战略。这些国家都以先进制造业为重点战略，并将机器人作为智能制造的核心发展方向。伴随机器人技术的快速发展，工业机器人已成为柔性制造系统（FMS）、自动化工厂（FA）、计算机集成制造系统（CIMS）等先进制造业的关键支撑装备。

随着工业化和信息化的快速推进，我国工业机器人市场进入高速发展时期。国际机器人联合会（IFR）统计显示，截至2016年，中国已成为全球最大的工业机器人市场。未来几年，中国工业机器人市场仍将保持高速的增长态势。然而，现阶段我国机器人技术人才匮乏，与巨大的市场需求严重不协调。“中国制造2025”强调要健全、完善中国制造业人才培养体系，为推动中国制造业从大国向强国转变提供人才保障。从国家战略层面而言，推进智能制造的产业化发展，工业机器人技术人才的培养是当务之急。

目前，结合“中国制造2025”的全面实施和国家职业教育改革，许多应用型本科、职业院校和技工院校纷纷开设工业机器人相关专业。但工业机器人作为一门专业知识面很广的实用型学科，普遍存在师资力量缺乏、配套教材资源不完善、工业机器人实训装备不系统、技能考核体系不完善等问题，导致无法培养出企业需要的机器人专业技术人才，严重制约了我国的机器人技术推广和智能制造业的发展。江苏哈工海渡工业机器人有限公司依托哈尔滨工业大学在机器人方向的研究实力，顺应形势需要，产、学、研、用相结合，组织企业专家和一线科研人员开展了一系列企业调研，面向企业需求，联合高校教师共同编写了“职业院校工业机器人技术专业‘十三五’系列教材”。

该系列教材具有以下特点。

（1）循序渐进，系统性强　该系列教材从工业机器人的初级应用、技术基础、实训指导，到工业机器人的编程与高级应用，由浅入深，有助于系统学习工业机器人技术。

（2）配套资源丰富多样　该系列教材配有相应的电子课件、视频等教学资源，与配套的工业机器人教学设备一起，构建了一体化的工业机器人教学体系。

(3) 通俗易懂，实用性强　该系列教材言简意赅，图文并茂，既可用于应用型本科、职业院校和技工院校的工业机器人应用型人才培养，也可供从事工业机器人操作、编程、运行、维护与管理等工作的技术人员参考学习。

(4) 覆盖面广，应用广泛　该系列教材介绍了国内外主流品牌机器人的编程、应用等相关内容，顺应国内机器人产业人才发展需要，符合制造业人才发展规划。

“职业院校工业机器人技术专业‘十三五’系列教材”结合实际应用，教、学、用有机结合，有助于读者系统学习工业机器人技术和强化提高实践能力。该系列教材的出版发行，必将提高我国工业机器人专业的教学效果，全面促进“中国制造2025”国家战略下我国工业机器人技术人才的培养和发展，大力推进我国智能制造产业变革。

中国工程院院士 蔡鹤皋

序　二

PREFACE

自机器人出现至今的短短几十年中，机器人技术的发展取得长足进步。伴随产业变革的兴起和全球工业竞争格局的全面重塑，机器人产业发展越来越受到世界各国的高度关注，主要经济体纷纷将发展机器人产业上升为国家战略，提出“以先进制造业为重点战略，以‘机器人’为核心发展方向”，并将此作为保持和重获制造业竞争优势的重要手段。

作为人类利用机械进行社会生产史上的一个重要里程碑，工业机器人是目前技术发展最成熟且应用最广泛的一类机器人。工业机器人现已被广泛应用于汽车及零部件制造、电子电器、机械加工、模具生产等行业以实现自动化生产线，参与焊接、装配、搬运、打磨、抛光、注塑等生产制造过程。工业机器人的应用既保证了产品质量，又提高了生产效率，避免了大量工伤事故，有效推动了企业和社会生产力发展。作为先进制造业的关键支撑装备，工业机器人影响着人类生活和经济发展的方方面面，成为衡量一个国家科技创新和高端制造业水平的重要标志。

伴随着工业大国相继提出与机器人产业相关的政策，如德国的“工业4.0”、美国的“先进制造伙伴计划”、我国的“中国制造2025”等，工业机器人产业迎来了快速发展态势。当前，随着劳动力成本上涨，人口红利逐渐消失，生产方式向柔性、智能、精细转变，中国制造业转型升级迫在眉睫。全球新一轮科技革命和产业变革与中国制造业转型升级形成历史性交汇，中国已经成为全球最大的机器人市场。大力发展工业机器人产业，对于打造我国制造业新优势，推动工业转型升级，加快制造强国建设，改善人民生活水平具有深远意义。

我国工业机器人产业迎来了爆发性的发展机遇。然而，现阶段我国工业机器人领域人才储备数量与质量严重不足，对企业而言，从工业机器人的基础操作维护人员到高端技术人才普遍存在巨大缺口，缺乏经过系统培训的、能熟练安全应用工业机器人的专业人才。现代工业立国的基础，需要有与时俱进的职业教育和人才培养配套资源。

“职业院校工业机器人技术专业‘十三五’系列教材”由江苏哈工海渡工业机器人有限公司联合众多高校和企业共同编写。该系列教材依托哈尔滨工业大学的先进机器人研究技术，综合企业实际用人需求，充分贯彻了现代应用型人才培养“淡化理论，培养技能，重在应用”的指导思想。该系列教材可作为普通高等学校及中高职院校机电一体化、电气自动化及机器人技术等相关专业的教材，也可作为工业机器人培训机构的培训教材，并可供相关行业的技术人员参考使用。整套教材涵盖了ABB、KUKA、YASKAWA、FANUC等国际主流品牌和国内主要品牌机器人的初级应用、实训指导、技术基础、高级编程等知识，注重循序渐进与系统学习，强化学生的工业机器人专业技术能力和实践操作能力。

立足工业，面向教育，该系列教材的出版，有助于推进我国工业机器人技术人才的培养和发展，助力中国智能制造。

中国科学院院士 韩杰才

前言

PREFACE

机器人是先进制造业的重要支撑装备，也是智能制造业的关键切入点。工业机器人作为机器人家族中的重要一员，是目前技术最成熟、应用最广泛的一类机器人。工业机器人的研发和产业化水平是衡量科技创新和高端制造发展水平的重要指标。发达国家已经把工业机器人产业发展作为抢占未来制造业市场、提升竞争力的重要途径。汽车工业、电子电器、工程机械等众多行业大量使用工业机器人自动化生产线，在保证产品质量的同时，改善了工作环境，提高了社会生产效率，有力推动了企业和社会生产力的发展。

当前，随着我国劳动力成本上涨，人口红利逐渐消失，生产方式向柔性、智能、精细化转变，构建新型智能制造体系迫在眉睫，对工业机器人的需求呈现大幅增长。大力发展工业机器人产业，对于打造我国制造业新优势，推动工业转型升级，加快制造强国建设，改善人民生活水平具有深远意义。“中国制造2025”将机器人作为重点发展领域的总体部署，机器人产业已经上升到国家战略层面。

在全球范围内的制造产业战略转型期，我国工业机器人产业迎来爆发性的发展机遇。然而，现阶段我国工业机器人领域人才供需失衡，缺乏经系统培训、能熟练安全使用和维护工业机器人的专业人才。国务院《关于推行终身职业技能培训制度的意见》指出：职业教育要适应产业转型升级需要，着力加强高技能人才培养；提升职业技能培训基础能力，加强职业技能培训教学资源建设和基础平台建设。针对这一现状，为了更好地推广工业机器人技术的应用，亟需编写一本系统、全面的工业机器人技术基础教材。

本书以FANUC LR Mate 200iD/4S型机器人为例，采用碎片化教学方式，将FANUC工业机器人知识体系分解细化，对知识要点做了针对性解析，并配以详细的操作步骤说明，使读者能够快速、有效地掌握FANUC机器人的关键技术。在学习过程中，建议结合本书配套的教学辅助资源，如工业机器人实训台、教学课件、视频素材、教学参考与拓展资料等。以上资源可通过书末所附“教学课件下载步骤”获取。

本书由哈工海渡机器人学院的张明文、王伟、顾三鸿、霰学会和何定阳编著，具体编写分工如下：张明文和王伟编写第1部分、张明文和顾三鸿编写第2部分、张明文和何定阳编写第3部分、霰学会编写第4部分、何定阳编写第5部分。在本书编写过程中，得到了哈工大机器人集团和上海FANUC机器人有限公司的有关领导、工程技术人员以及哈尔滨工业大学相关教师的鼎力支持与帮助，在此表示衷心的感谢！

由于编者水平有限，书中难免存在不足之处，敬请读者批评指正。读者有任何意见和建议均可反馈至E-mail：edubot_zhang@126.com。

编　者

目 录

CONTENTS

整体介绍

LR Mate 200iD/4S 介绍

1.1 本节要点

- 了解工业机器人常见应用。
- 了解工业机器人组成。
- 熟悉 LR Mate 200iD/4S。

1. LR Mate 200iD/4S 介绍

1.2 要点解析

1.2.1 工业机器人应用

如今，工业机器人已在众多领域得到应用。工业机器人的种类繁多，有点焊机器人、弧焊机器人、码垛机器人、喷涂机器人、装配机器人、搬运机器人等。工业机器人的常见应用有高温作业、测量检测、包装、弧焊、点焊、喷涂、搬运、分拣处理、码垛、填装、机器上下料、冲压、压力铸造、热处理、装配、修缘、抛光、打磨、水切割、等离子切割、激光焊接与切割、压力装配机铆接、粘接与封接等，如图 1- 1 所示。

1.2.2 工业机器人组成

工业机器人一般由三部分组成，即机器人本体、控制器、示教器。

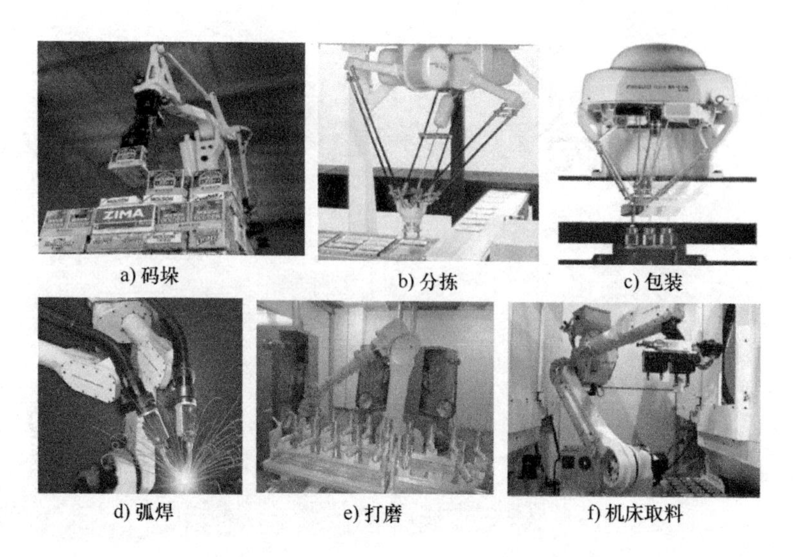

a) 码垛 b) 分拣 c) 包装
d) 弧焊 e) 打磨 f) 机床取料

图 1-1 FANUC 工业机器人常见应用

本书以 FANUC 典型产品 LR Mate 200iD/4S 机器人为例，进行相关介绍和应用分析，其组成结构如图 1-2 所示。

（1）机器人本体 机器人本体又称为操作机，是工业机器人的机械主体，是用来完成规定任务的执行机构，主要由机械臂、驱动装置、传动装置和内部传感器组成。对于六轴串联机器人而言，其机械臂主要包括基座、腰部、手臂（大臂和小臂）和手腕。机械臂组成如图 1-3 所示。

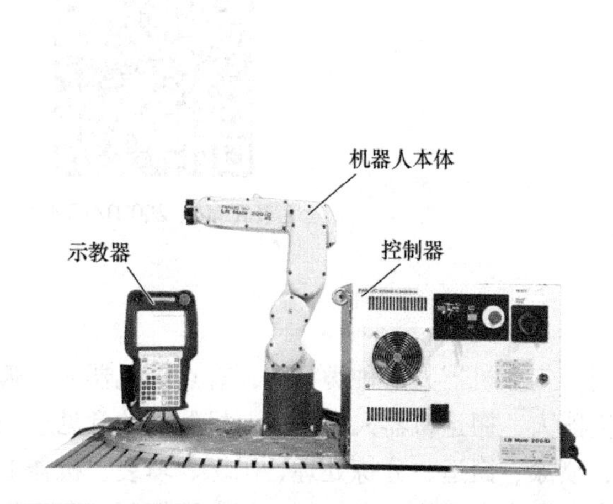

图 1-2 FANUC LR Mate 200iD/4S 机器人组成结构

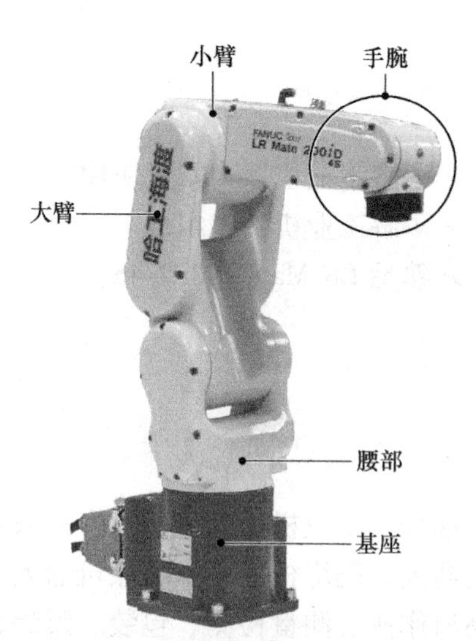

图 1-3 机械臂组成

（2）控制器 LR Mate 200iD/4S 机器人一般采用 R-30iB Mate 型控制器，其面板和接口主要由操作面板、断路器、USB 端口、连接电缆、散热风扇单元构成。

（3）示教器 示教器是工业机器人的人机交互接口，机器人的绝大部分操作均可以通过示教器来完成。例如，点动机器人，其示教器可用于编写、测试和运行机器人程序，设定、查阅机器人状态设置和位置等。示教器通过电缆与控制器连接。

1.2.3　主要技术参数

LR Mate 200iD/4S 是同级别机器人中质量最轻、大小和人手臂相近的迷你机器人，可负载 4kg，本体重量为 20kg，工作区域半径为 550mm，重复定位精度为 ±0.02mm，主要应用于装配、物料搬运、上下料及机械加工。其规格和特性见表 1-1。

表 1-1　LR Mate 200iD/4S 机器人规格和特性

规　格	型号	工作范围	额定负荷
	LR Mate 200iD/4S	550 mm	4kg
特　性	重复定位精度	±0.02 mm	
	机器人安装	地面安装，吊顶安装，倾斜角	
	防护等级	IP67	
	控制器	R-30iB Mate	

LR Mate 200iD/4S 机器人运动范围见表 1-2。

表 1-2　LR Mate 200iD/4S 机器人运动范围

轴运动	工作范围	最大速度/[(°)/s]
J1 轴	−170° ~ +170°	340
J2 轴	−110° ~ +120°	230
J3 轴	−69° ~ +205°	402
J4 轴	−190° ~ +190°	380
J5 轴	−120° ~ +120°	240
J6 轴	−360° ~ +360°	720

示教器概述

2.1　本节要点

- 了解示教器结构。
- 熟悉示教器画面。
- 熟练掌握示教器的使用。

2. 示教器概述

2.2　要点解析

2.2.1　示教器规格

示教器是工业机器人的人机交互接口，机器人的绝大部分操作均可以通过示教器来完成。示教器的构成见表 2-1。

表 2-1 示教器的构成

屏幕分辨率	640×480
LED	POWER、FAULT
TP 操作键	68 个
示教器有效开关	1 个
安全开关	1 个
急停按钮	1 个
USB 插口	1 个
左手与右手使用	支持

2.2.2 示教器结构

（1）外形结构 示教器的外形结构如图 2-1 所示。

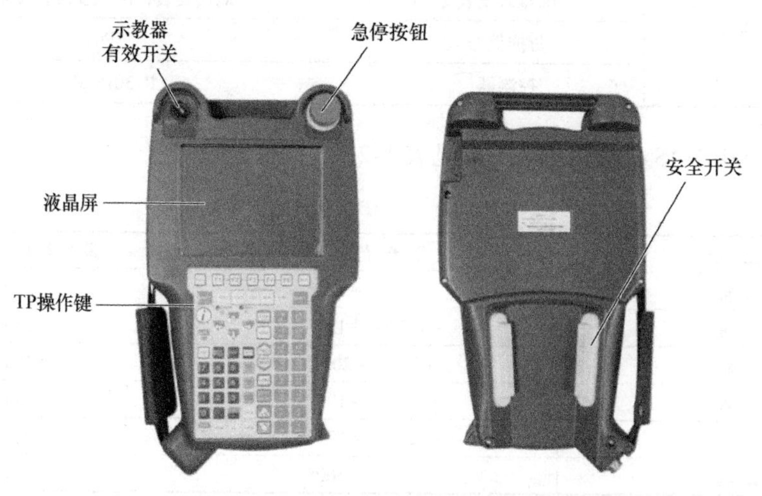

图 2-1 示教器的外形结构

1）示教器有效开关。将示教器置于有效状态。示教器无效时，点动进给、程序创建、测试执行无法进行。

2）急停按钮。不管示教器有效开关的状态如何，一旦按下急停按钮，机器人立即停止。

3）安全开关。安全开关有 3 种状态，即全松、半按、全按。半按：状态有效。全松和全按：无法执行机器人操作。

4）液晶屏。主要显示各状态画面以及报警信号。

5）TP 操作键。操作机器人时使用。

（2）TP 操作键介绍 图 2-2 所示为 TP 操作键。

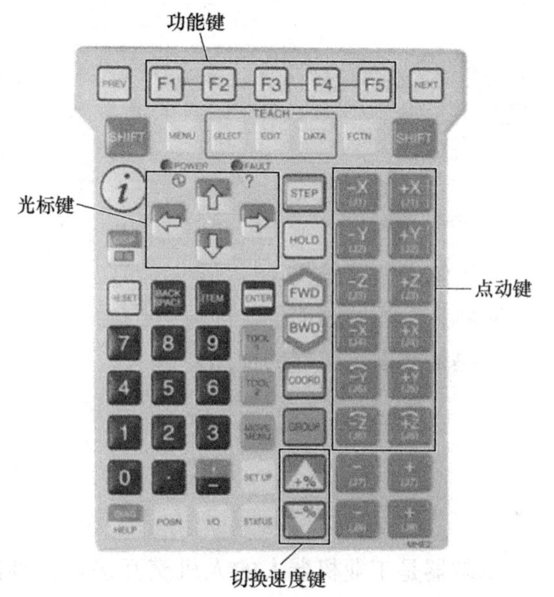

图 2-2 TP 操作键

表 2-2 介绍了示教器上部分 TP 操作键

的具体功能。

表 2-2 TP 操作键功能介绍

序号	按键	功能	序号	按键	功能
1	SELECT	用来显示程序一览画面	15	BACK SPACE	用来删除光标位置之前的一个字符或数字
2	NEXT	将功能键菜单切换到下一页	16	ITEM	用于输入行号码后移动光标
3	MENU	菜单键，显示画面菜单	17	PREV	返回键，显示上一画面
4	SET UP	显示设定画面	18	POSN	用来显示当前位置画面
5	RESET	复位键，消除警报	19	I/O	用来显示 I/O 画面
6	FWD	顺向执行程序	20	BWD	反向执行程序
7	DIAG HELP	单独按下，移动到提示画面；与【SHIFT】键同时按下，移动到报警画面	21	DISP	单独按下，移动操作对象画面；与【SHIFT】键同时按下，分割屏幕
8	SHIFT	与其他按键同时按下时，可以点动进给、示教位置数据、启动程序	22	GROUP	单独按下，按照 G1→G2→G2S→G3→…→G1 的顺序，依次切换组、副组；按住【GROUP】键的同时按住希望变更的组号码，即可变更为该组
9	COORD	用于切换示教坐标系	23	EDIT	显示程序编辑画面
10	ENTER	确认键	24	DATA	显示数据画面
11	FCTN	显示辅助菜单	25	STATUS	显示状态画面
12	STEP	在单步执行和连续执行之间切换	26	HOLD	暂停键，暂停机器人运动
13	TOOL 1 TOOL 2	用来显示工具 1 和工具 2 的画面	27	+% -%	倍率键，用来进行速度倍率的变更
14	F1 F2 F3 F4 F5	功能键	28	⇧ ⇩ ⇦ ⇨	移动光标

（3）功能键介绍 功能键（F1～F5）用来选择画面底部功能键菜单中对应的功能。当功能键菜单右侧出现“＞”时，按下示教器上的【NEXT】键，可循环切换功能键菜单，如图 2-3 所示。若功能键菜单中部分选项为空白，则表示相对应的功能键按下无效。

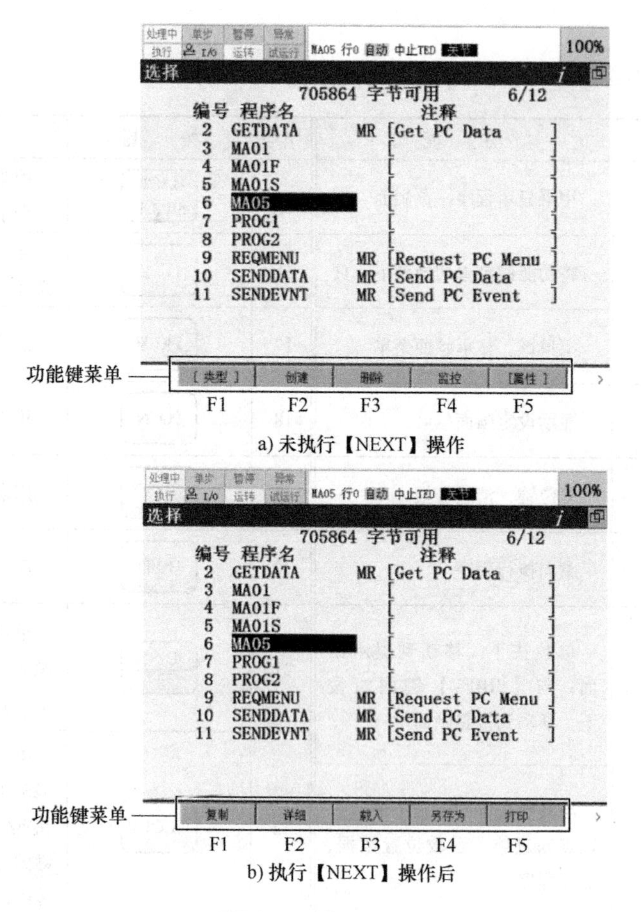

a) 未执行【NEXT】操作

b) 执行【NEXT】操作后

图2-3 功能键菜单

2.2.3 示教器画面

（1）状态窗口 状态窗口位于示教器显示画面的最上方，包含8个软件LED、报警显示和倍率值，如图2-4所示。8个软件LED见表2-3。

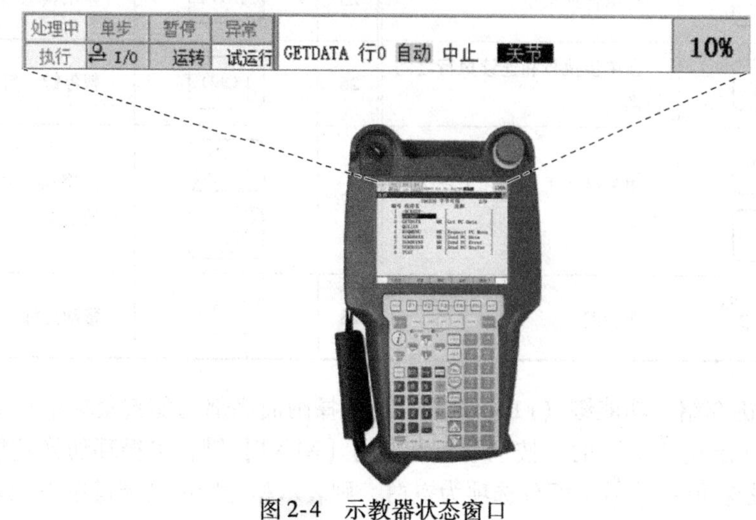

图2-4 示教器状态窗口

表 2-3　8 个软件 LED

序号	显示 LED	含　义	序号	显示 LED	含　义
1	处理中	表示机器人正在进行某项作业	5	执行	表示正在执行程序
2	单段	表示处在单段运转模式下	6	I/O	应用程序固有的 LED
3	暂停	表示按下了【HOLD】（暂停）键，或输入了 HOLD 命令	7	运转	应用程序固有的 LED
4	异常	表示发生了异常	8	试运行	应用程序固有的 LED

注：上段显示表示 ON，下段显示表示 OFF。

（2）主菜单　按下示教器上的【MENU】键，即会出现图 2-5 所示的画面。

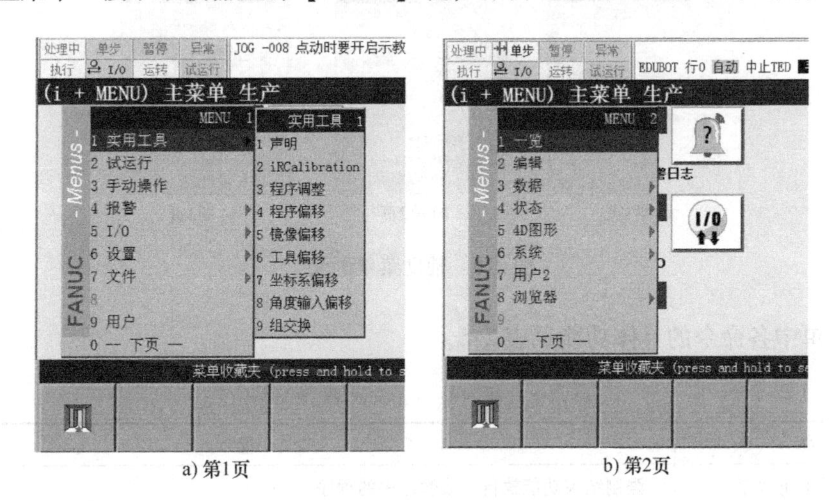

a) 第1页　　b) 第2页

图 2-5　主菜单画面

主菜单中各命令的具体功能见表 2-4。

表 2-4　主菜单中各命令的具体功能

序号	命　令	功　能
1	实用工具	使用各类机器人功能
2	试运行	进行测试运转的设定
3	手动操作	手动执行宏指令
4	报警	显示发生的报警和过去报警履历以及详细情况
5	I/O	进行各类 I/O 的状态显示、手动输入、仿真输入/输出、信号分配、注解的输入
6	设置	进行系统的各种设定
7	文件	进行程序、系统变量、数值寄存器文件的加载保护
8	用户	在执行消息指令时显示用户消息
9	一览	显示出现一览。也可进行创建、复制、删除等操作

（续）

序号	命　令	功　能
10	编辑	进行程序的示教、修改、执行
11	数据	显示数值寄存器、位置寄存器和码垛寄存器的值
12	状态	显示系统的状态
13	4D 图形	显示 3 画面，同时显示现在位置数据
14	系统	进行系统变量的设定、零点标定的设定等
15	用户 2	显示从 KAREL 程序输出的消息
16	浏览器	进行网络上 Web 网页的浏览

（3）辅助菜单　按下示教器上的【FCTN】键，显示辅助菜单画面，如图 2-6 所示。

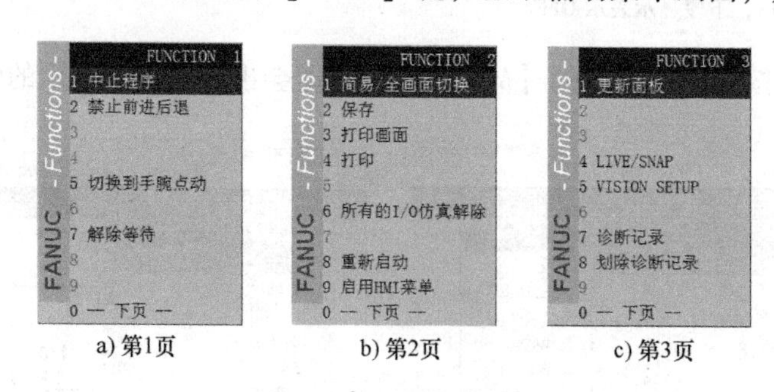

a) 第1页　b) 第2页　c) 第3页

图 2-6　辅助菜单画面

辅助菜单中各命令的具体功能见表 2-5。

表 2-5　辅助菜单命令的具体功能

序号	命　令	功　能
1	中止程序	强制结束功能执行中或暂停中的程序
2	禁止前进后退	禁止或解除从示教器启动程序
3	解除等待	跳过当前执行中的等待指令。解除等待时，程序的执行在等待指令的下一行暂停
4	简易/全画面切换	用来切换通常的画面菜单和快捷菜单
5	保存	将与当前显示画面相关的数据保存在外部存储装置中
6	打印画面	原样打印当前所显示的画面
7	打印	用于程序、系统变量的打印
8	所有的 I/O 仿真解除	解除所有 I/O 信号的仿真设定
9	重新启动	可以进行再启动
10	启用 HMI 菜单	按下【MENU】键时，选择是否显示 HMI 菜单
11	更新面板	进行画面的再次显示
12	诊断记录	发生故障时记录调查用数据发生故障时，请在电源置于 OFF 前记录下来
13	划除诊断记录	删除所记录的调查用数据

（4）示教器画面的分割　按下【DISP】键+【SHIFT】键，即可显示分割菜单画面，如图2-7所示。

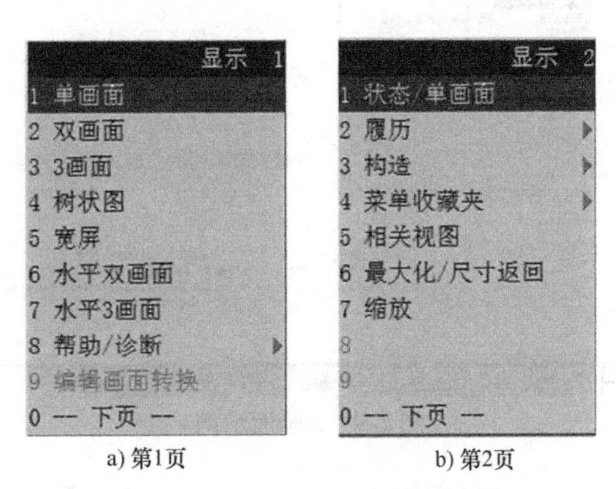

a) 第1页　　b) 第2页

图2-7　分割菜单画面

分割菜单中各命令的含义见表2-6。

表2-6　分割菜单中各命令的含义

序号	命　令	含　义
1	单画面	整个画面只显示一种数据，画面不予分割
2	双画面	分割为左右两个画面，如图2-8所示
3	3画面	先分为左右两个画面，并将右边的画面上下分割，共显示3个画面，如图2-9所示
4	宽屏	最多显示横向76个字符，纵向20个字符
5	状态/单画面	分割为左右两个画面，右边画面较大，如图2-10所示
6	履历	显示前8个菜单，可显示所选的菜单
7	构造	显示已登录的画面配置列表，可根据选择变更配置
8	菜单收藏夹	显示已登录的菜单列表，可显示选择的菜单
9	最大化/尺寸返回	在双画面、3画面状态下，全屏显示单画面内容，再次单击返回多画面状态

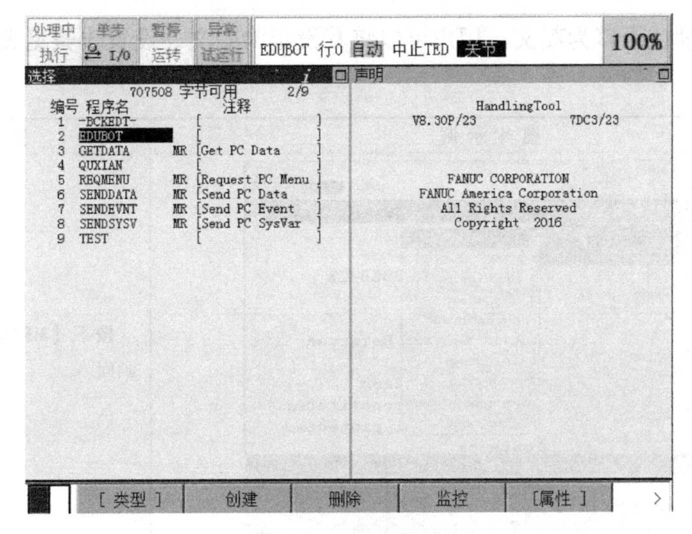

图2-8　双画面示例

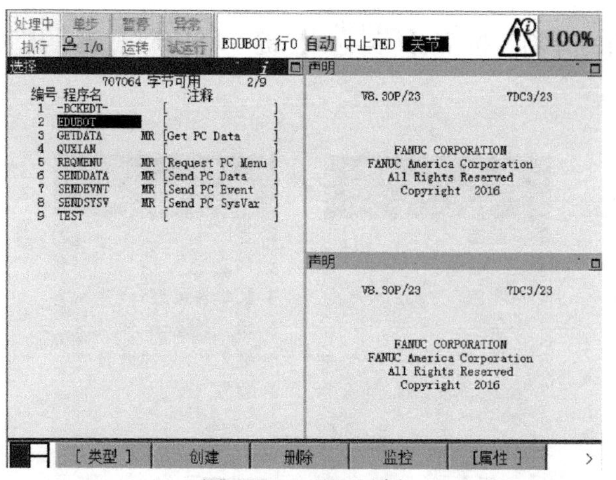

图 2-9 3 画面示例

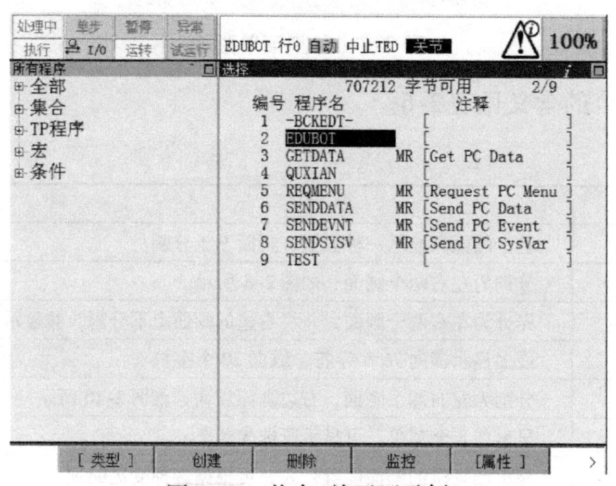

图 2-10 状态/单画面示例

2.2.4 示教器语言设置

示教器画面默认语言为英文，用户可以将其设定为中文，设置步骤见表 2-7。

表 2-7 语言设置步骤

序号	图片示例	操作步骤
1	Busy Step Hold Fault Run I/O Prod TCyc AUTO JGFRM 100% UTILITIES Hints MENU 1: 1 UTILITIES, 2 TEST CYCLE, 3 MANUAL FCTNS, 4 ALARM, 5 I/O, 6 SETUP, 7 FILE, 8, 9 USER, 0 -- NEXT -- UTILITIES 1: 1 Hints, 2 iRCalibration, 3 Prog Adjust, 4 Program Shift, 5 Mirror Image Shif, 6 Tool Offset, 7 Frame Offset, 8 Angle entry shift, 9 Group Exchg Menu Favorites (press and hold to set)	按下【MENU】键，进入主菜单画面

（续）

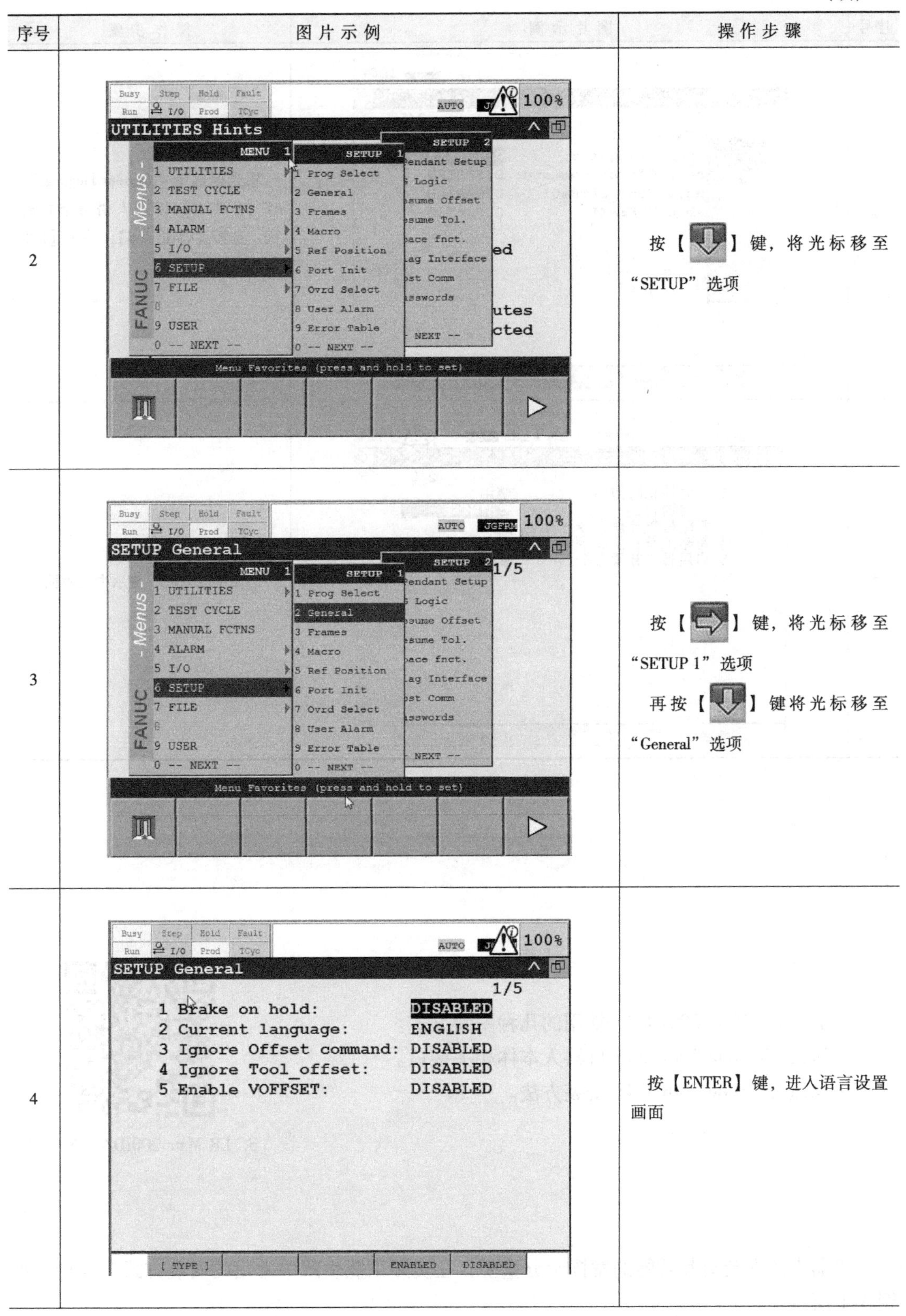

序号	图片示例	操作步骤
2		按【↓】键，将光标移至“SETUP”选项
3		按【→】键，将光标移至“SETUP 1”选项 再按【↓】键将光标移至“General”选项
4		按【ENTER】键，进入语言设置画面

（续）

序号	图片示例	操作步骤
5	SETUP General 2/5 1 Brake on hold: DISABLED 2 Current language: CHINESE 3 Ignore Offset command: DISABLED 4 Ignore Tool_offset: DISABLED 5 Enable VOFFSET: DISABLED 1 CHINESE 2 ENGLISH [TYPE] [CHOICE]	用光标选中“Current language”，按【ENTER】键进入语言选择画面，选择【CHINESE】，并按【ENTER】键确认
6	设置 常规 2/5 1 一时停止时抱闸: 禁用 2 当前语言: CHINESE 3 忽略位置补偿命令: 禁用 4 忽略工具补偿命令: 禁用 5 启用视觉补偿命令: 禁用 [类型] [选择]	语言更改完成，显示中文画面

LR Mate 200iD/4S 的安装

3.1 本节要点

- 了解 LR Mate 200iD/4S 常用的几种安装方式。
- 熟悉 LR Mate 200iD/4S 机器人本体相关接口。
- 掌握 LR Mate 200iD/4S 安装方法。

3. LR Mate 200iD/4S 的安装

3.2 要点解析

3.2.1 安装方式

机器人的安装对其功能的发挥十分重要，在实际工业生产中常用的安装方式有 3 种，如图 3-1 所示。

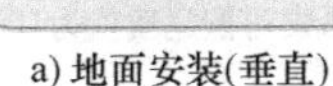

a) 地面安装(垂直)

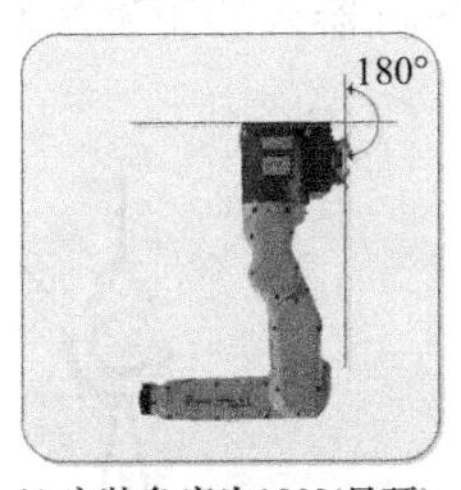

b) 安装角度为180°(吊顶)

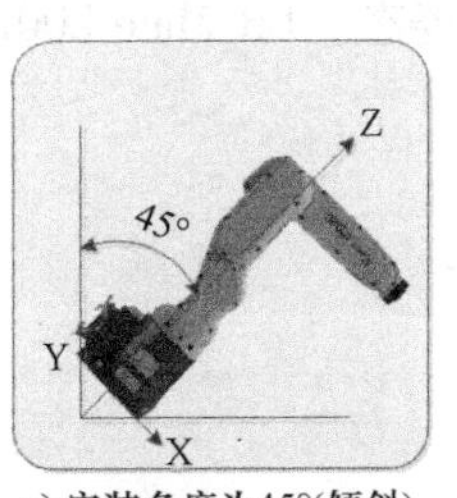

c) 安装角度为45°(倾斜)

图 3-1 LR Mate 200iD/4S 机器人常用的安装方式

本知识点将介绍 LR Mate 200iD/4S 机器人安装角度为 45° 的安装固定方式及其相关应用。其他安装方法可参阅 FANUC 相关手册。

1）安装条件参数。LR Mate 200iD/4S 机器人的安装条件相关参数见表 3-1 和表 3-2。

表 3-1 运行温度和湿度

参数名称	参数值
最低环境温度	0℃
最高环境温度	45℃
最大环境湿度	通常在 75% RH 以下

表 3-2 基本物理特性

参数名称	参数值
机器人底座尺寸	160mm × 160mm
机器人高度	716mm
机器人质量	20kg

在安装机器人前，须确认安装尺寸。机器人基座上的孔距为 138mm × 138mm，如图 3-2 所示。

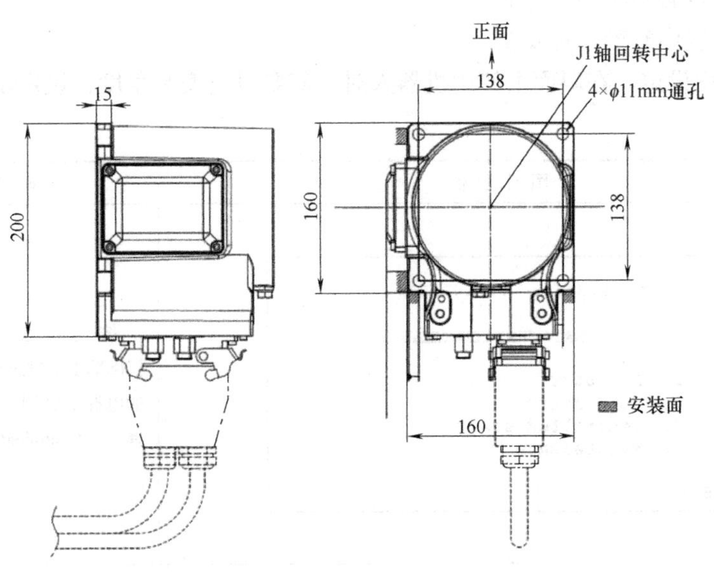

图 3-2 LR Mate 200iD/4S 机器人的基座尺寸

2）吊装姿态。LR Mate 200iD/4S 机器人的正确吊装姿态如图 3-3 所示。

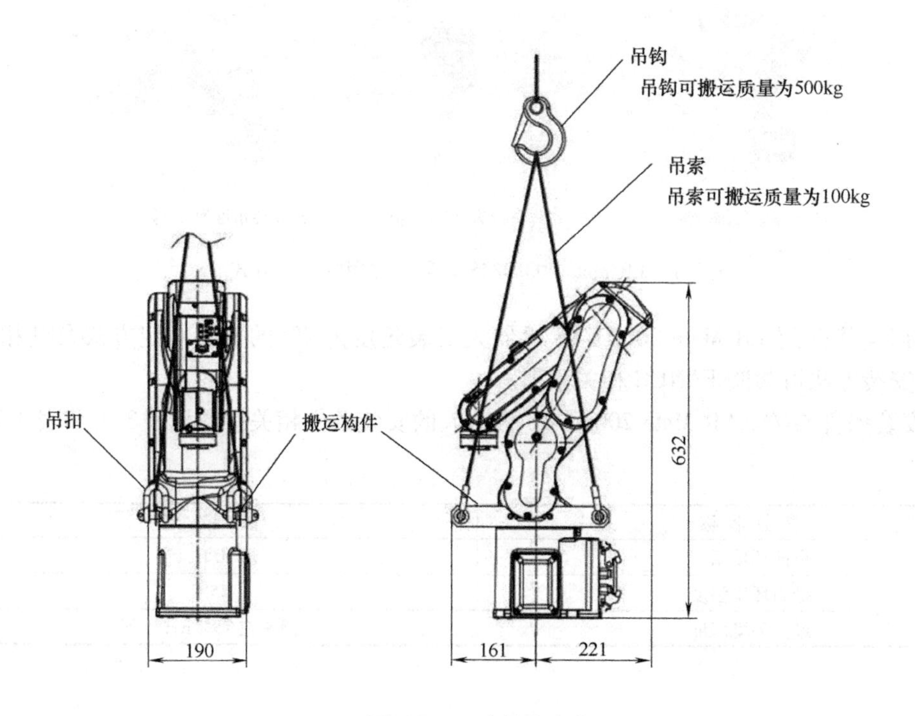

图 3-3　正确吊装姿态

注意事项如下：

➢ 必须按规范操作。
➢ 机器人质量为 20kg，必须使用相应负载能力的起吊附件。
➢ 将机器人固定到其基座之前，切勿改变其姿态。
➢ 机器人固定必须牢固、可靠。
➢ 在安装过程中时刻注意安全。

3）安装角度设定。在斜面上使用机器人时，需要设定安装角度，设定步骤见表 3-3。

表 3-3　安装角度设定步骤

序号	图片示例	操作步骤
1	System version; V7.10P/01 ..........CONFIGURATION MENU......... 1. Hot start 2. Cold start 3. Controlled start 4. Maintenance Select>	按住示教器【PREV】键和【NEXT】键的同时，接通控制装置的电源断路器，出现配置菜单，选择“3. Controlled start”

（续）

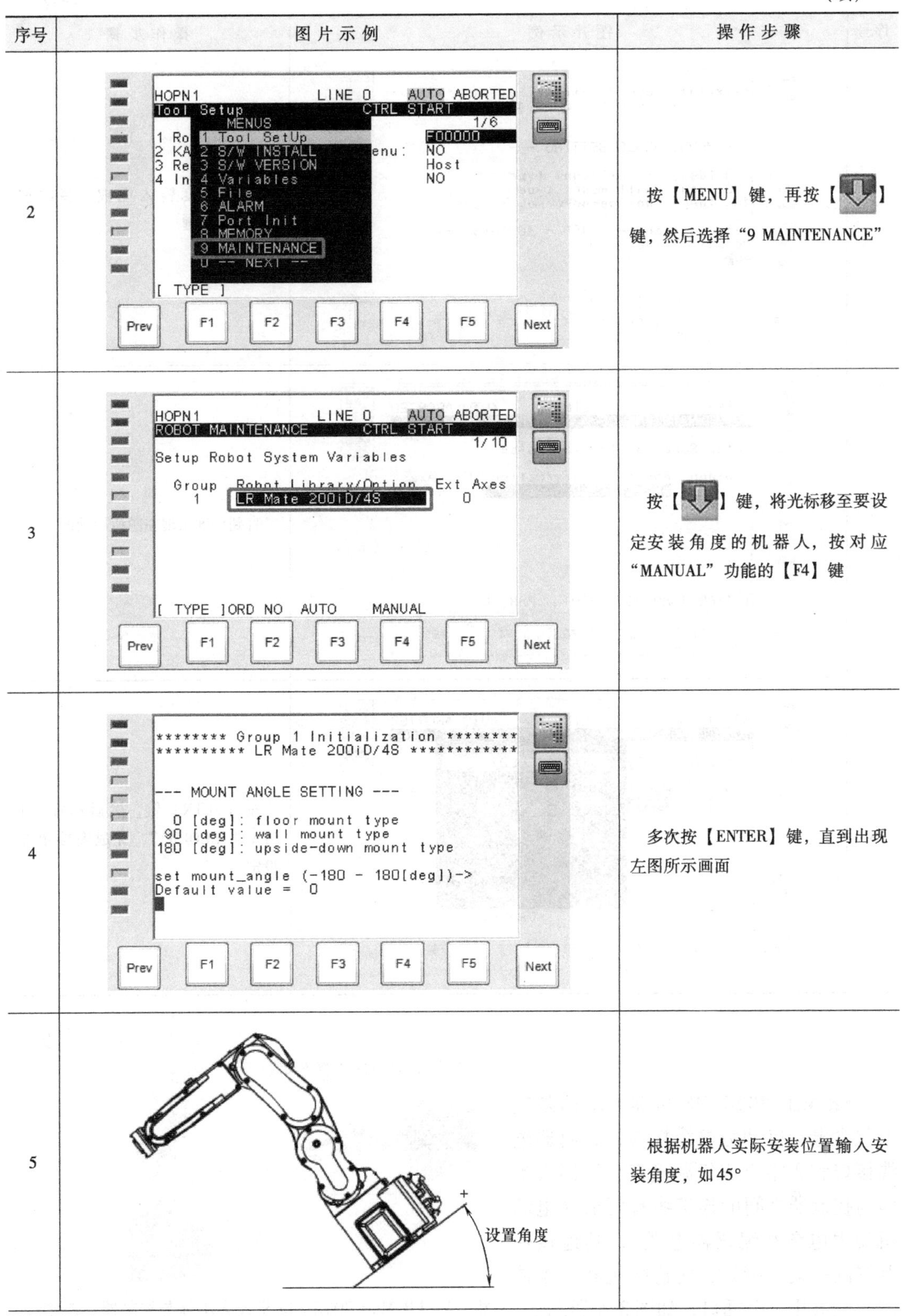

序号	图片示例	操作步骤
2		按【MENU】键，再按【↓】键，然后选择“9 MAINTENANCE”
3		按【↓】键，将光标移至要设定安装角度的机器人，按对应“MANUAL”功能的【F4】键
4		多次按【ENTER】键，直到出现左图所示画面
5		根据机器人实际安装位置输入安装角度，如45°

（续）

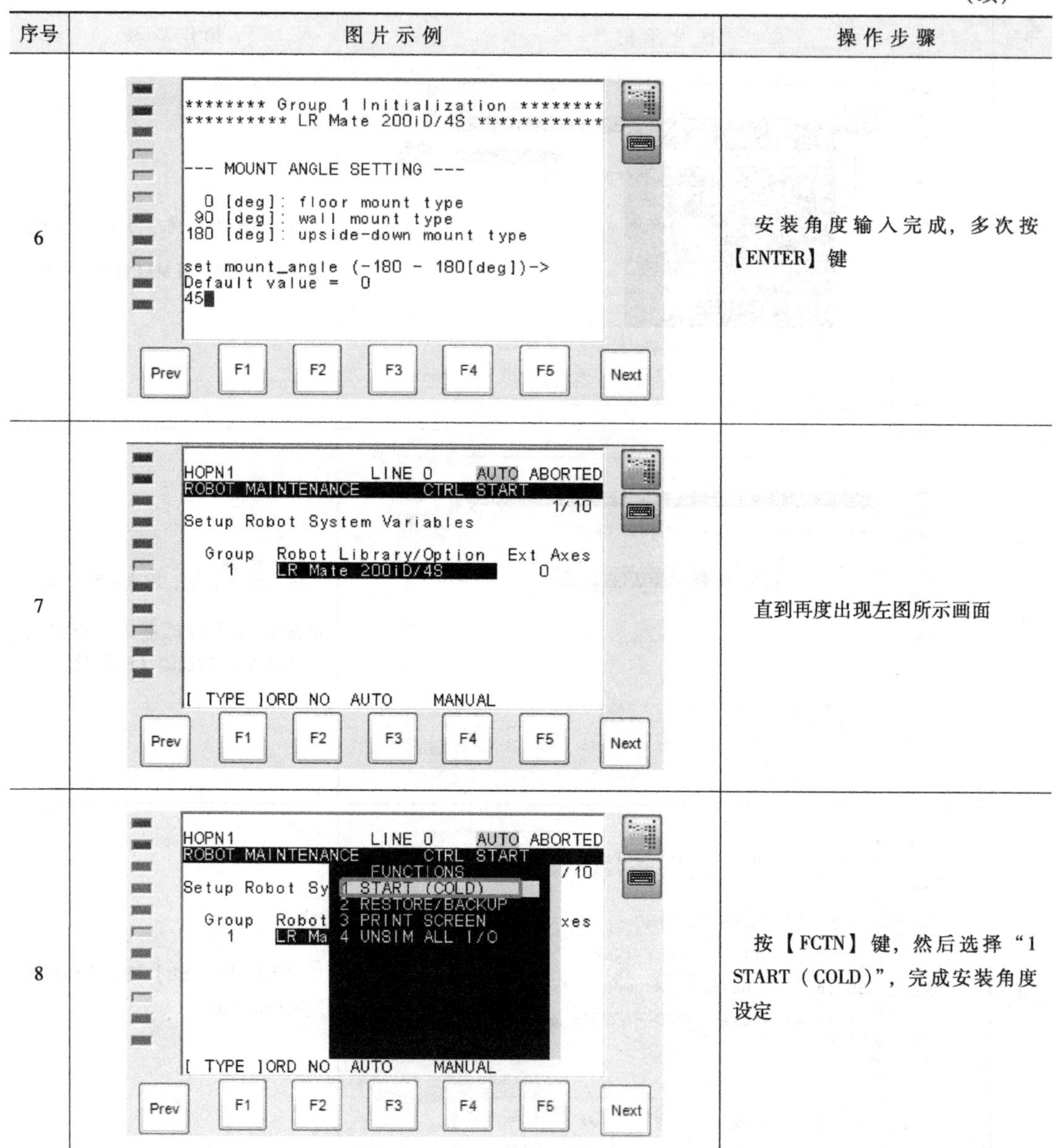

序号	图片示例	操作步骤
6		安装角度输入完成，多次按【ENTER】键
7		直到再度出现左图所示画面
8		按【FCTN】键，然后选择“1 START（COLD）”，完成安装角度设定

3.2.2 本体接口

LR Mate 200iD/4S 机器人本体基座上包含电动机动力电缆接口、编码器电缆接口和2路集成气源接口。机器人本体与控制器之间的连接线有两根（电动机动力电缆和编码器电缆），其连接控制器的一端已接好，而连接机器人本体的一端共用一个插口，如图3-4所示。

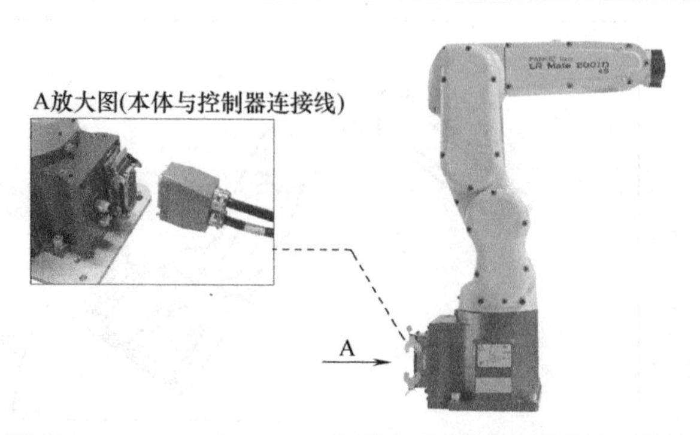

图3-4　LR Mate 200iD/4S 机器人本体与控制器的连接线

LR Mate 200iD/4S 机器人手腕上方包含 5 路集成气源接口和 12 路集成信号接口。机器人本体与末端执行器（工具）之间的电缆线连接接口如图 3-5 所示。

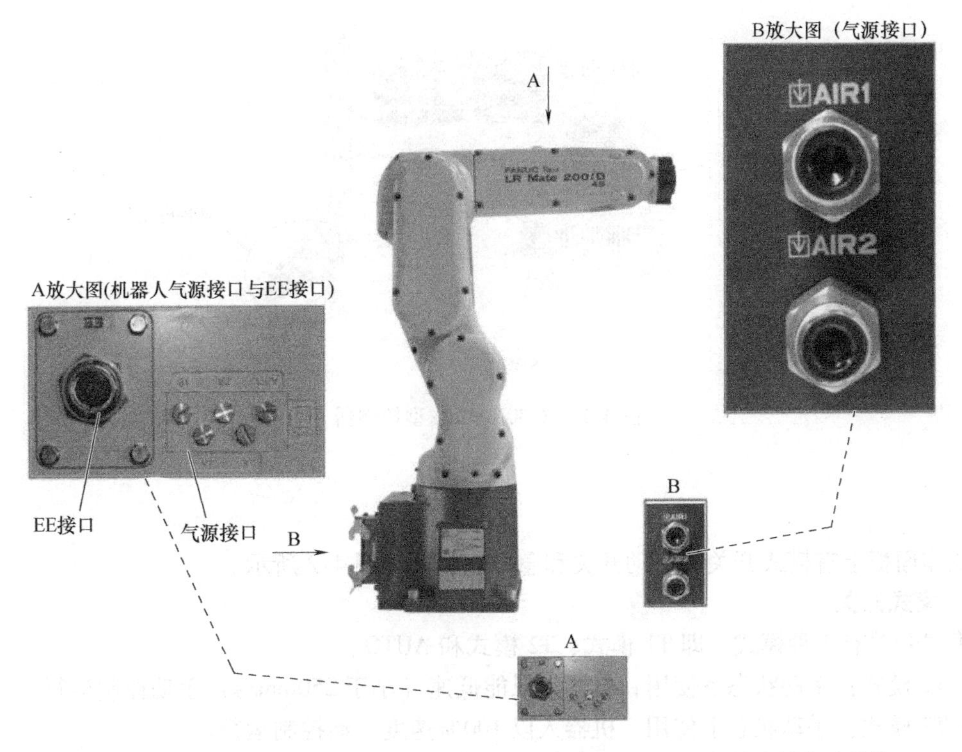

图 3-5 LR Mate 200iD/4S 机器人本体与末端执行器（工具）之间的电缆线连接接口

➢ EE 接口：通过集成电路连接到控制器。

➢ 气源接口：通过集成气源接口将气体传送给气动元件。其中 AIR1 为直通气路；AIR2 连接两个内部电磁阀，且 1A 和 1B 为一路，2A 和 2B 为另一路。

控制器概述

4.1 本节要点

➢ 熟悉控制器的操作面板。

➢ 了解机器人工作模式。

➢ 了解断路器的使用。

4. 控制器概述

4.2 要点解析

LR Mate 200iD/4S 机器人一般采用 R-30iB Mate 型控制器，其面板和接口的主要构成有操作面板、断路器、USB 端口、连接电缆和散热风扇单元，如图 4-1 所示。

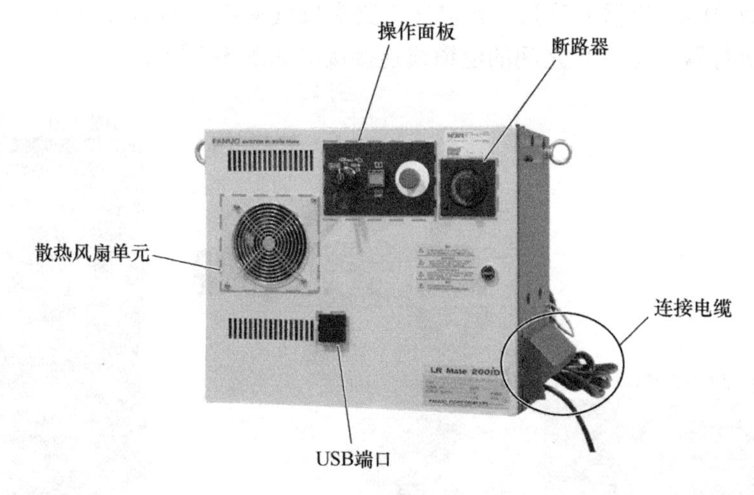

图 4-1　R-30iB Mate 型控制器

4.2.1　操作面板

操作面板上有模式开关、启动开关和急停按钮，如图 4-2 所示。

1. 模式开关

模式开关有 3 种模式，即 T1 模式、T2 模式和 AUTO。

➢ T1 模式：手动状态下使用，机器人只能低速（小于 250mm/s）手动控制运行。

➢ T2 模式：手动状态下使用，机器人以 100% 速度手动控制运行。

➢ AUTO：在生产运行时所使用的一种方式。

2. 启动开关

启动当前所选的程序，程序启动时亮灯。

3. 急停按钮

按下此按钮可使机器人立即停止。顺时针方向旋转急停按钮即可解除按钮锁定。

4.2.2　断路器

断路器即控制器电源开关。“ON”表示上电，“OFF”表示断电，如图 4-3 所示。

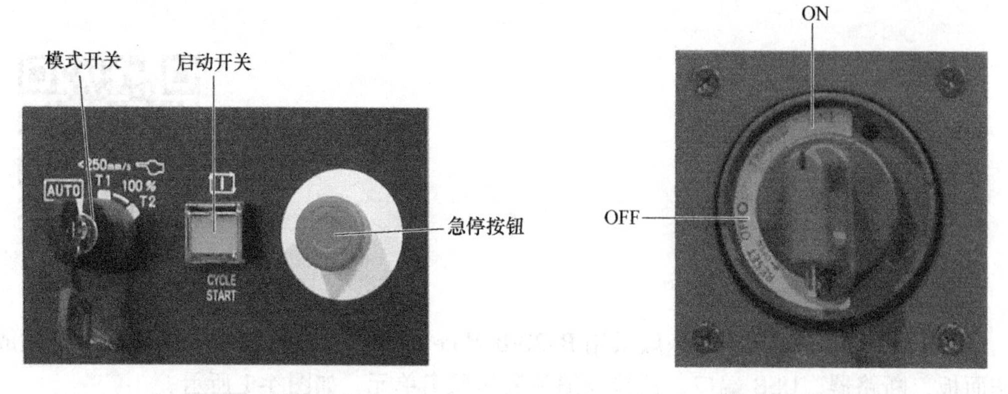

图 4-2　操作面板

图 4-3　断路器

当断路器处于“ON”时，无法打开控制器的柜门；只有将其旋转至“OFF”，并继续逆时针方向转动一段距离，才能打开柜门，但此时无法启动控制器。

知识点5 零点标定

5.1 本节要点

5. 零点标定

➢ 了解需要执行零点标定的情形。
➢ 了解零点标定原理。
➢ 掌握零点标定的方法。

5.2 要点解析

5.2.1 零点标定介绍

机器人零点标定是指将机器人恢复至零点位置，并使机器人各轴的轴角度与连接在各轴电动机上的脉冲计数值对应起来的操作。具体来说，零点标定是求取零位中脉冲计数值的操作。

机器人零点位置是指机器人本体的各个轴同时处于机械零点时的姿态，而机械零点是指机器人各关节角度处于0°时的状态。

由于FANUC机器人零点位置数据出厂时已设置，所以在正常情况下无须进行零点标定。但遇到以下情形时，则需要执行零点标定：

1）机器人执行初始化起动。
2）SPC备份电池的电压下降导致SPC脉冲计数丢失。
3）在关机状态下卸下机器人底座电池盒盖子。
4）编码器电源线断开。
5）更换SPC。
6）更换电动机。
7）机械拆卸。
8）机器人的机械臂因受到外部撞击导致脉冲计数发生变化。
9）机器人在非备份姿态时，SRAM（CMOS）备份电池的电压下降导致Mastering数据丢失。

机器人在执行零点标定时需要将机器人的机械信息与位置信息同步，来定义机器人的物理位置。因此，必须正确操作机器人来进行零点标定。

零点标定的方法有5种，见表5-1。

5.2.2 零点标定原理

FANUC机器人零点标定原理如下：

表 5-1 零点标定的方法

序号	零点标定方法	说明
1	专用夹具零点位置标定	使用零点标定专用夹具进行的零点标定，在厂商出货之前完成
2	全轴零点位置标定	参照安装在机器人各轴上的零度位置标记，将机器人各轴对合于零度位置而进行的零点标定
3	简易零点标定（单轴）	将零点标定位置设定在任意位置上的零点标定。需要事先设定好参考点
4	单轴零点标定	针对每一轴进行的零点标定
5	输入零点标定数据	直接输入零点标定数据

1）手动操作机器人，将所需标定的关节移动至零点标记位置。

FANUC LR Mate 200iD/4S 机器人本体的 6 个轴上均有零点标记，在示教器上进行校准操作之前，先确认机器人的 6 个关节都在标记零点的位置（J1 ~ J6 轴对应位置），如图 5-1 所示。

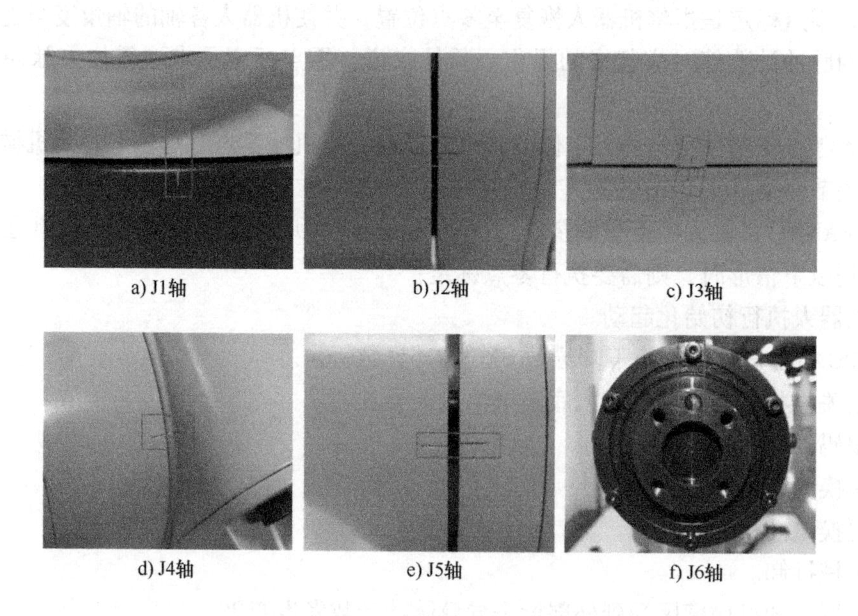
a) J1轴 b) J2轴 c) J3轴
d) J4轴 e) J5轴 f) J6轴

图 5-1 FANUC LR Mate 200iD/4S 机器人的各关节零点标记

2）选择合适的零点标定方法进行标定。

3）更新零点标定结果，进行位置校准，即让机器人控制装置读取所需标定的关节当前脉冲计数值并识别当前位置。

5.3 操作步骤

本知识点采用全轴零点位置标定的方法进行零点标定，具体操作步骤见表 5-2。

表 5-2 全轴零点位置标定操作步骤

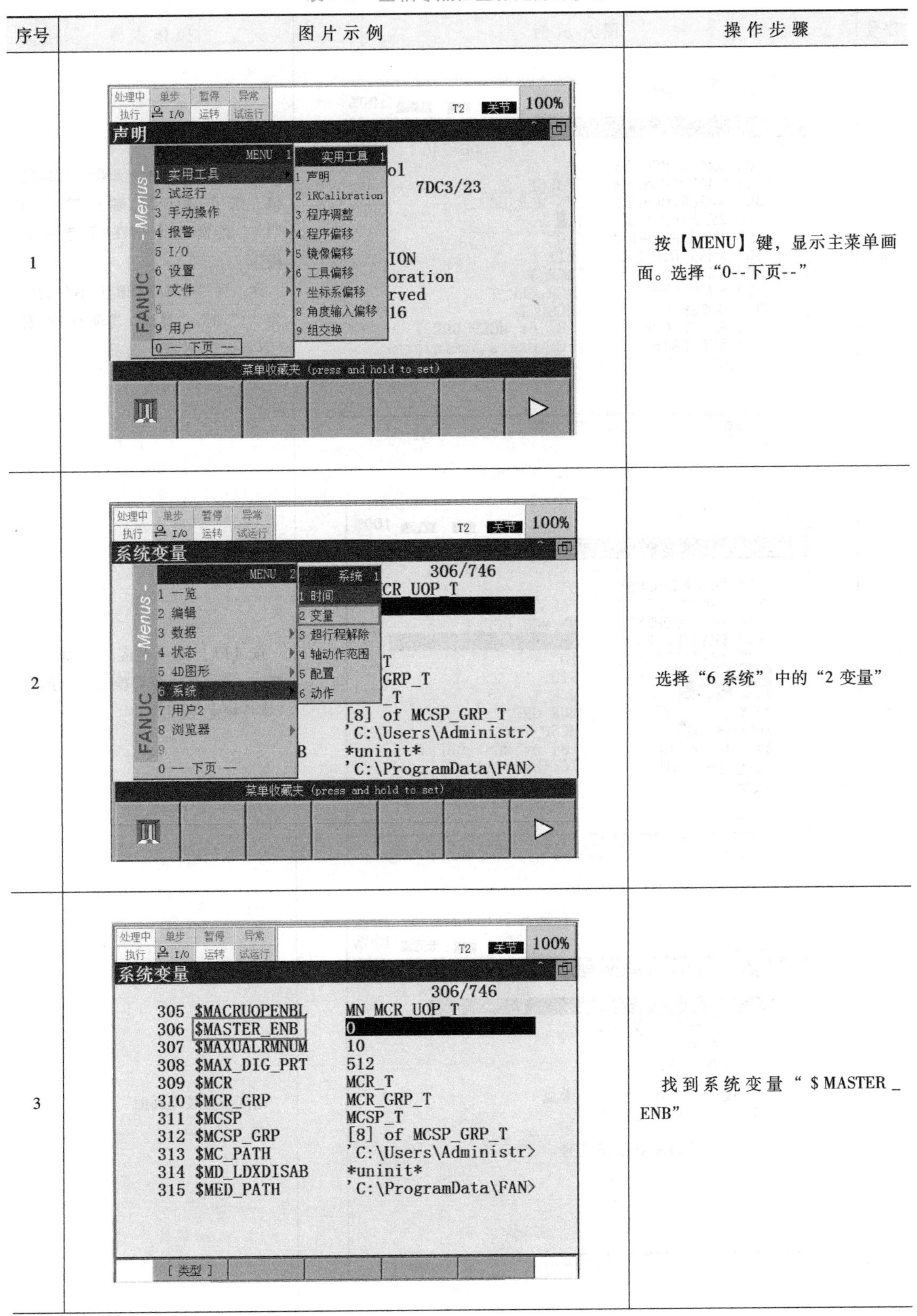

序号	图片示例	操作步骤
1		按【MENU】键，显示主菜单画面。选择“0--下页--”
2		选择“6 系统”中的“2 变量”
3		找到系统变量“$MASTER_ENB”

（续）

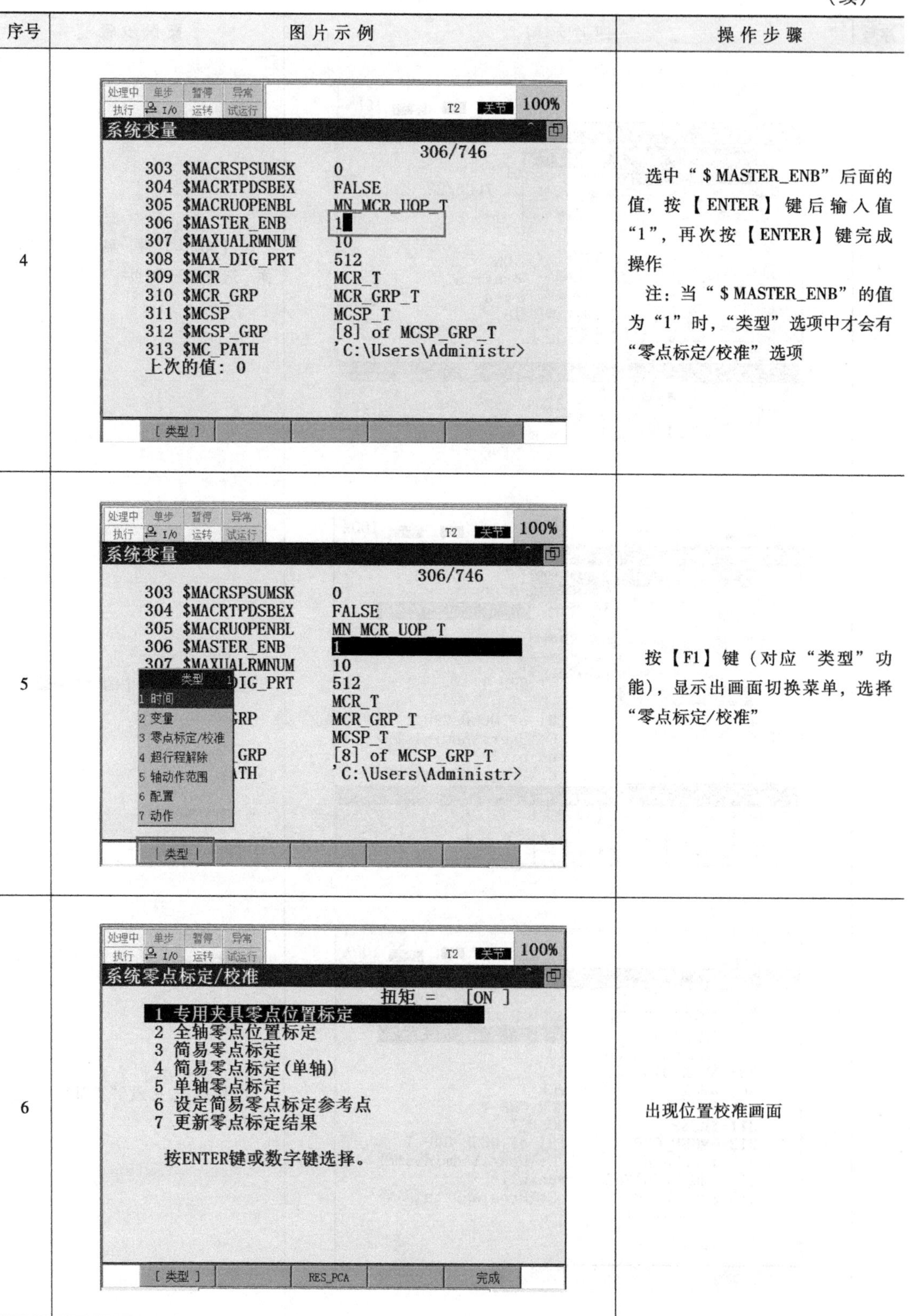

序号	图片示例	操作步骤
4		选中“$MASTER_ENB”后面的值，按【ENTER】键后输入值“1”，再次按【ENTER】键完成操作 注：当“$MASTER_ENB”的值为“1”时，“类型”选项中才会有“零点标定/校准”选项
5		按【F1】键（对应“类型”功能），显示出画面切换菜单，选择“零点标定/校准”
6		出现位置校准画面

（续）

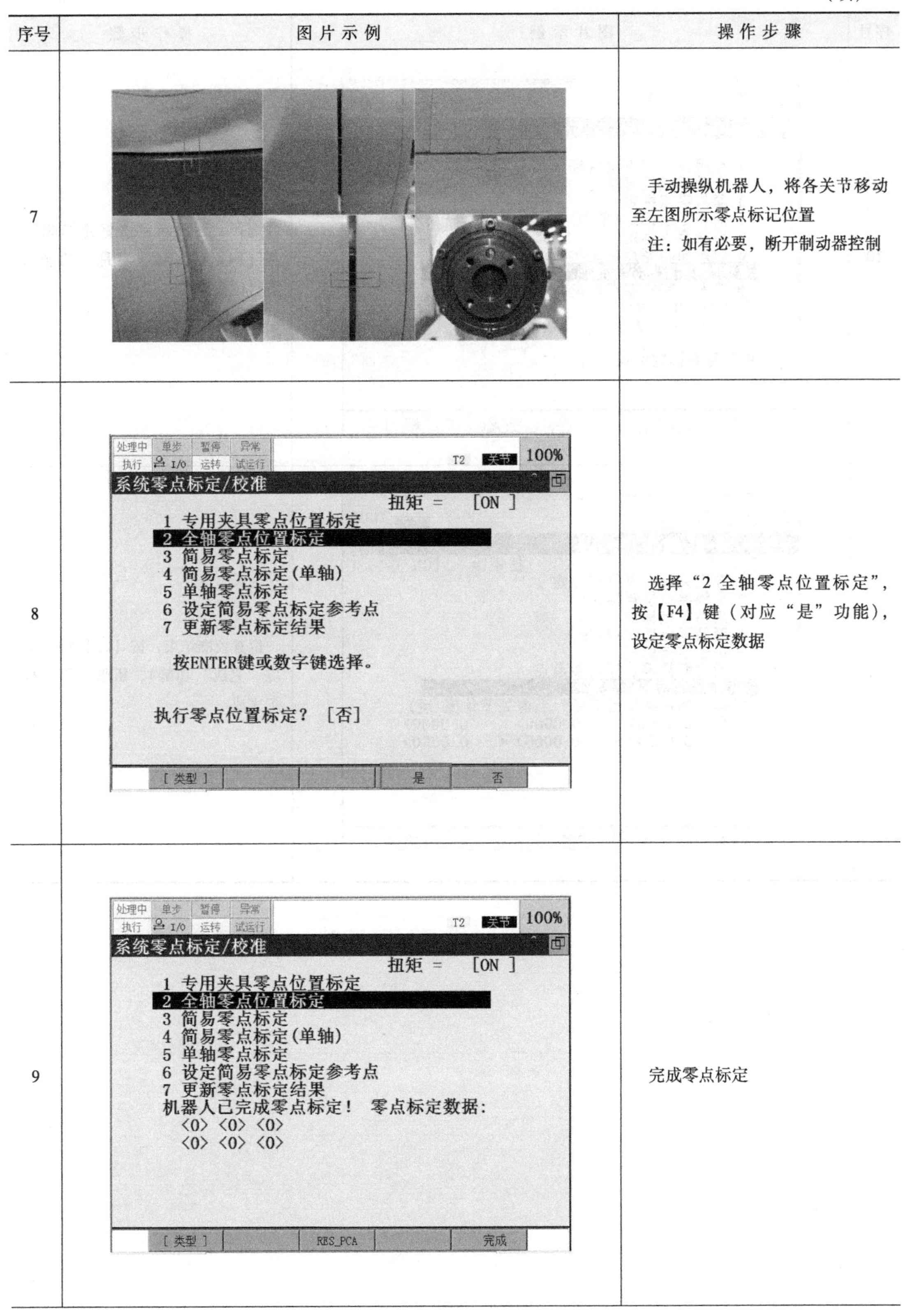

序号	图片示例	操作步骤
7		手动操纵机器人，将各关节移动至左图所示零点标记位置 注：如有必要，断开制动器控制
8		选择“2 全轴零点位置标定”，按【F4】键（对应“是”功能），设定零点标定数据
9		完成零点标定

（续）

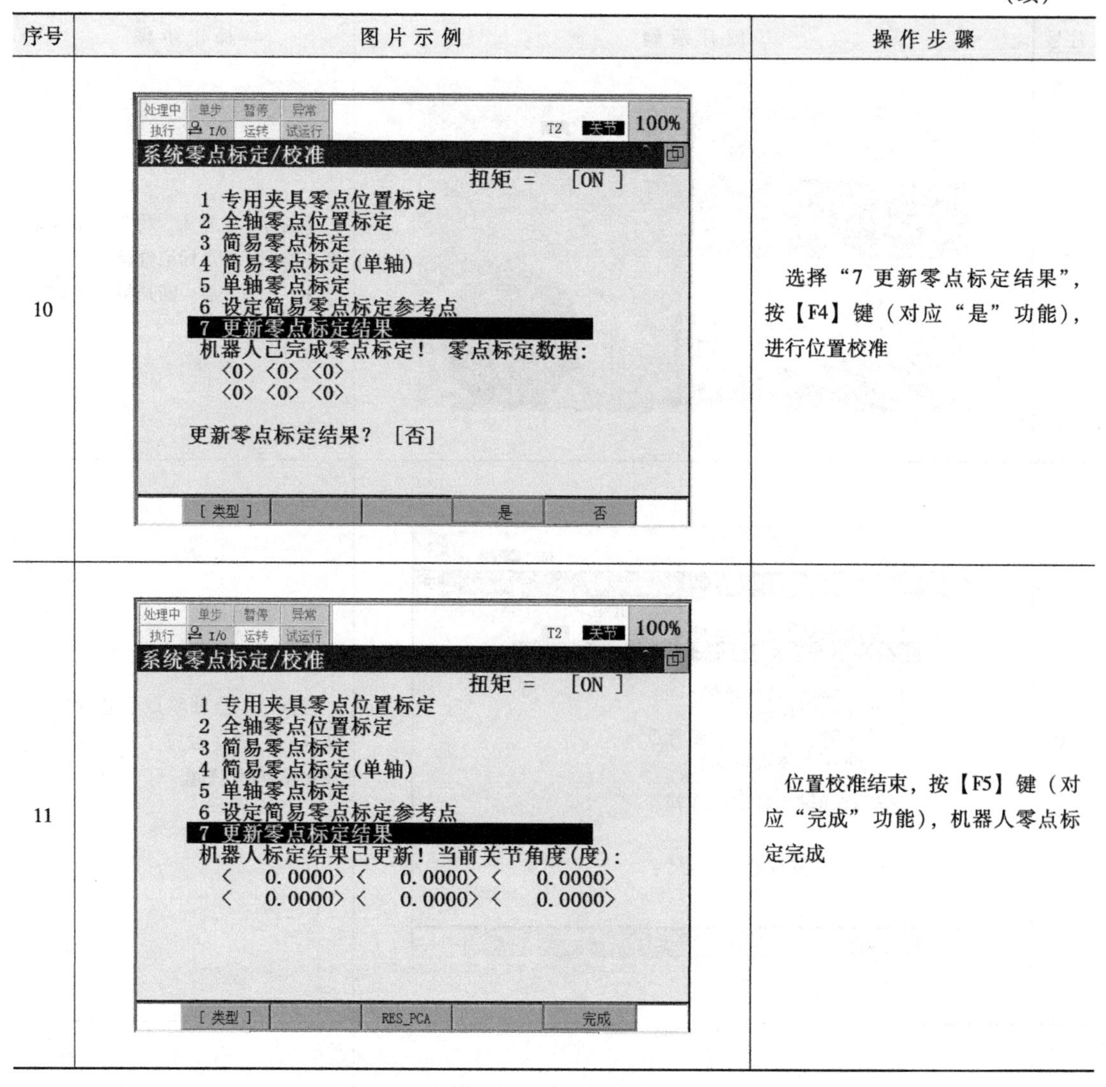

序号	图片示例	操作步骤
10		选择“7 更新零点标定结果”，按【F4】键（对应“是”功能），进行位置校准
11		位置校准结束，按【F5】键（对应“完成”功能），机器人零点标定完成

第2部分 手动操纵

知识点6 机器人基本操作

6.1 本节要点

6. 机器人基本操作

- 熟悉 FANUC 机器人运动参考坐标系。
- 熟悉关节运动、线性运动操作方法。

6.2 要点解析

6.2.1 坐标系种类

坐标系是为确定机器人的位置和姿态而在机器人或空间定义的位置指标系统。

常用的机器人坐标系有关节坐标系、世界坐标系、手动坐标系、工具坐标系、用户坐标系、单元坐标系。

其中，世界坐标系、手动坐标系、工具坐标系、用户坐标系和单元坐标系均属于直角坐标系。机器人大部分坐标系都是笛卡儿直角坐标系，符合右手规则。

1. 关节坐标系

关节坐标系是设定在机器人关节中的坐标系，其原点设置在机器人关节中心点处。在关节坐标系下，机器人各轴均可实现单独正向或反向运动，如图 6-1 所示。对于大范围运动，且不要求工具中心点（Tool Center Point，TCP）姿态时，可选择关节坐标系。

2. 世界坐标系

在FANUC机器人中，世界坐标系被赋予了特定含义，即机器人基坐标系，是被固定在空间中的标准直角坐标系，其被固定在由机器人事先确定的位置。用户坐标系、工具坐标系基于该坐标系而设定。它用于位置数据的示教和执行。

FANUC机器人世界坐标系的原点位置定义在J2轴所处水平面与J1轴交点处，Z㊀轴向上，X轴向前，Y轴按右手规则确定，见图6-2和图6-3中的坐标系 O_1-$X_1Y_1Z_1$。

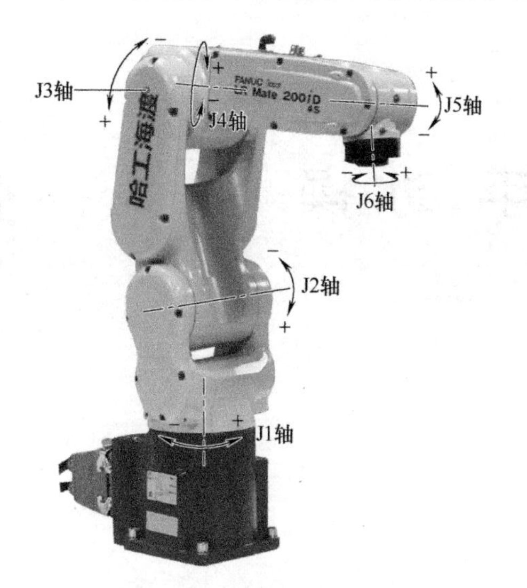

图6-1　各关节运动方向

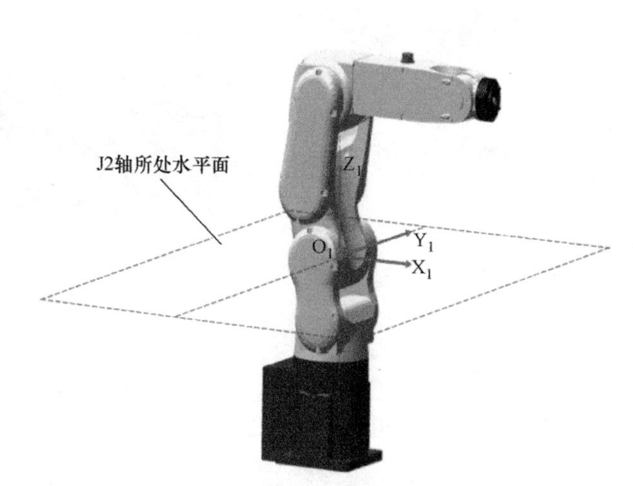

图6-2　世界坐标系

3. 手动坐标系

手动坐标系是在机器人作业空间中，为了方便有效地进行线性运动示教而定义的坐标系。该坐标系只能用于示教，在程序中不能被调用。未定义时，其与世界坐标系重合。

使用手动坐标系是为了在示教过程中避免因其他坐标系参数改变而引起误操作，尤其适用于机器人倾斜安装或者用户坐标系数量较多的场合。

4. 工具坐标系

工具坐标系是用来定义工具中心点的位置和工具姿态的坐标系。工具中心点是机器人系统的控制点，出厂时默认为最后一个运动轴或连接法兰的中心。

未定义时，工具坐标系默认在连接法兰的中心处，如图6-4所示。安装工具后，TCP将发生变化，变为工具末端的中心。为实现精确运动控制，当换装工具或发生工具碰撞时，工具坐标系必须事先进行定义，见图6-3中的坐标系 O_2-$X_2Y_2Z_2$，具体定义过程见“知识点7”。在工具坐标系中，TCP将沿工具坐标系的X、Y、Z轴方向做直线运动。

5. 用户坐标系

用户坐标系是用户对每个作业空间进行定义的直角坐标系，用于位置寄存器的示教和执

㊀ 按照相关标准，表示坐标轴的字母应为斜体，即X轴、Y轴和Z轴，但是由于机器人系统编程时使用了正体，因此为了全书一致，均使用正体字母表示坐标轴。

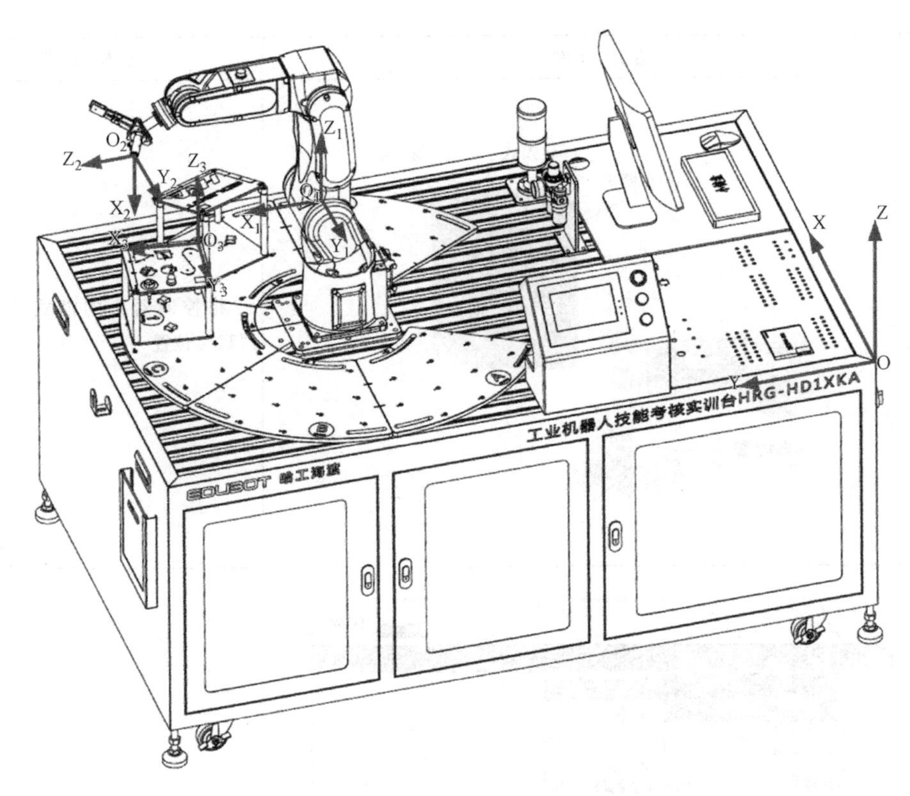

图 6-3　机器人常用坐标系

行、位置补偿指令的执行等。未定义时，将由世界坐标系来代替该坐标系，用户坐标系与世界坐标系重合，见图 6-3 中的坐标系 O_3-$X_3Y_3Z_3$。

用户坐标系的优点：当机器人运行轨迹相同，工件位置不同时，只需要更新用户坐标系即可，无须重新编程。

通常，在建立项目时，至少需要建立两个坐标系，即工具坐标系和用户坐标系。前者便于操纵人员进行调试工作，后者便于机器人记录工件的位置信息。

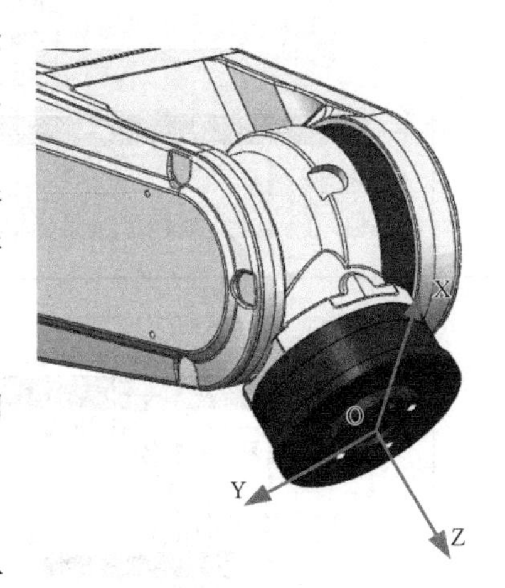

图 6-4　默认工具坐标系

6. 单元坐标系

单元坐标系在 4D 图形功能中使用，用来表示工作单元内的机器人位置。通过设定单元坐标系，可以表达机器人相互之间的位置关系。

6.2.2　关节运动

机器人在关节坐标系下的运动是单轴运动，即每次只能手动操作机器人某一关节轴的转动，关节运动便于调整机器人的位姿。

关节运动操作步骤见表 6-1。

表 6-1　关节运动操作步骤

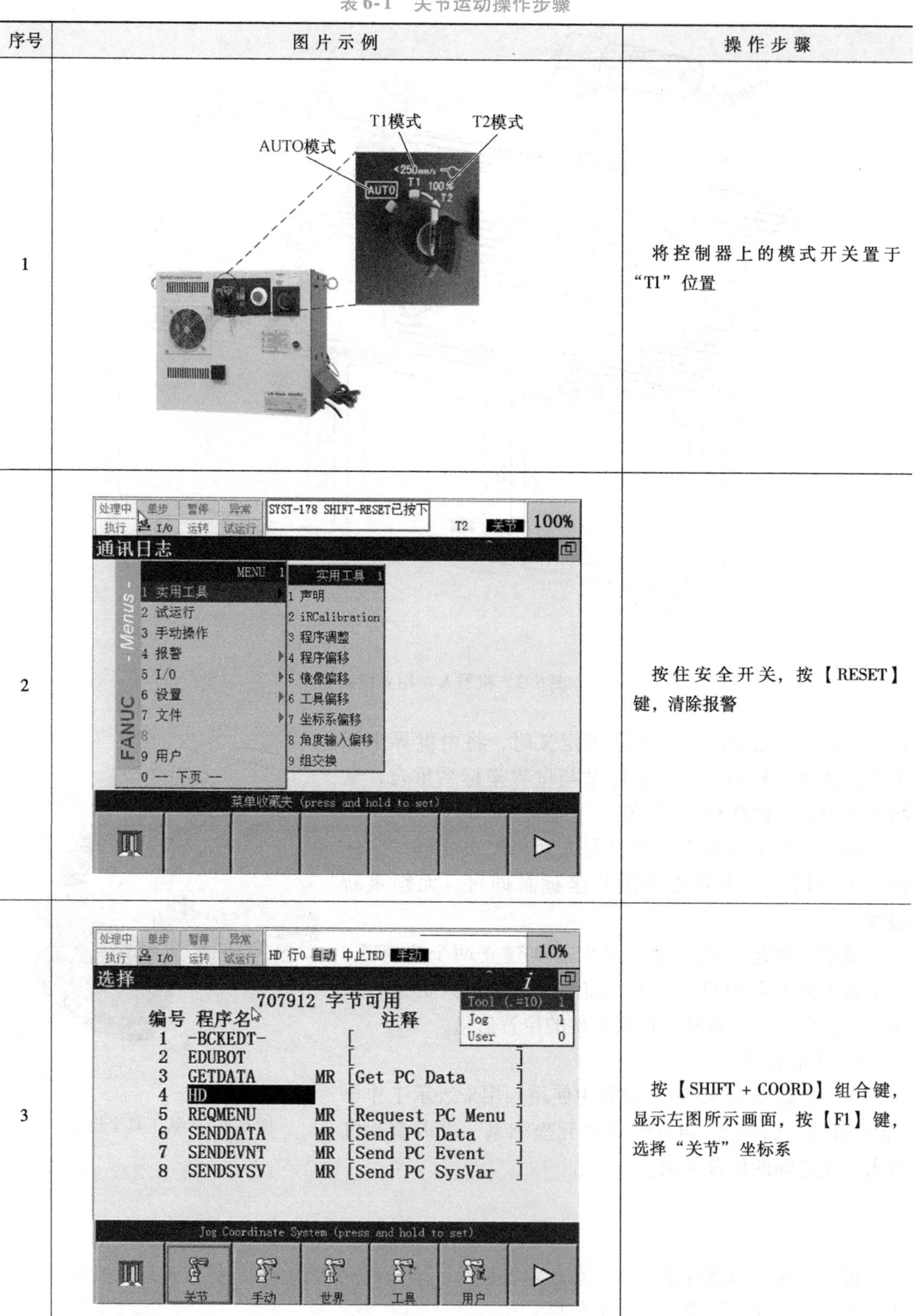

序号	图片示例	操作步骤
1		将控制器上的模式开关置于“T1”位置
2		按住安全开关，按【RESET】键，清除报警
3		按【SHIFT + COORD】组合键，显示左图所示画面，按【F1】键，选择“关节”坐标系

（续）

序号	图片示例	操作步骤
4	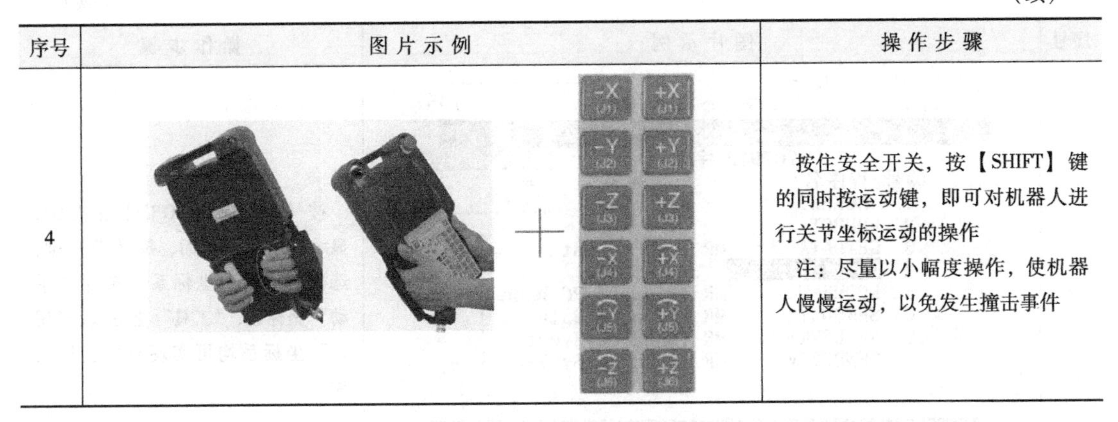	按住安全开关，按【SHIFT】键的同时按运动键，即可对机器人进行关节坐标运动的操作 注：尽量以小幅度操作，使机器人慢慢运动，以免发生撞击事件

6.2.3 线性运动

机器人在直角坐标系下的运动是线性运动，即机器人 TCP 在空间中沿坐标轴做直线运动。线性运动是机器人多轴联动的效果。

手动操作线性运动的方法见表 6-2。

表 6-2 手动操作线性运动的方法

序号	图片示例	操作步骤
1	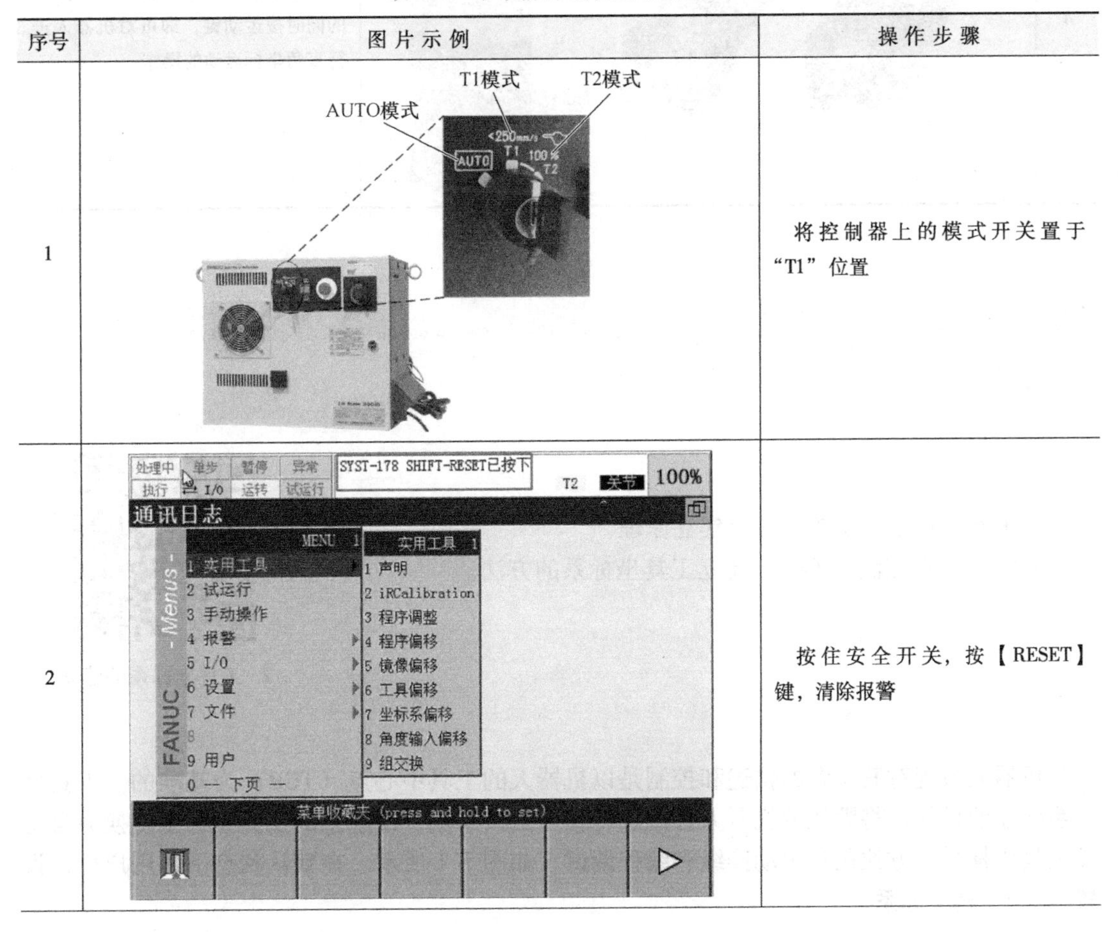	将控制器上的模式开关置于“T1”位置
2		按住安全开关，按【RESET】键，清除报警

（续）

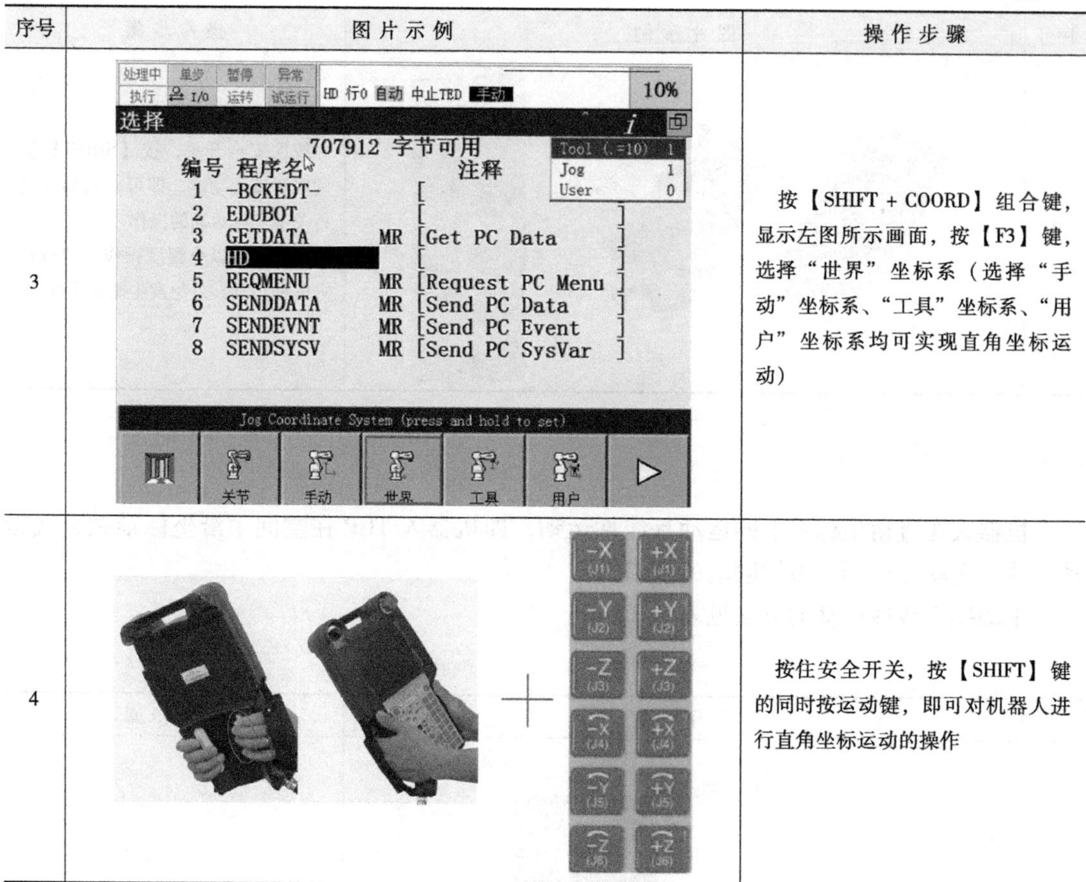

序号	图片示例	操作步骤
3		按【SHIFT + COORD】组合键，显示左图所示画面，按【F3】键，选择“世界”坐标系（选择“手动”坐标系、“工具”坐标系、“用户”坐标系均可实现直角坐标运动）
4		按住安全开关，按【SHIFT】键的同时按运动键，即可对机器人进行直角坐标运动的操作

工具坐标系的建立

7.1 本节要点

7. 工具坐标系的建立

- 了解工具坐标系的概念及建立原理。
- 掌握“六点法（XZ）”建立工具坐标系的方法。

7.2 要点解析

7.2.1 工具坐标系建立目的

机器人系统对其位置的描述和控制是以机器人的工具中心点（TCP）为基准的。工具坐标系建立的目的是将默认的机器人控制点转移至工具末端，使默认的工具坐标系变换为自定义工具坐标系，方便用户手动操纵和编程调试，如图7-1所示。在默认状态下，用户可以设置10个工具坐标系。

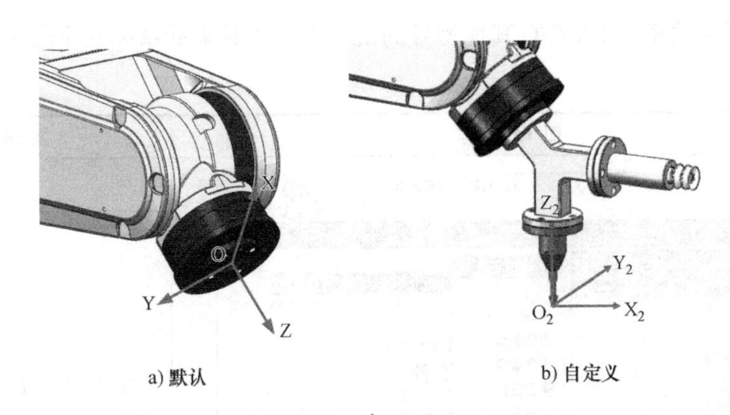

a) 默认　　b) 自定义

图 7-1　工具坐标系

图 7-1a 所示的默认 TCP 位于机器人第 6 轴的中心点，该点建立的工具坐标系编号为 0。

图 7-1b 所示为用户自定义的工具坐标系，是将 0 号工具坐标系偏移至工具末端后重新建立的坐标系。

7.2.2　工具坐标系建立方法

FANUC 机器人工具坐标系的建立方法有三点法、六点法、直接输入法和四点法等。

1）三点法。三点法示教可以确定工具中心点。要想进行正确的设定，应尽量使三个趋近方向各不相同。

2）六点法。三点确定工具中心，另三点确定工具姿势。六点法分为“六点法（XZ）”和“六点法（XY）”。

3）直接输入法。直接输入相对默认工具坐标系的 TCP 位置（X、Y、Z 的值）及其 X 轴、Y 轴、Z 轴的回转角（W、P、R 的值）。

4）四点法。四点确定工具中心点。要想进行正确的设定，应尽量使 4 个趋近方向各不相同。

7.2.3　工具坐标系建立原理

“六点法（XZ）”建立工具坐标系的原理如下：

1）在机器人工作空间内找一个精确的固定点作为参考点。

2）确定工具上的参考点。

3）手动操作机器人，至少用 3 种不同的工具姿态，使机器人工具上的参考点尽可能与固定点刚好接触。

4）利用其中的一种姿态确定工具坐标系的坐标原点以及 X、Z 的方向。

5）通过以上几个位置数据，机器人可以生成新的工具坐标系。

7.3　操作步骤

7.3.1　工具坐标系建立步骤

本知识点将以 LR Mate 200iD/4S 为例，利用“六点法（XZ）”介绍工具坐标系的建立步骤，该方法同样适用于 FANUC 其他型号的机器人。工具坐标系建立步骤见表 7-1。

表 7-1　工具坐标系建立步骤

序号	图片示例	操作步骤
1	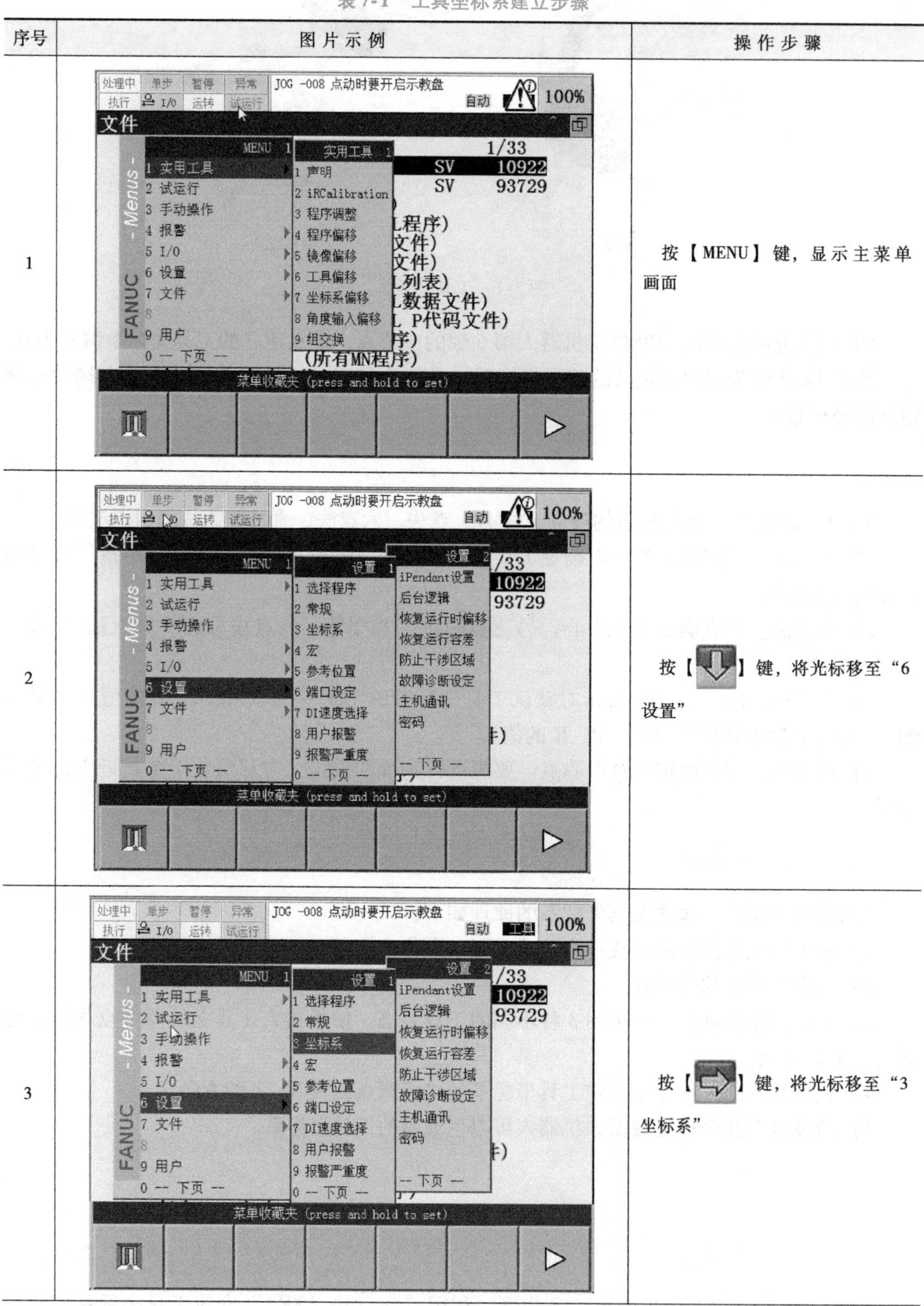	按【MENU】键，显示主菜单画面
2		按【↓】键，将光标移至“6 设置”
3		按【⇨】键，将光标移至“3 坐标系”

（续）

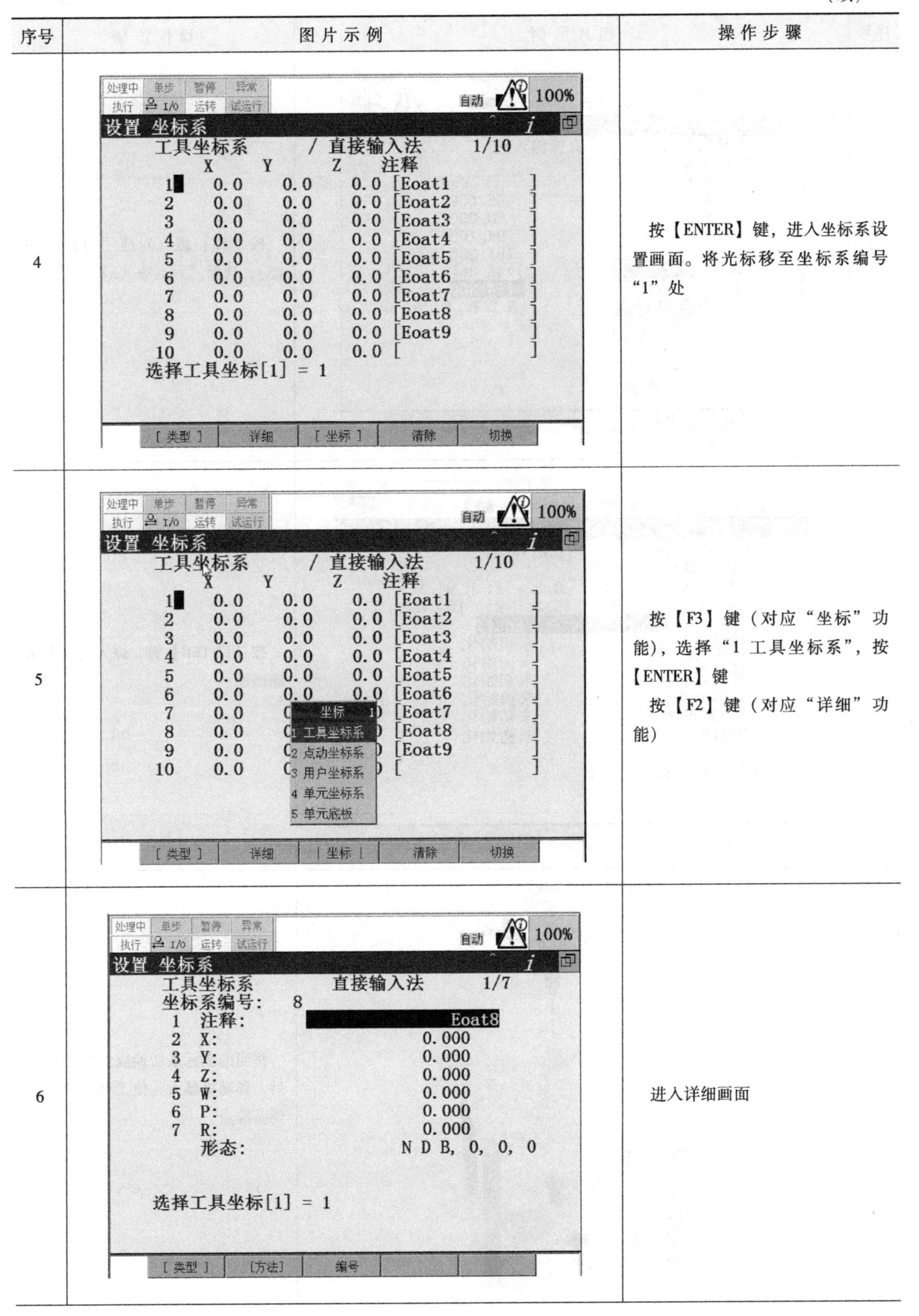

序号	图片示例	操作步骤
4		按【ENTER】键，进入坐标系设置画面。将光标移至坐标系编号“1”处
5		按【F3】键（对应“坐标”功能），选择“1 工具坐标系”，按【ENTER】键 按【F2】键（对应“详细”功能）
6		进入详细画面

（续）

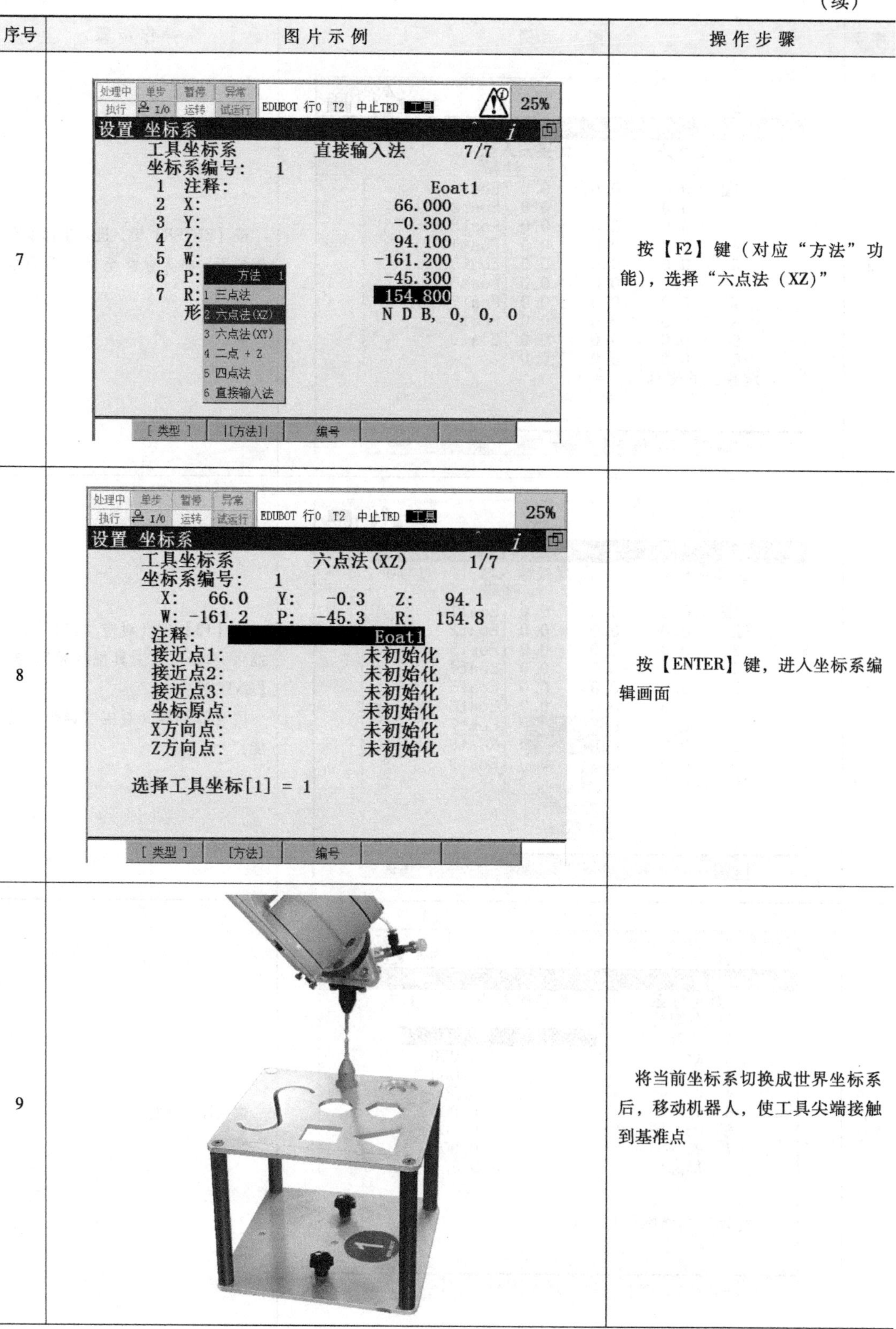

序号	图片示例	操作步骤
7		按【F2】键（对应“方法”功能），选择“六点法（XZ）”
8		按【ENTER】键，进入坐标系编辑画面
9		将当前坐标系切换成世界坐标系后，移动机器人，使工具尖端接触到基准点

（续）

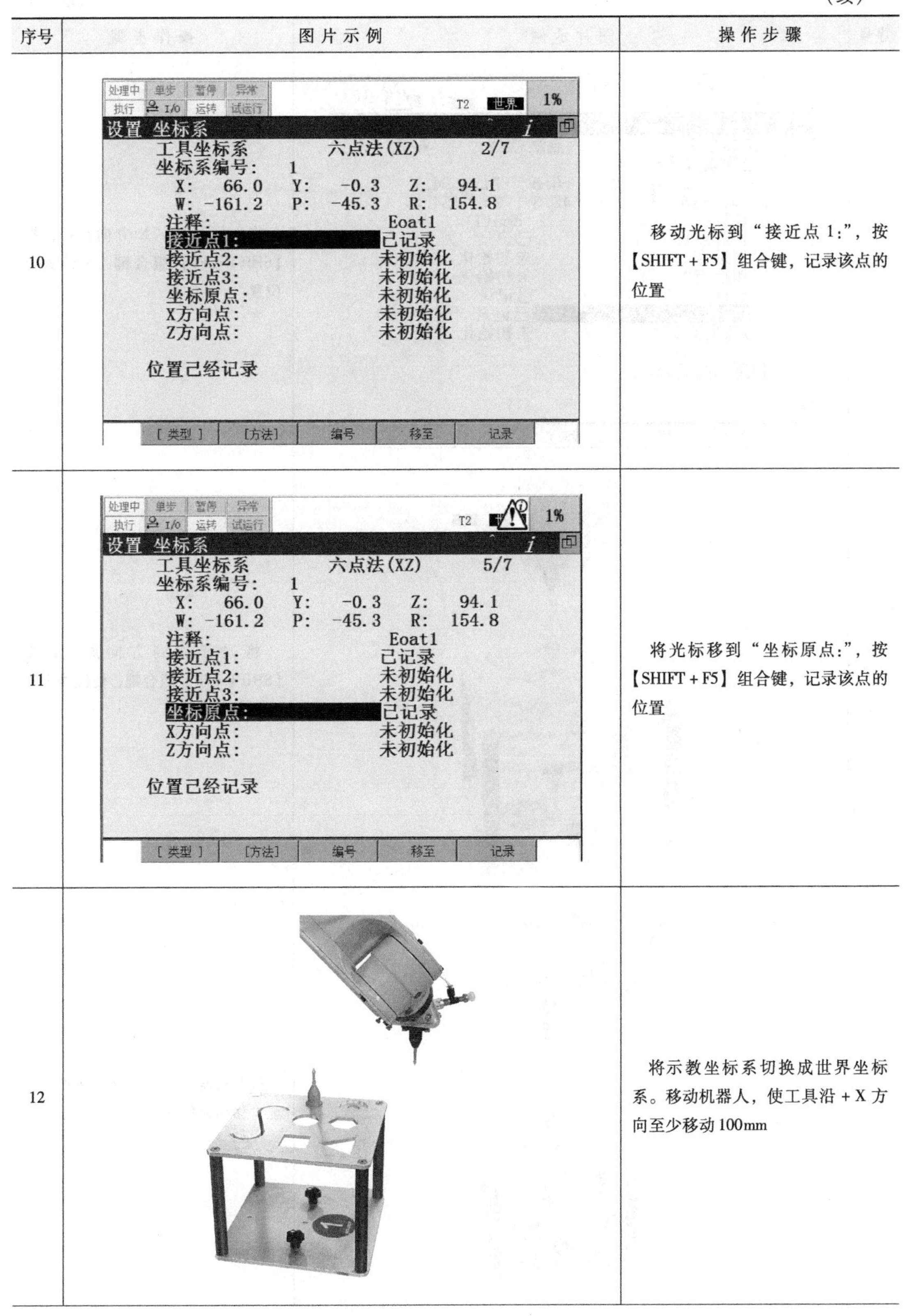

序号	图片示例	操作步骤
10		移动光标到“接近点 1:”，按【SHIFT + F5】组合键，记录该点的位置
11		将光标移到“坐标原点:”，按【SHIFT + F5】组合键，记录该点的位置
12		将示教坐标系切换成世界坐标系。移动机器人，使工具沿 + X 方向至少移动 100mm

（续）

序号	图片示例	操作步骤
13	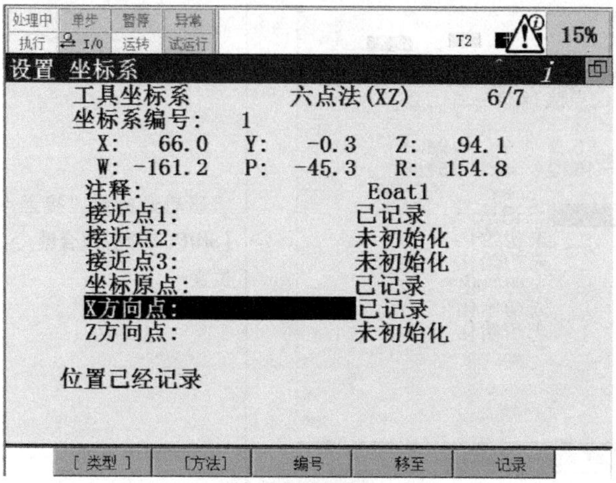	将光标移到“X方向点:”，按【SHIFT + F5】组合键，记录该点位置
14		将光标移到方向原点，按【SHIFT + F4】组合键，使机器人移动到方向原点
15	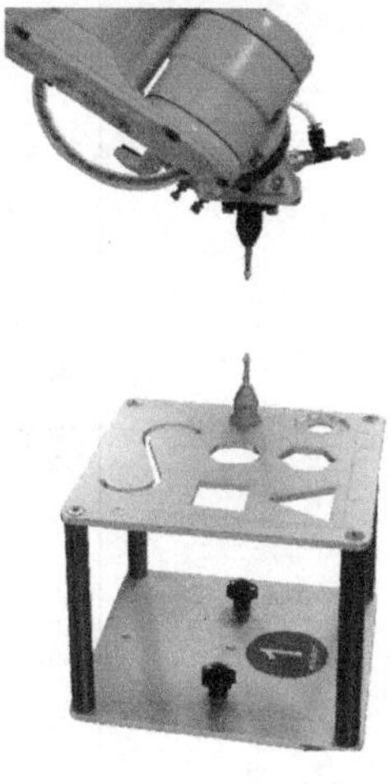	移动机器人，使工具沿 + Z方向至少移动100mm

（续）

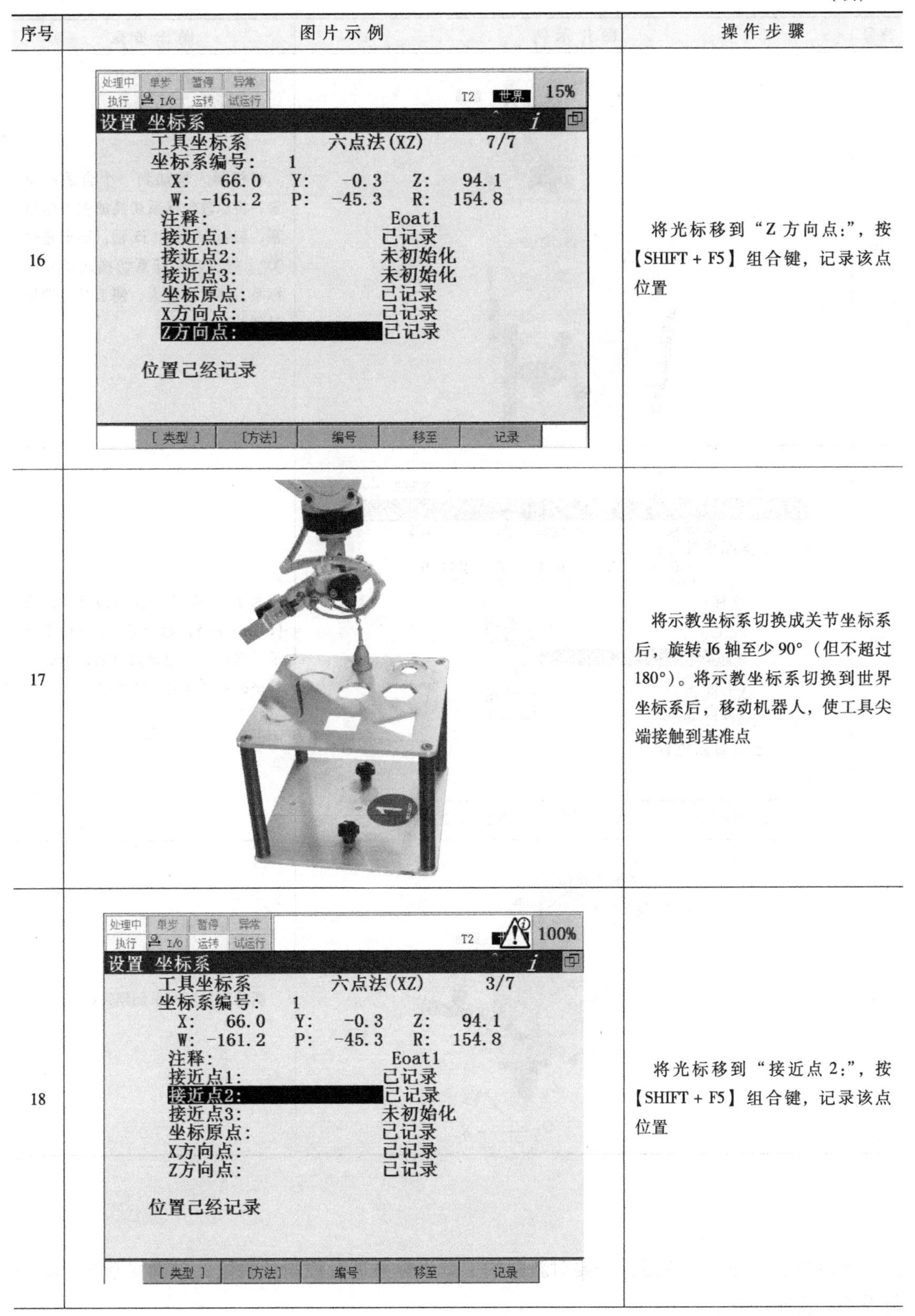

序号	图片示例	操作步骤
16		将光标移到“Z 方向点:”，按【SHIFT + F5】组合键，记录该点位置
17		将示教坐标系切换成关节坐标系后，旋转 J6 轴至少 90°（但不超过 180°）。将示教坐标系切换到世界坐标系后，移动机器人，使工具尖端接触到基准点
18		将光标移到“接近点 2:”，按【SHIFT + F5】组合键，记录该点位置

（续）

序号	图片示例	操作步骤
19	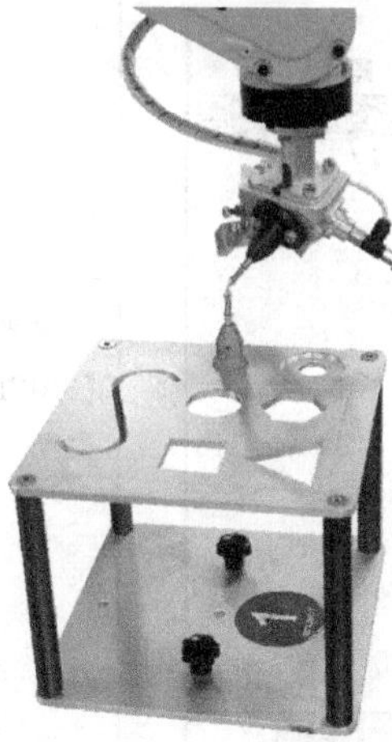	将机器人移动到一个合适的位置，将示教坐标系切换成关节坐标系，旋转J4轴和J5轴，不要超过90°。将示教坐标系切换成世界坐标系，移动机器人，使工具尖端接触到基准点
20	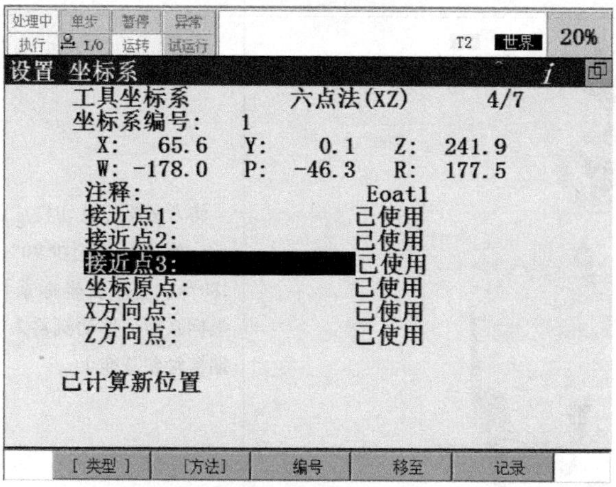	将光标移到“接近点3:”，按【SHIFT+F5】组合键，进行位置记录。当6个点记录完成后，新的工具坐标系被自动计算生成
21	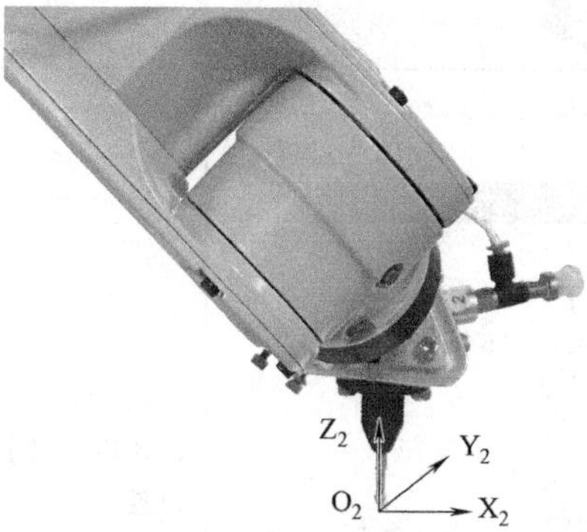	新的工具坐标系创建完成

7.3.2 工具坐标系的验证

工具坐标系建立完成后，需要对新建的工具坐标系进行控制点验证，以确保新建工具坐标系满足实际要求。

(1) TCP 位置验证　工具坐标系 TCP 位置验证的具体步骤见表 7-2。

表 7-2　工具坐标系 TCP 位置验证的具体步骤

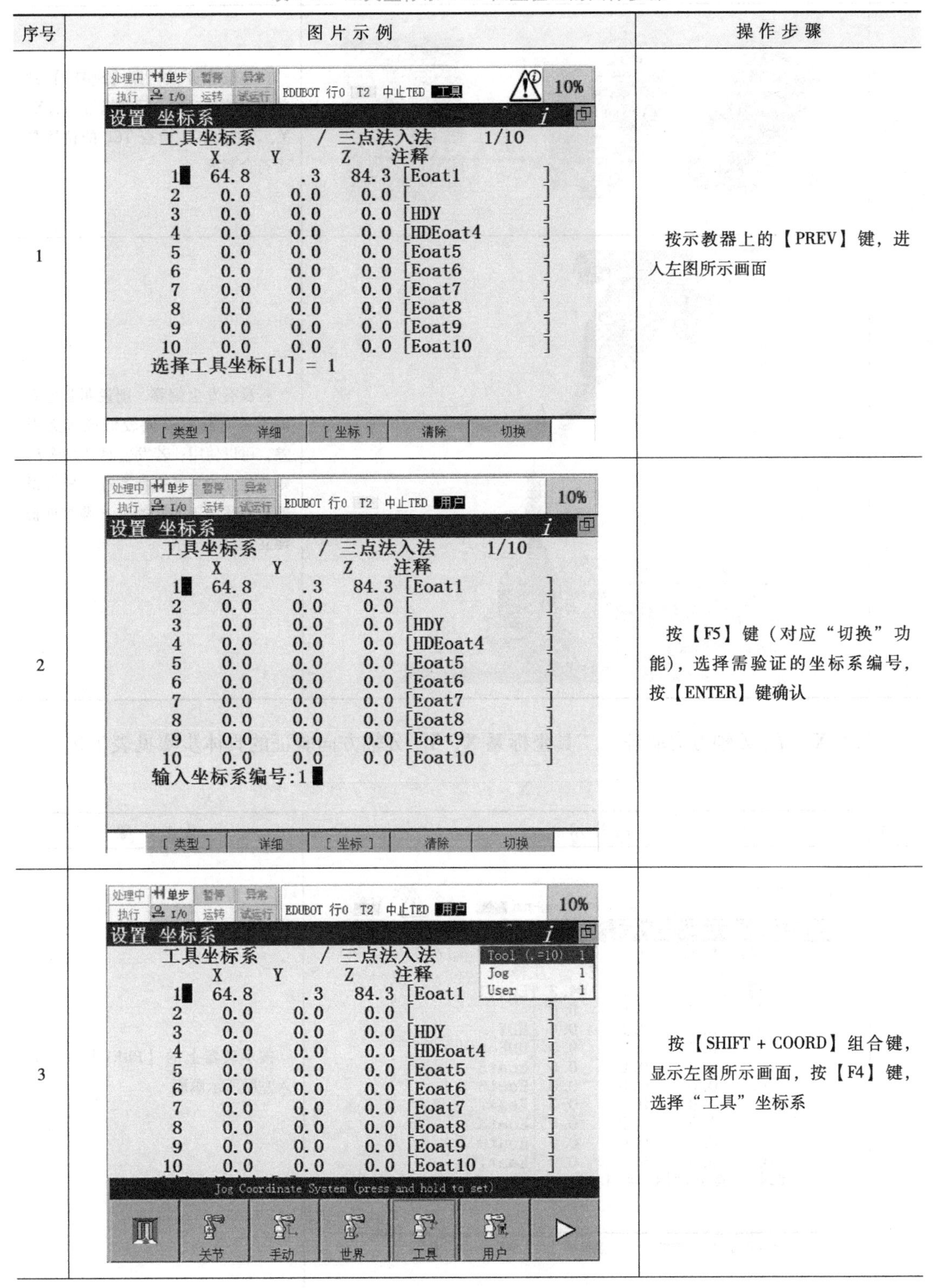

序号	图片示例	操作步骤
1		按示教器上的【PREV】键，进入左图所示画面
2		按【F5】键（对应"切换"功能），选择需验证的坐标系编号，按【ENTER】键确认
3		按【SHIFT + COORD】组合键，显示左图所示画面，按【F4】键，选择"工具"坐标系

（续）

序号	图片示例	操作步骤
4	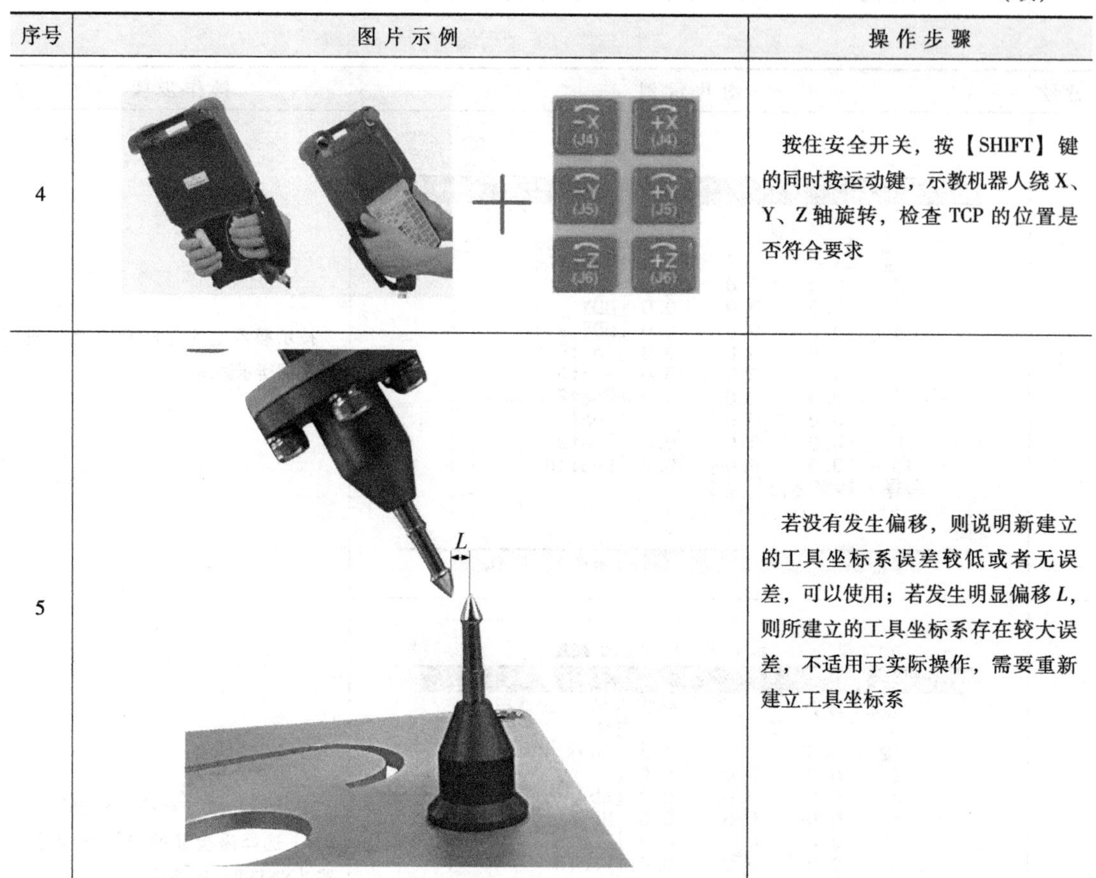	按住安全开关，按【SHIFT】键的同时按运动键，示教机器人绕X、Y、Z轴旋转，检查TCP的位置是否符合要求
5		若没有发生偏移，则说明新建立的工具坐标系误差较低或者无误差，可以使用；若发生明显偏移*L*，则所建立的工具坐标系存在较大误差，不适用于实际操作，需要重新建立工具坐标系

（2）X、Y、Z轴方向验证　工具坐标系X、Y、Z轴方向验证的具体步骤见表7-3。

表7-3　工具坐标X、Y、Z轴方向验证的具体步骤

序号	图片示例	操作步骤
1	处理中 单步 暂停 异常 执行 I/O 运转 试运行 EDUBOT 行0 T2 中止TED 工具 10% 设置 坐标系 工具坐标系　/ 三点法入法　1/10 X　Y　Z　注释 1　64.8　.3　84.3　[Eoat1　] 2　0.0　0.0　0.0　[　] 3　0.0　0.0　0.0　[HDY　] 4　0.0　0.0　0.0　[HDEoat4　] 5　0.0　0.0　0.0　[Eoat5　] 6　0.0　0.0　0.0　[Eoat6　] 7　0.0　0.0　0.0　[Eoat7　] 8　0.0　0.0　0.0　[Eoat8　] 9　0.0　0.0　0.0　[Eoat9　] 10　0.0　0.0　0.0　[Eoat10　] 选择工具坐标[1] = 1 [类型]　详细　[坐标]　清除　切换	按示教器上的【PREV】键，进入左图所示画面

（续）

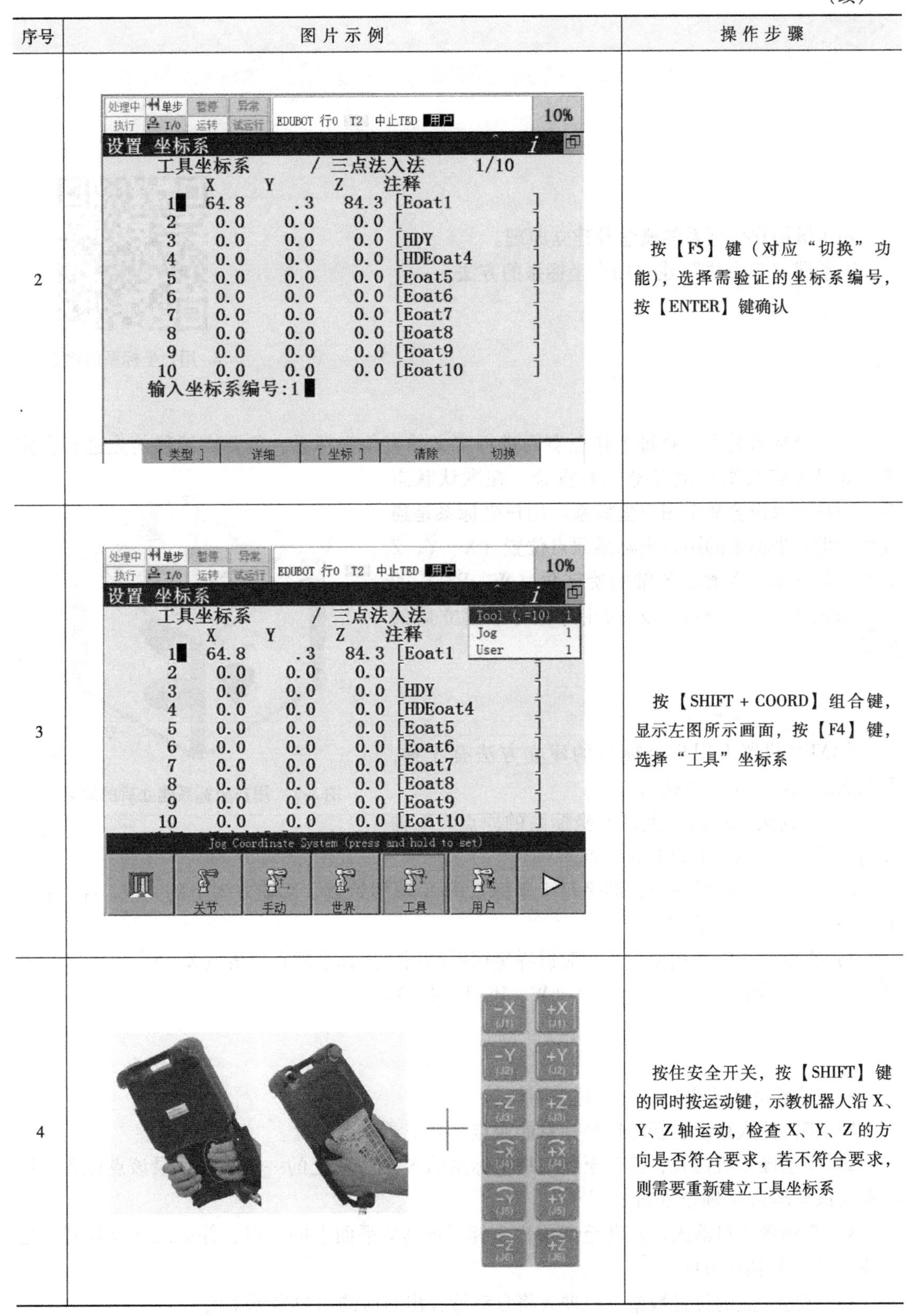

序号	图片示例	操作步骤
2		按【F5】键（对应“切换”功能），选择需验证的坐标系编号，按【ENTER】键确认
3		按【SHIFT + COORD】组合键，显示左图所示画面，按【F4】键，选择“工具”坐标系
4		按住安全开关，按【SHIFT】键的同时按运动键，示教机器人沿X、Y、Z轴运动，检查X、Y、Z的方向是否符合要求，若不符合要求，则需要重新建立工具坐标系

用户坐标系的建立

8.1 本节要点

8. 用户坐标系的建立

➢ 了解用户坐标系的概念及建立原理。
➢ 掌握“三点法”建立用户坐标系的方法。

8.2 要点解析

8.2.1 用户坐标系建立目的

用户坐标系是用户对每个作业空间进行定义的直角坐标系，需要在编程前先进行自定义，如果未定义则与世界坐标系重合。在默认状态下，用户可以设置9个用户坐标系。用户坐标系是通过相对世界坐标系的用户坐标系原点位置（X、Y、Z的值）和X轴、Y轴、Z轴的旋转角（W、P、R的值）来定义的。图8-1所示为用户坐标系建立后的效果。

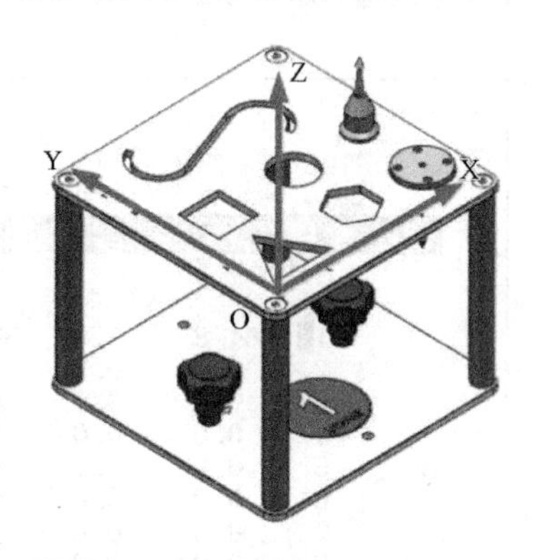

图8-1 用户坐标系建立后的效果

8.2.2 用户坐标系建立方法

FANUC机器人用户坐标系的建立方法有3种，即三点法、四点法、直接输入法。

1）三点法。示教三点，即坐标系的原点、X轴方向上的一点、XY平面上的一点。

2）四点法。示教四点，即平行于坐标系的X轴的始点、X轴方向上的一点、XY平面上的一点、坐标系的原点。

3）直接输入法。直接输入相对世界坐标系的用户坐标系原点位置（X、Y、Z的值）及其绕X轴、Y轴、Z轴的旋转角度（W、P、R的值）。

8.2.3 用户坐标系建立原理

三点法建立用户坐标系的原理如下：

1）将机器人移动至新用户坐标系的原点，并记录该点位置。

2）手动操作机器人，移动至新用户坐标系的X轴方向上的一点，并记录该点位置。用原点与该点确认X轴正方向。

3）手动操作机器人，移动至新用户坐标系的XY平面上的一点，并记录该点位置。通过该点确认Y轴正方向。

4）通过三点的位置数据，机器人将自动计算出对应的用户坐标系值。

8.3 操作步骤

8.3.1 用户坐标系建立步骤

本知识点将以 LR Mate 200iD/4S 为例，利用三点法介绍用户坐标系的建立步骤，该方法同样适用于 FANUC 其他型号的机器人。用户坐标系建立步骤见表 8-1。

表 8-1　用户坐标系建立步骤

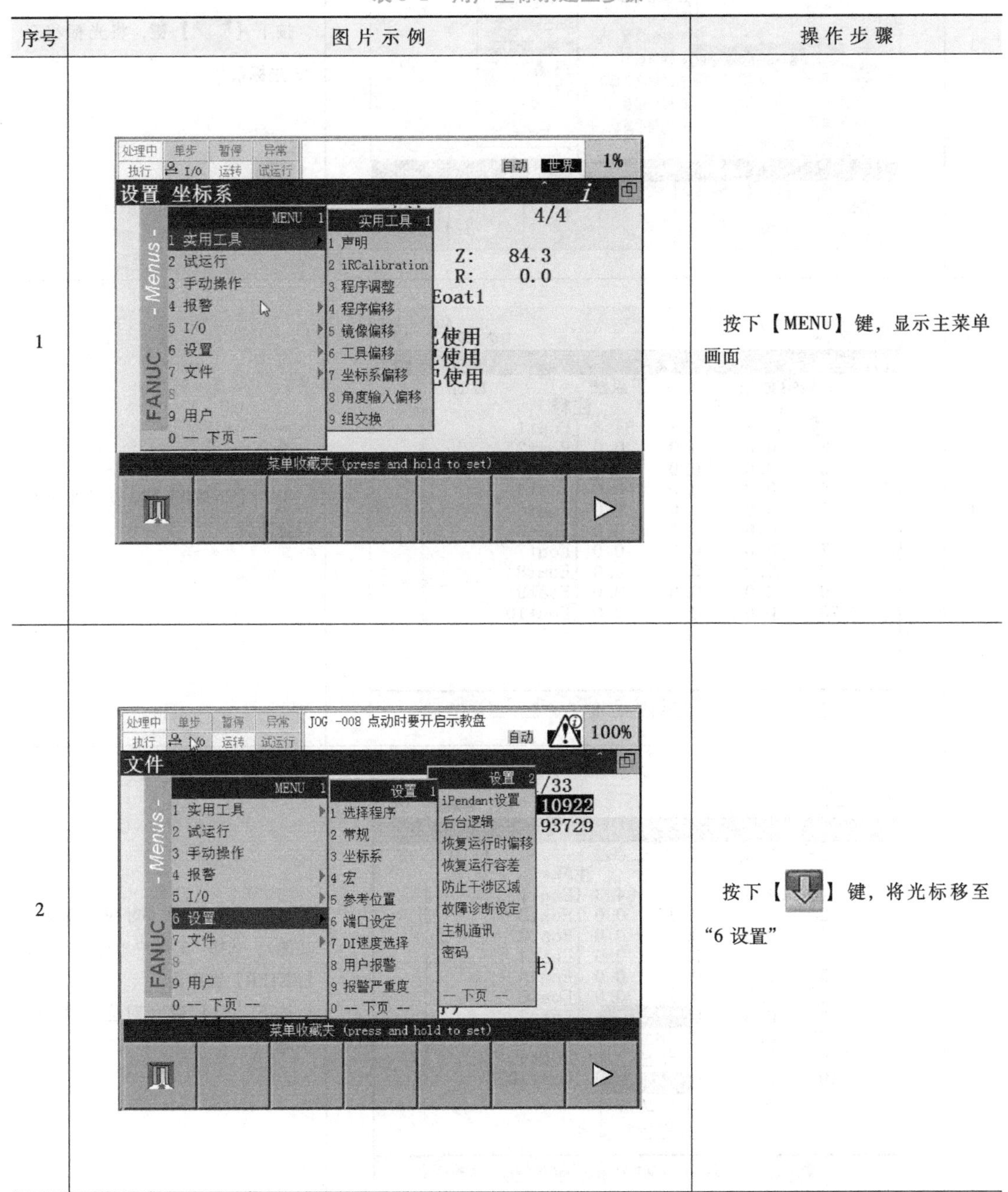

序号	图片示例	操作步骤
1		按下【MENU】键，显示主菜单画面
2		按下【⇩】键，将光标移至“6 设置”

（续）

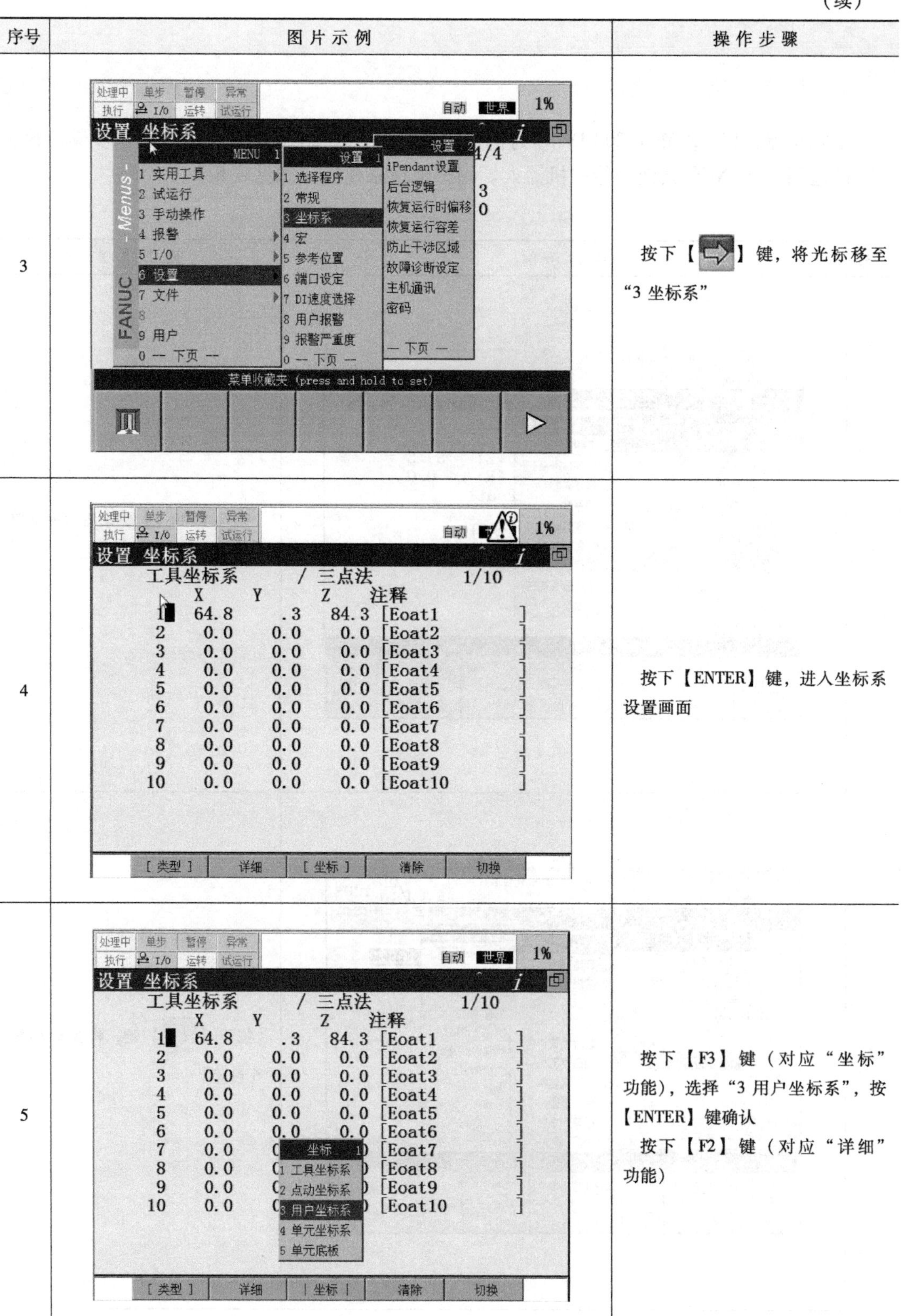

序号	图片示例	操作步骤
3		按下【⇨】键，将光标移至“3 坐标系”
4		按下【ENTER】键，进入坐标系设置画面
5		按下【F3】键（对应“坐标”功能），选择“3 用户坐标系”，按【ENTER】键确认 按下【F2】键（对应“详细”功能）

（续）

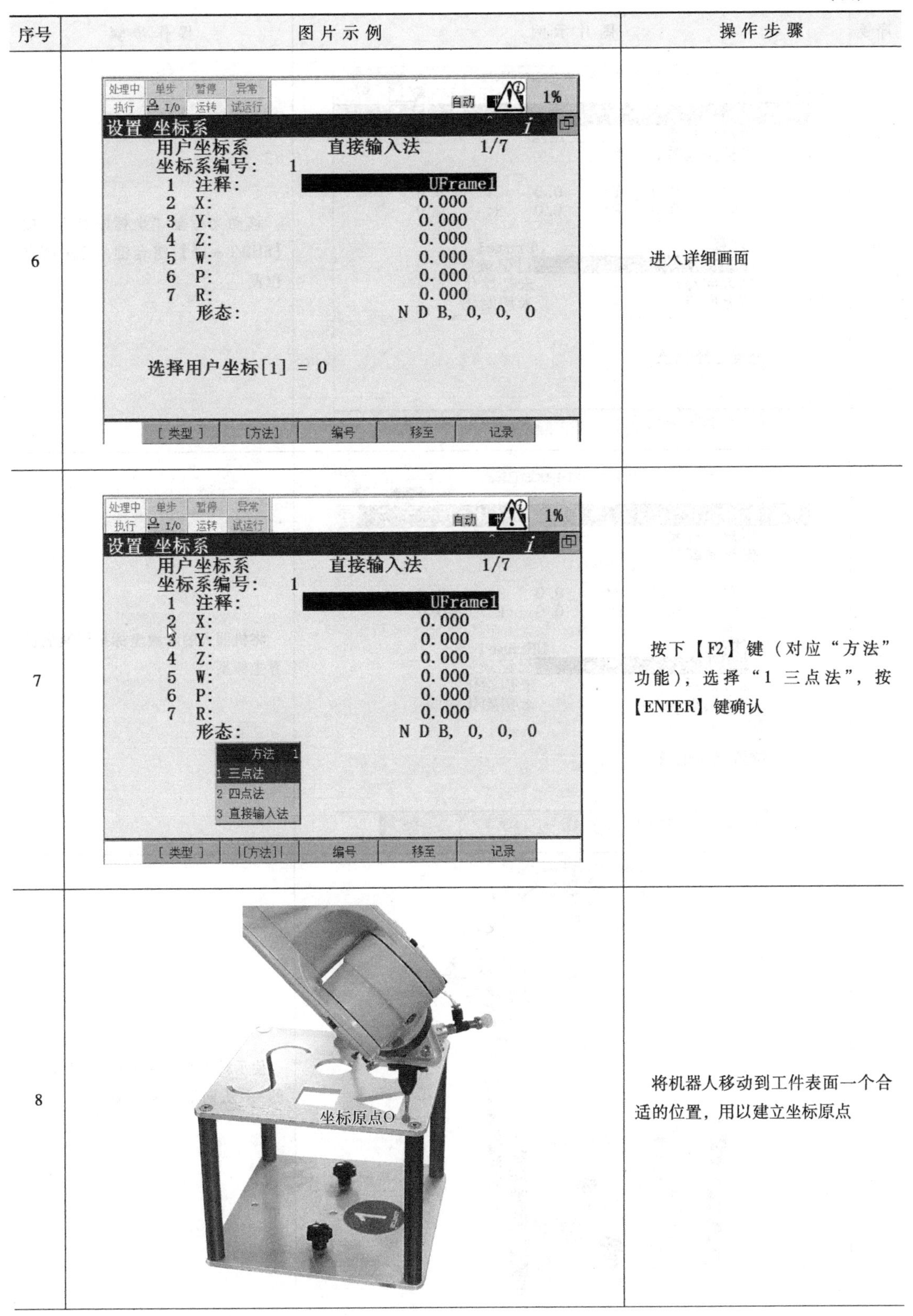

序号	图片示例	操作步骤
6		进入详细画面
7		按下【F2】键（对应“方法”功能），选择“1 三点法”，按【ENTER】键确认
8		将机器人移动到工件表面一个合适的位置，用以建立坐标原点

（续）

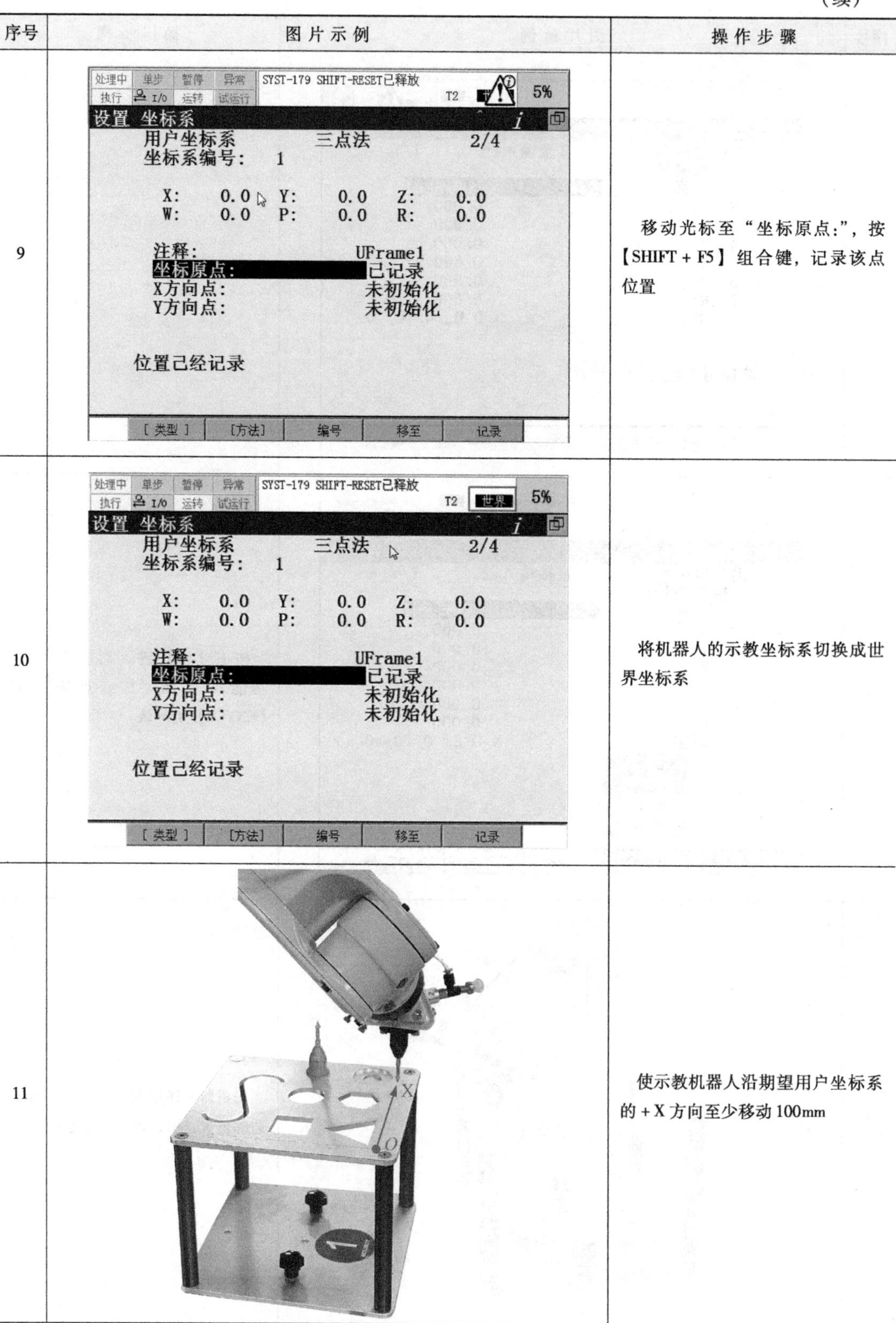

序号	图片示例	操作步骤
9		移动光标至“坐标原点:”，按【SHIFT + F5】组合键，记录该点位置
10		将机器人的示教坐标系切换成世界坐标系
11		使示教机器人沿期望用户坐标系的 + X 方向至少移动 100mm

（续）

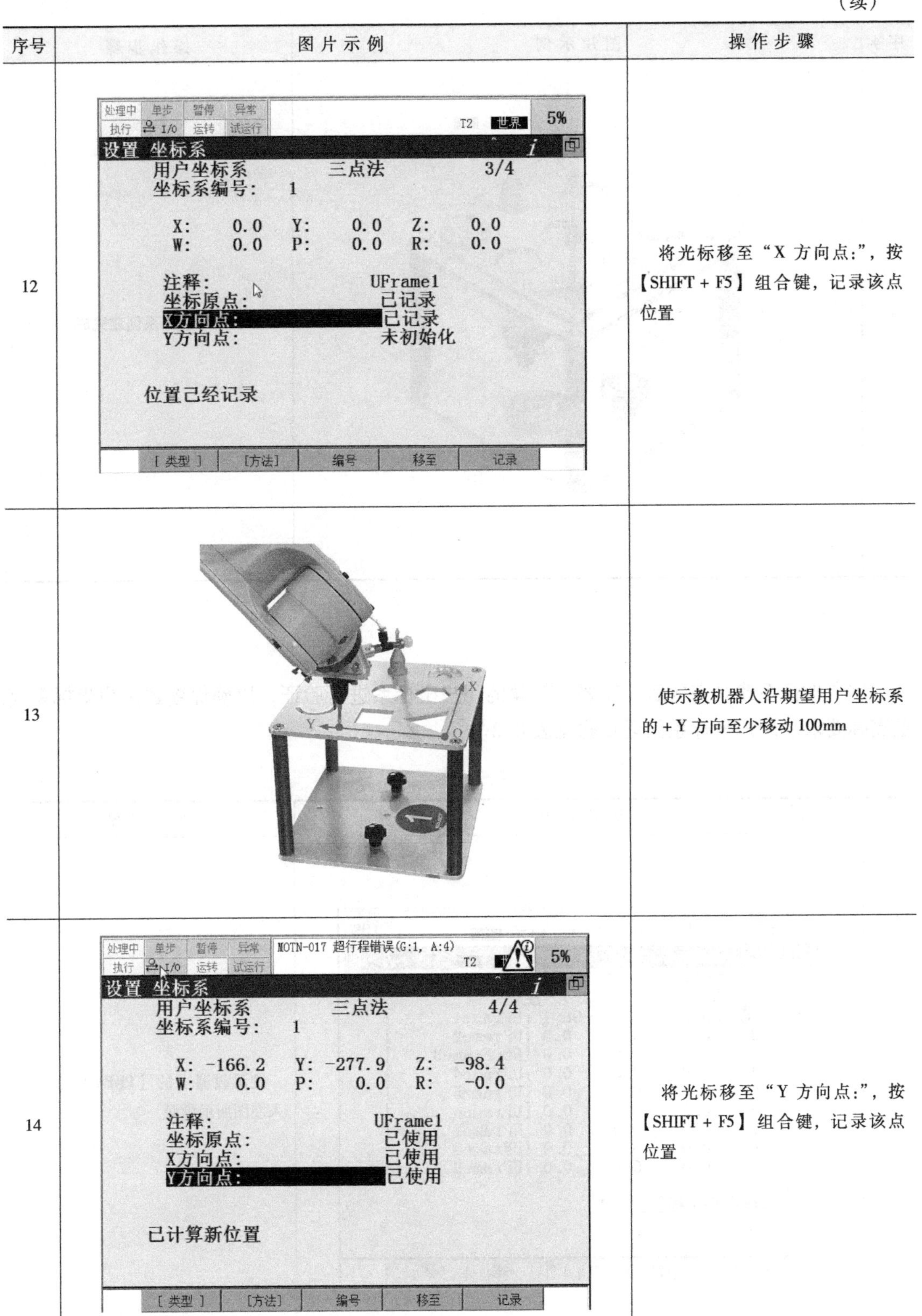

序号	图片示例	操作步骤
12	设置 坐标系 用户坐标系　三点法　3/4 坐标系编号：1 X: 0.0　Y: 0.0　Z: 0.0 W: 0.0　P: 0.0　R: 0.0 注释：UFrame1 坐标原点：已记录 X方向点：已记录 Y方向点：未初始化 位置已经记录 [类型] [方法] 编号 移至 记录	将光标移至“X 方向点:”，按【SHIFT + F5】组合键，记录该点位置
13		使示教机器人沿期望用户坐标系的 + Y 方向至少移动 100mm
14	MOTN-017 超行程错误(G:1, A:4) 设置 坐标系 用户坐标系　三点法　4/4 坐标系编号：1 X: -166.2　Y: -277.9　Z: -98.4 W: 0.0　P: 0.0　R: -0.0 注释：UFrame1 坐标原点：已使用 X方向点：已使用 Y方向点：已使用 已计算新位置 [类型] [方法] 编号 移至 记录	将光标移至“Y 方向点:”，按【SHIFT + F5】组合键，记录该点位置

（续）

序号	图片示例	操作步骤
15	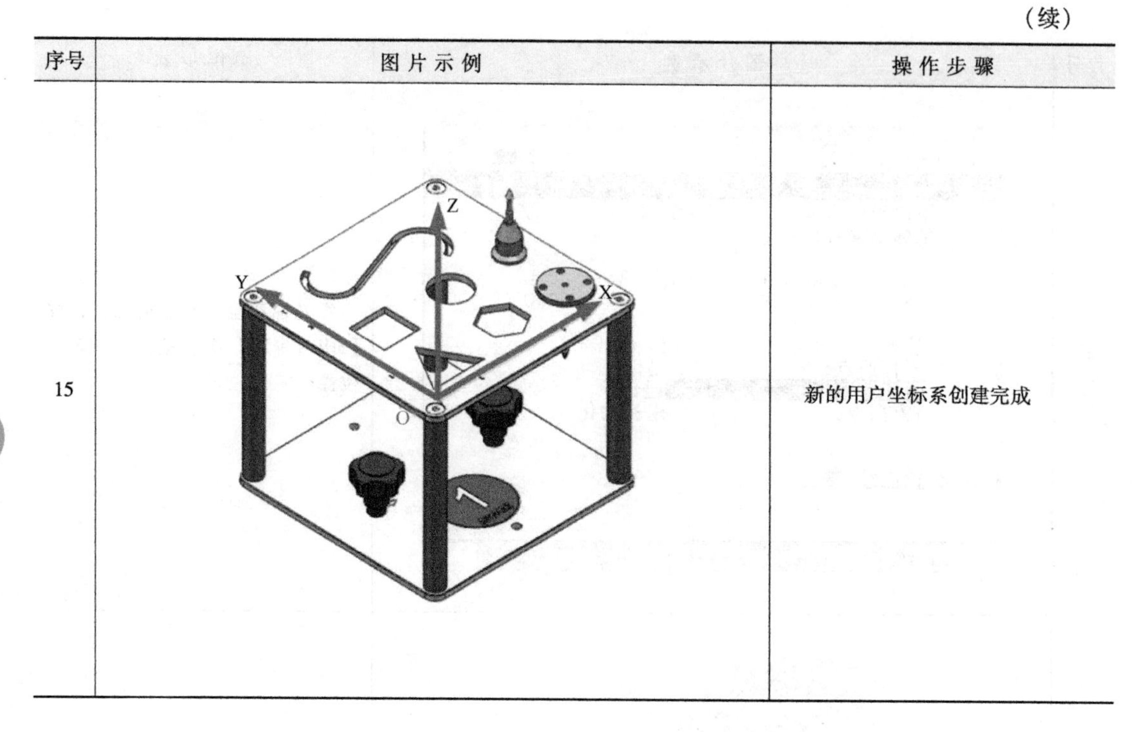	新的用户坐标系创建完成

8.3.2 用户坐标系的验证

用户坐标系建立完成后，需要对新建的用户坐标系进行验证，以确保新建用户坐标系满足实际要求。用户坐标系验证步骤见表8-2。

表8-2 用户坐标系验证步骤

序号	图片示例	操作步骤
1	处理中 单步 暂停 异常 执行 I/O 运转 试运行 EDUBOT 行0 T2 中止TED 用户 10% 设置 坐标系 用户坐标系 / 直接输入法 1/9 X Y Z 注释 1 -166.2 -277.9 -98.4 [UFrame1] 2 0.0 0.0 0.0 [UFrame2] 3 0.0 0.0 0.0 [HDUFrame3] 4 0.0 0.0 0.0 [UFrame4] 5 0.0 0.0 0.0 [UFrame5] 6 0.0 0.0 0.0 [UFrame6] 7 0.0 0.0 0.0 [UFrame7] 8 0.0 0.0 0.0 [UFrame8] 9 0.0 0.0 0.0 [UFrame9] 选择用户坐标[1] = 1 [类型] 详细 [其他] 清除 切换 >	按示教器上的【PREV】键，进入左图所示画面

（续）

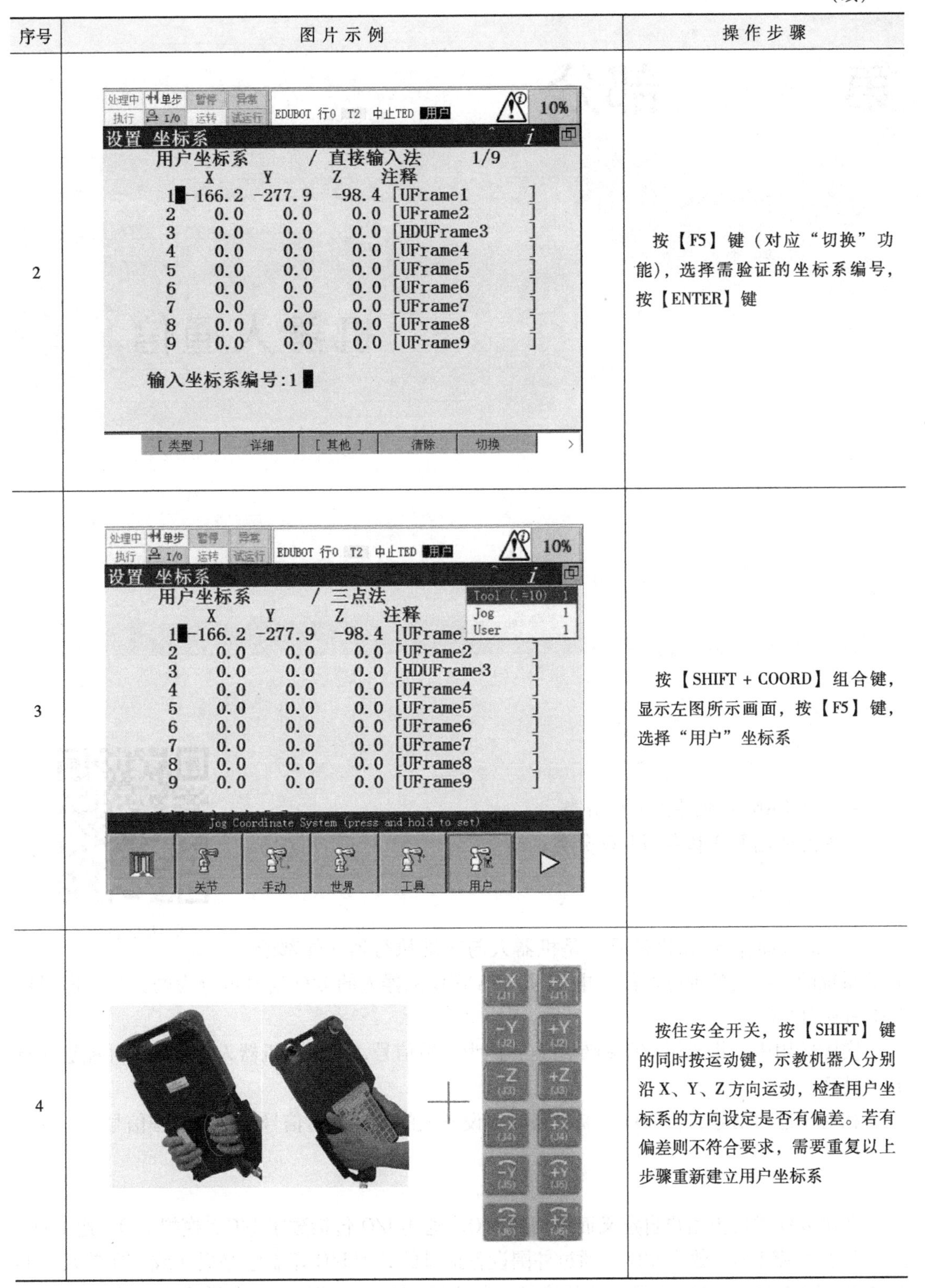

序号	图片示例	操作步骤
2		按【F5】键（对应“切换”功能），选择需验证的坐标系编号，按【ENTER】键
3		按【SHIFT + COORD】组合键，显示左图所示画面，按【F5】键，选择“用户”坐标系
4		按住安全开关，按【SHIFT】键的同时按运动键，示教机器人分别沿 X、Y、Z 方向运动，检查用户坐标系的方向设定是否有偏差。若有偏差则不符合要求，需要重复以上步骤重新建立用户坐标系

机器人通信

I/O 种类

9.1　本节要点

9. I/O 种类

➢ 了解 FANUC 机器人 I/O 分类。
➢ 熟悉通用 I/O 和专用 I/O 分类。

9.2　要点解析

I/O 信号即输入/输出信号，是机器人与末端执行器、外部装置等系统的外围设备进行通信的电信号。FANUC 机器人的 I/O 信号可分为两大类，即通用 I/O 和专用 I/O。

实际应用中，将通用 I/O 和专用 I/O 称为逻辑信号，可用于机器人程序中，并能够进行相关处理。

相对于逻辑信号，将 I/O 印制电路板等设备上的实际 I/O 信号线称为物理信号。

9.2.1　通用 I/O

通用 I/O 是可由用户自定义而使用的 I/O。通用 I/O 包括数字 I/O、模拟 I/O、组 I/O。

（1）数字 I/O　数字 I/O 是通过外围设备提供的处理 I/O 印制电路板（或 I/O 单元）的输入/输出信号线来进行数据交换的信号，分为数字量输入 DI［i］和数字量输出 DO［i］。

数字信号的状态有 ON（通）和 OFF（断）两类。

（2）模拟 I/O　模拟 I/O 是通过外围设备提供的处理 I/O 印制电路板（或 I/O 单元）的输入/输出信号线来进行模拟输入/输出电压值交换的信号，分为模拟量输入 AI［i］和模拟量输出 AO［i］。进行读写时，将模拟输入/输出电压值转化为数字值。因此，其值与输入/输出电压值不一定完全一致。

（3）组 I/O　组 I/O 是用来汇总多条信号线并进行数据交换的通用数字信号，分为 GI［i］和GO［i］。组信号的值用数值（十进制数或十六进制数）来表达，转变或逆转变为二进制数后通过信号线交换数据。

9.2.2　专用 I/O

专用 I/O 指用途已确定的 I/O。专用 I/O 包括机器人 I/O、外围设备 I/O、操作面板 I/O。

（1）机器人 I/O　机器人 I/O 是经由机器人，作为末端执行器 I/O 被使用的机器人数字信号，分为机器人输入信号 RI［i］和机器人输出信号 RO［i］。末端执行器 I/O 与机器人手腕上所附带的连接器连接后使用。

（2）外围设备 I/O（UOP）　外围设备 I/O 是在系统中已经确定了用途的专用信号，分为外围设备输入信号 UI［i］和外围设备输出信号 UO［i］。这些信号通过处理 I/O 印制电路板（或 I/O 单元）相关接口及 I/O Link 与程控装置和外围设备连接，从外部进行机器人控制。

（3）操作面板 I/O（SOP）　操作面板 I/O 是用于操作面板、操作箱的按钮和 LED 状态数据交换的数字专用信号，分为输入信号 SI［i］和输出信号 SO［i］。输入信号随操作面板上按钮的 ON/OFF 而定。输出时，进行操作面板上 LED 指示灯的 ON/OFF 操作。

I/O 硬件连接

10.1　本节要点

- 掌握外围设备 I/O 硬件连接。
- 掌握 EE 接口的应用。

10. I/O 硬件连接

10.2　要点解析

FANUC 机器人 I/O 模块的种类包括 I/O 连接设备、处理 I/O 印制电路板、I/O Unit-MODEL A/B、I/O 连接设备连接单元和 R-30iB Mate 的主板。

（1）I/O 连接设备　R-30iB Mate 控制器的 I/O 连接设备有两种模式，即 I/O 连接设备从机模式和 I/O 连接设备主站模式。

1）I/O 连接设备从机模式。在从机模式中，机器人控制装置为 I/O 连接设备的从机装置，可与 CNC 等 I/O 连接设备的主站装置连接。在输入 72 点、输出 68 点的 I/O 连接设备从机接口上，其可与 CNC 等进行输入/输出。

2）I/O 连接设备主站模式。在主站模式中，机器人控制装置为 I/O 连接设备的主站装置，可与 I/O 连接设备的从机装置连接。要使用处理 I/O 印制电路板、I/O Unit-MODEL A/B 和 I/O 连接设备连接单元，就需要设定为 I/O 连接设备主站模式。

（2）处理 I/O 印制电路板　处理 I/O 印制电路板是具备数字输入/输出信号以及模拟输入/输出信号的 I/O 连接设备从机装置，其设定和调节在出厂时已完成，通常用户不需要进行更改。信号的种类及数量随处理 I/O 印制电路板的种类不同而不同。

（3）I/O Unit-MODEL A/B　I/O Unit-MODEL A 为组合型 I/O 模块，可连接多个单元进行扩展。I/O Unit-MODEL B 由 1 台接口单元和多个 DI/DO 单元构成，其中 DI/DO 单元负责进行信号的输入/输出，接口单元汇总多个 DI/DO 单元的 I/O 信息，与机器人控制装置之间进行 I/O 信息的传递。

（4）I/O 连接设备连接单元　通过该连接单元可以将 I/O 连接设备主站模式的机器人控制装置与 CNC 等 I/O 连接设备的主站装置连接起来。其最多可以将 256 个输入、256 个输出的数字信号与 CNC 等进行输入/输出。使用该连接单元时，需要在 I/O 连接设备画面上设定信号点数。

（5）R-30iB Mate 的主板（CRMA15、CRMA16）　R-30iB Mate 的主板备有输入 28 点、输出 24 点的外围设备控制接口。其主要作用是从外部进行机器人控制，由机器人控制器上的两根电缆线 CRMA15 和 CRMA16 连接至外围设备上的 I/O 印制电路板。

10.2.1　R-30iB Mate 主板

R-30iB Mate 主板的外围设备如图 10-1 所示，其控制接口如图 10-2 所示，主板物理编号和标准 I/O 分配见表 10-1。

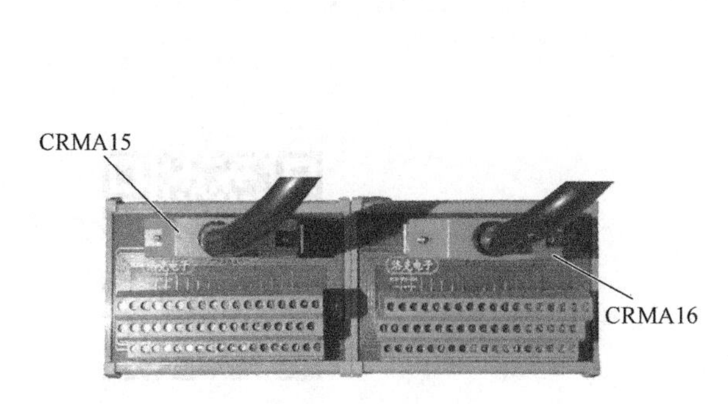

图 10-1　外围设备

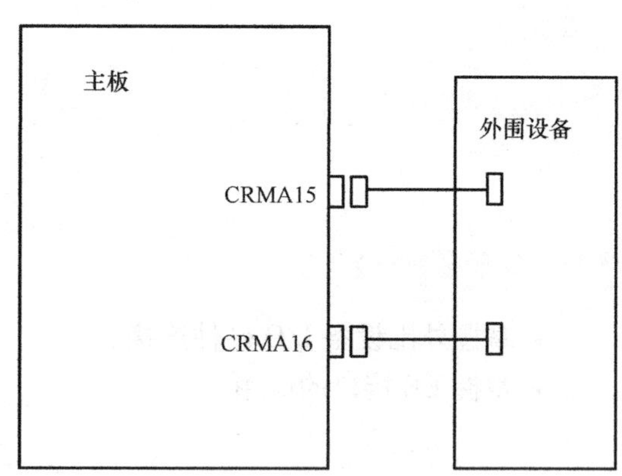

图 10-2　外围设备接口

表 10-1　R-30iB Mate 的主板物理编号和标准 I/O 分配

物理编号	简略 CRMA16	UOP 自动分配：完整（CRMA16）	物理编号	简略 CRMA16	UOP 自动分配：完整（CRMA16）
in1	DI[101]	UI[1] *IMSTP	out1	DO[101]	UO[1] CMDENBL
in2	DI[102]	UI[2] *HOLD	out2	DO[102]	UO[2] SYSRDY
in3	DI[103]	UI[3] *SFSPD	out3	DO[103]	UO[3] PROGRUN

（续）

物理编号	简略 CRMA16	UOP 自动分配：完整（CRMA16）	物理编号	简略 CRMA16	UOP 自动分配：完整（CRMA16）
in4	DI[104]	UI[4] CSTOPI	out4	DO[104]	UO[4] PAUSED
in5	DI[105]	UI[5] RESET	out5	DO[105]	UO[5] HELD
in6	DI[106]	UI[6] START	out6	DO[106]	UO[6] FAULT
in7	DI[107]	UI[7] HOME	out7	DO[107]	UO[7] ATPERCH
in8	DI[108]	UI[8] ENBL	out8	DO[108]	UO[8] TPENBL
in9	DI[109]	UI[9] RSR1/PNS1/STYLE1	out9	DO[109]	UO[9] BATALM
in10	DI[110]	UI[10] RSR2/PNS2/STYLE2	out10	DO[110]	UO[10] BUSY
in11	DI[111]	UI[11] RSR3/PNS3/STYLE3	out11	DO[111]	UO[11] ACK1/SNO1
in12	DI[112]	UI[12] RSR4/PNS4/STYLE4	out12	DO[112]	UO[12] ACK2/SNO2
in13	DI[113]	UI[13] RSR5/PNS5/STYLE5	out13	DO[113]	UO[13] ACK3/SNO3
in14	DI[114]	UI[14] RSR6/PNS6/STYLE6	out14	DO[114]	UO[14] ACK4/SNO4
in15	DI[115]	UI[15] RSR7/PNS7/STYLE7	out15	DO[115]	UO[15] ACK5/SNO5
in16	DI[116]	UI[16] RSR8/PNS8/STYLE8	out16	DO[116]	UO[16] ACK6/SNO6
in17	DI[117]	UI[17] PNSTROBE	out17	DO[117]	UO[17] ACK7/SNO7
in18	DI[118]	UI[18] PRODSTART	out18	DO[118]	UO[18] ACK8/SNO8
in19	DI[119]	DI[119]	out19	DO[119]	UO[19] SNACK
in20	DI[120]	DI[120]	out20	DO[120]	UO[20] Reserve
in21	UI[2] * HOLD	DI[81]	out21	UO[1] CMDENBL	DO[81]
in22	UI[5] RESET * 1	DI[82]	out22	UO[6] FAULT	DO[82]
in23	UI[6] START * 2	DI[83]	out23	UO[9] BATALM	DO[83]
in24	UI[8] ENBL	DI[84]	out24	UO[10] BUSY	DO[84]
in25	UI[9] PNS1	DI[85]			
in26	UI[10] PNS2	DI[86]			
in27	UI[11] PNS3	DI[87]			
in28	UI[12] PNS4	DI[88]			

10.2.2　EE 接口

（1）硬件　EE 接口为机器人手臂上的信号接口，主要用来控制和检测机器人末端执行器的信号，如图 10-3 所示。

EE 接口共有 12 个信号接口，包括 6 个机器人输入信号、2 个机器人输出信号和 4 个电源信号。它的引脚排列如图 10-4 所示，其中 9 号引脚和 10 号引脚为 24V，11 号引脚和 12 号引脚为 0V。

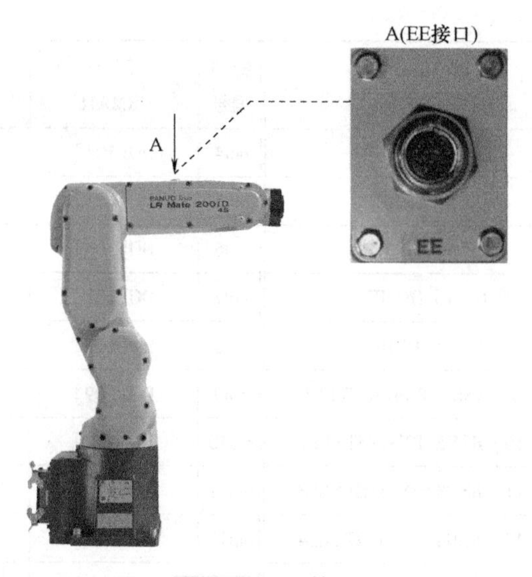

图 10-3　EE 接口

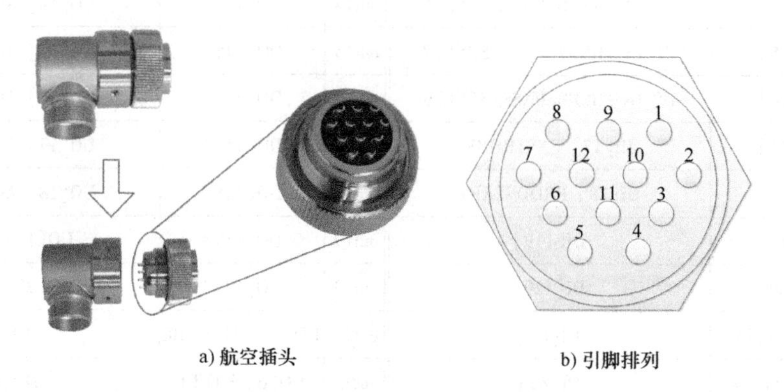

a) 航空插头　　b) 引脚排列

图 10-4　机器人末端信号应用实例

（2）机器人 I/O 配置　EE 接口各引脚功能见表 10-2。

表 10-2　EE 接口各引脚功能

引脚号	名　称	功　能	引脚号	名　称	功　能
1	RI 1	输入信号	7	RO 7	输出信号
2	RI 2	输入信号	8	RO 8	输出信号
3	RI 3	输入信号	9	24V	高电平
4	RI 4	输入信号	10	24V	高电平
5	RI 5	输入信号	11	0V	低电平
6	RI 6	输入信号	12	0V	低电平

（3）机器人 I/O 应用实例　此处以 KYD650N5-T1030 型红光点状激光器为例，介绍机器人 I/O 的输出信号硬件连接方式。将激光器的红色线连接至 EE 接口的 7 号引脚（红色线为信号线），白色线连接至 EE 接口的 12 号引脚（白色线为 0V 电源线）。红光点状激光器如

图 10-5a 所示，电气原理如图 10-5b 所示。

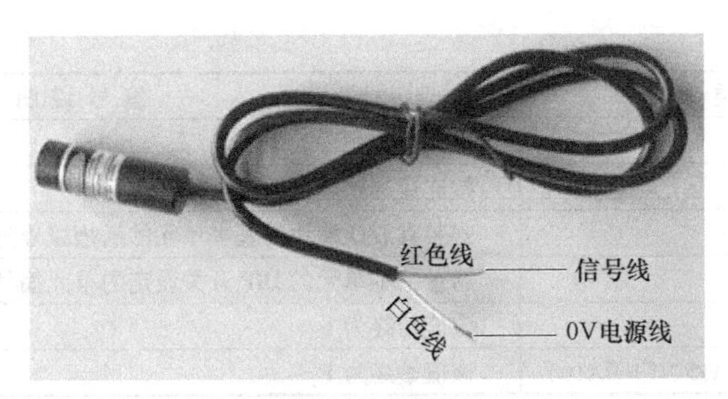

a) 红光点状激光器

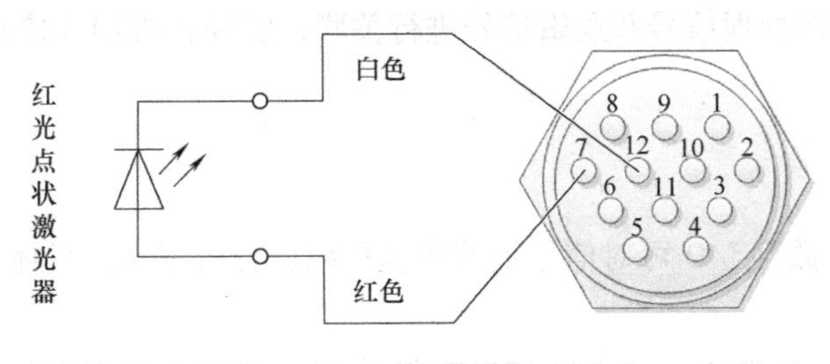

b) 电气原理

图 10-5 机器人 I/O 应用实例

I/O 配置

11.1 本节要点

11. I/O 配置

- 掌握通用 I/O 配置。
- 熟悉外围设备 I/O 配置。

11.2 要点解析

FANUC 机器人 I/O 配置分为两个过程。

（1）指定物理信号 机器人控制系统通过机架和插槽来识别 I/O 模块，并利用该 I/O 模块内的信号编号（即物理编号，如 in1、in2、out1、out2 等）来指定各信号。

1）机架。机架指 I/O 模块的种类，见表 11-1。

表 11-1 I/O 模块的种类

机架编号	I/O 模块种类
0	处理 I/O 印制电路板、I/O 连接设备连接单元
1 ~ 16	I/O Unit-MODEL A/B
32	I/O 连接设备从机模式
48	R-30iB Mate 的主板（CRMA15、CRMA16）

2）插槽。插槽指构成机架的I/O模块的编号，见表11-2。

表11-2　I/O模块的编号

I/O模块种类	编号说明
处理I/O印制电路板	按连接的顺序为插槽1、2…
I/O连接设备连接单元	按连接的顺序为插槽1、2…
I/O Unit-MODEL A	安装有I/O模块的基本单元的插槽编号为该模块的插槽值
I/O Unit-MODEL B	通过基本单元的DIP开关设定的单元编号为该基本单元的插槽值
I/O连接设备从机模式	该值始终为1
R-30iB Mate的主板（CRMA15、CRMA16）	该值始终为1

（2）I/O分配　将物理信号和逻辑信号进行关联，实现在机器人控制系统中对I/O信号线的控制。

11.2.1　通用I/O配置

（1）配置步骤　数字I/O可对信号线的物理号码进行再定义。具体配置步骤见表11-3。

表11-3　数字I/O配置步骤

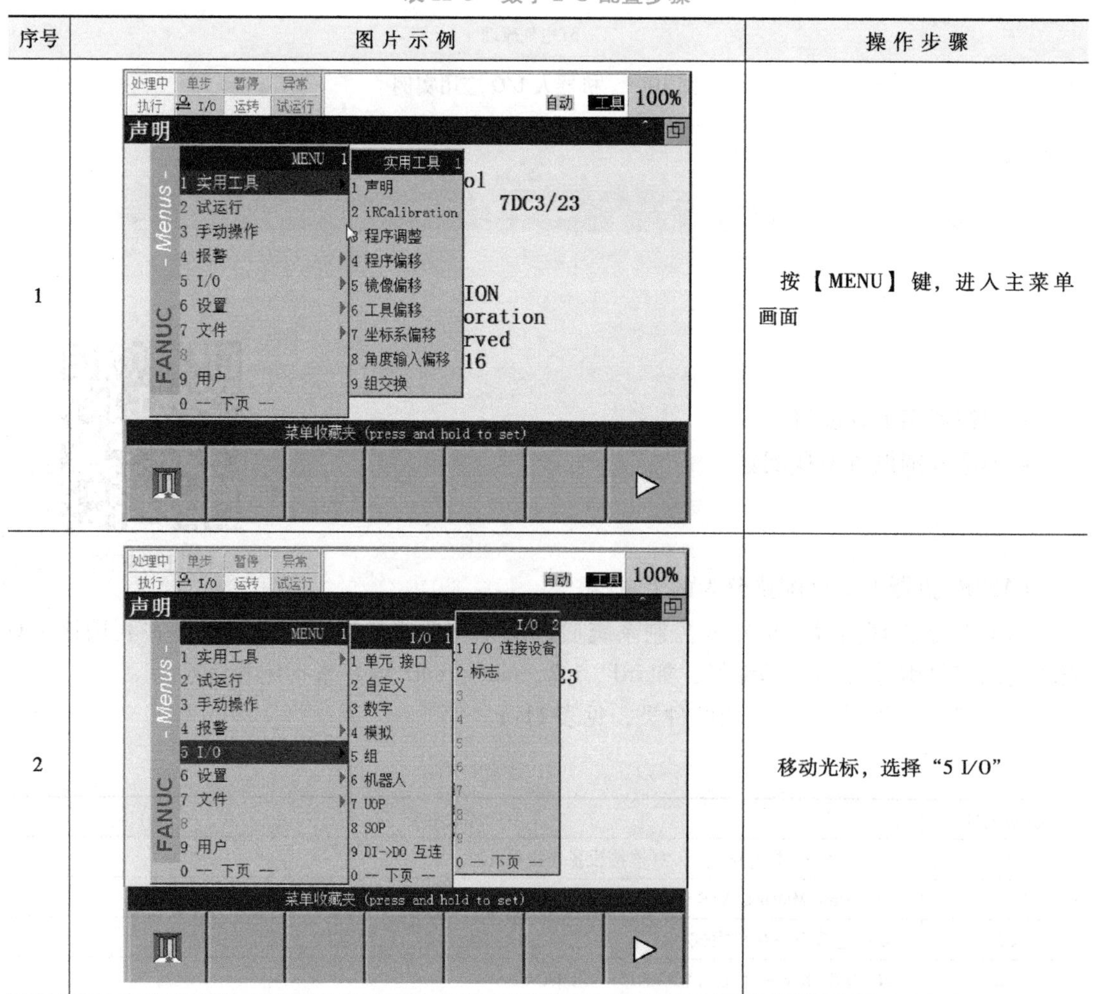

序号	图片示例	操作步骤
1		按【MENU】键，进入主菜单画面
2		移动光标，选择“5 I/O”

（续）

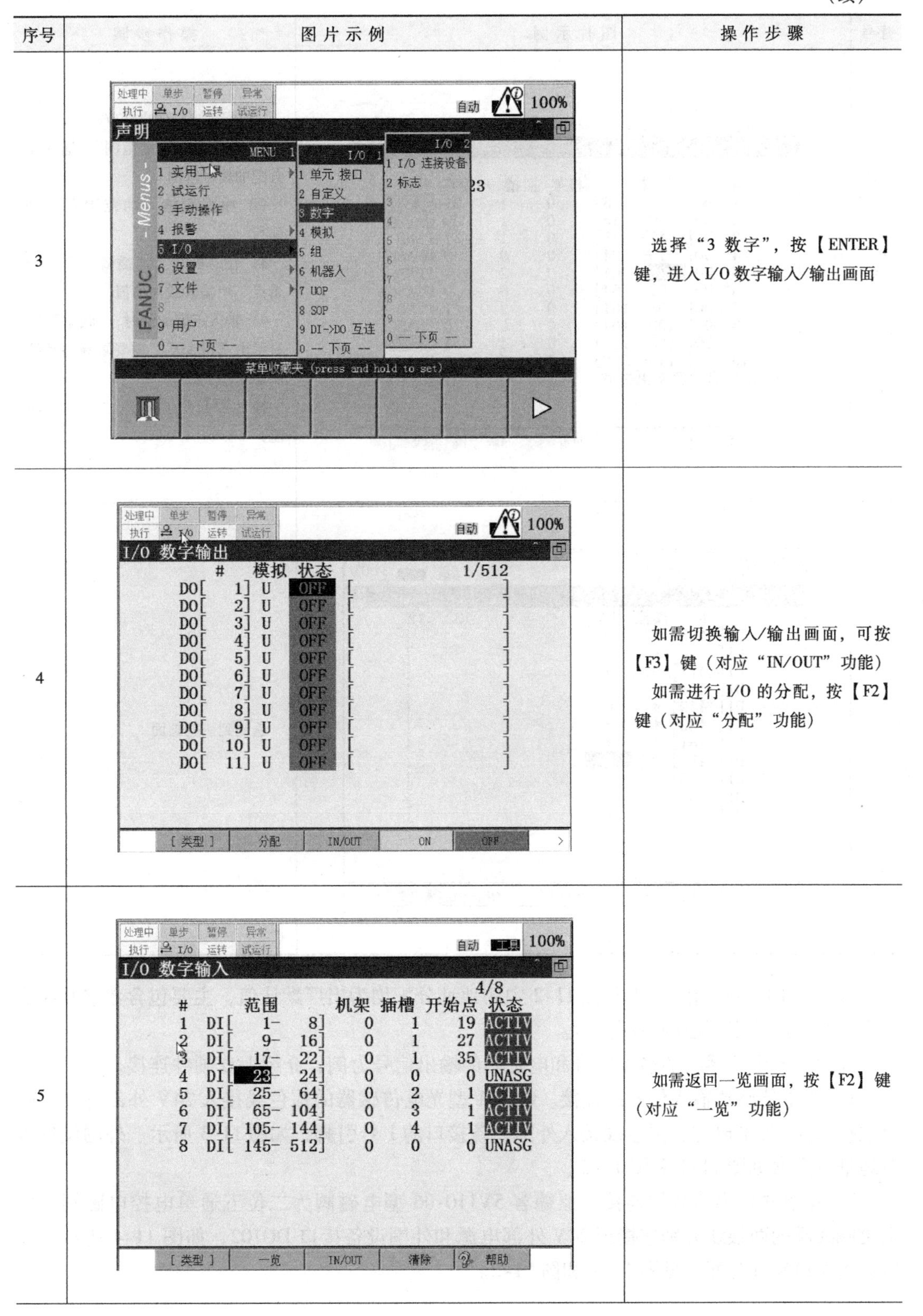

序号	图片示例	操作步骤
3		选择“3 数字”，按【ENTER】键，进入I/O数字输入/输出画面
4		如需切换输入/输出画面，可按【F3】键（对应“IN/OUT”功能） 如需进行I/O的分配，按【F2】键（对应“分配”功能）
5		如需返回一览画面，按【F2】键（对应“一览”功能）

（续）

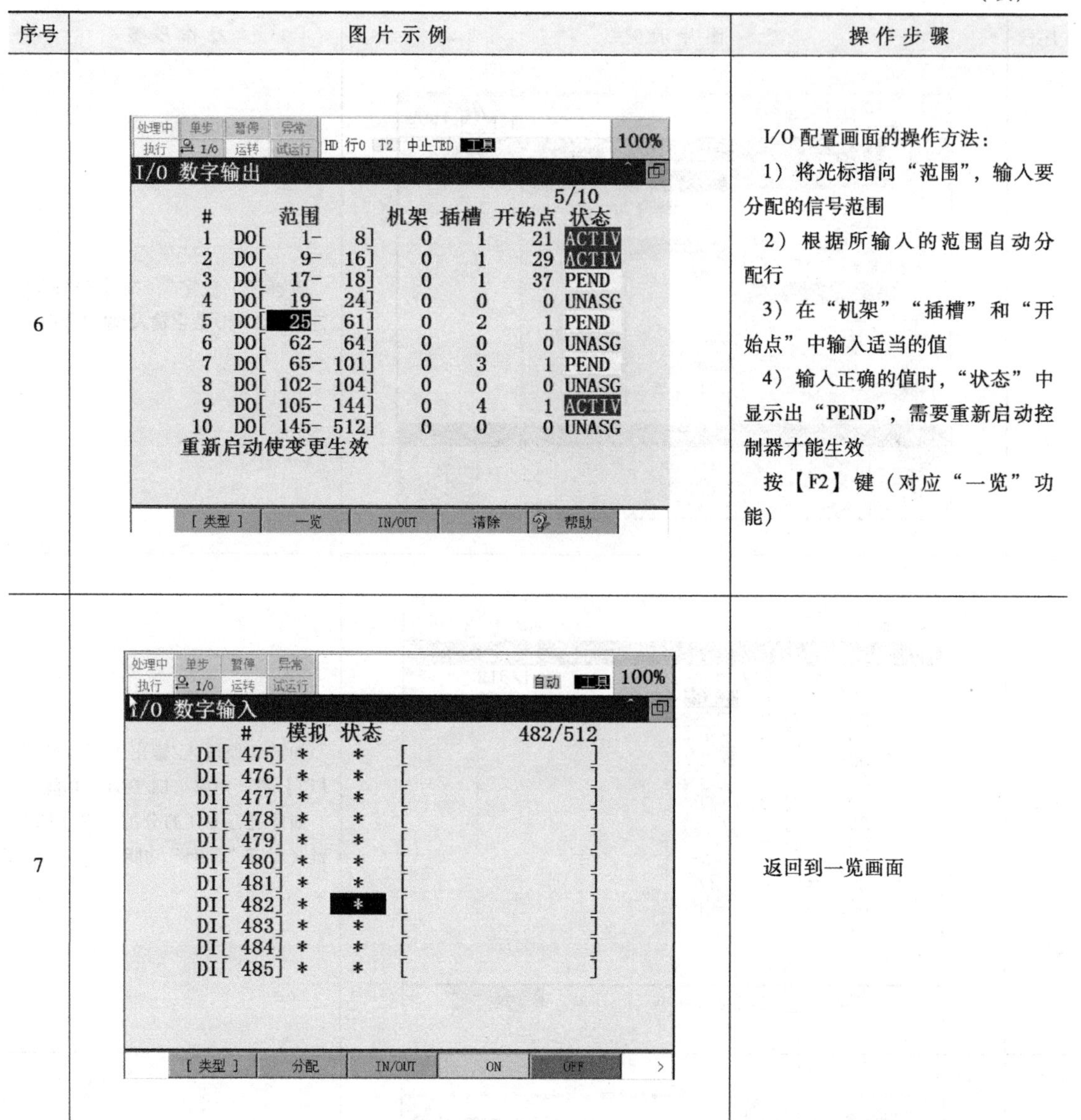

序号	图片示例	操作步骤
6		I/O 配置画面的操作方法： 1）将光标指向“范围”，输入要分配的信号范围 2）根据所输入的范围自动分配行 3）在“机架”“插槽”和“开始点”中输入适当的值 4）输入正确的值时，“状态”中显示出“PEND”，需要重新启动控制器才能生效 按【F2】键（对应“一览”功能）
7		返回到一览画面

（2）应用实例　图 11-1 与图 11-2 中的地址分配均为出厂默认值，主要包含数字 I/O 信号和一些已经确定用途的专用信号。

此处以光电传感器的输入信号和电磁阀的输出信号为例，介绍 I/O 硬件连接。

1）光电传感器输入信号的连接。CX441 型光电传感器的棕色线接入 24V 外部电源，蓝色线接入 0V 外部电源，黑色线接入外围设备接口的 1 号引脚，如图 11-3 所示。外围设备接口地址分配参见图 11-1 和图 11-2。

2）电磁阀输出信号的连接。亚德客 5V110-06 型电磁阀为二位五通单电控电磁阀。将电磁阀线圈的两根线分别连接至 24V 外部电源和外围设备接口 DO102，如图 11-4 所示。外围设备接口地址分配参见图 11-1 和图 11-2。

01	DI101			33	DO101
02	DI102	19	SDICOM1	34	DO102
03	DI103	20	SDICOM2	35	DO103
04	DI104	21	—	36	DO104
05	DI105	22	DI117	37	DO105
06	DI106	23	DI118	38	DO106
07	DI107	24	DI119	39	DO107
08	DI108	25	DI120	40	DO108
09	DI109	26	—	41	—
10	DI110	27	—	42	—
11	DI111	28	—	43	—
12	DI112	29	0V	44	—
13	DI113	30	0V	45	—
14	DI114	31	DOSRC1	46	—
15	DI115	32	DOSRC1	47	—
16	DI116			48	—
17	0V			49	24F
18	0V			50	24F

图 11-1 外围设备 1 接口地址

01	XHOLD			33	CMDENBL
02	RSRET	19	SDICOM3	34	FAULT
03	START	20	—	35	BATALM
04	ENBL	21	DO120	36	BUSY
05	PNS1	22	—	37	—
06	PNS2	23	—	38	—
07	PNS3	24	—	39	—
08	PNS4	25	—	40	—
09	—	26	DO117	41	DO109
10	—	27	DO118	42	DO110
11	—	28	DO119	43	DO111
12	—	29	0V	44	DO112
13	—	30	0V	45	DO113
14	—	31	DOSRC2	46	DO114
15	—	32	DOSRC2	47	DO115
16	—			48	DO116
17	0V			49	24F
18	0V			50	24F

图 11-2 外围设备 2 接口地址

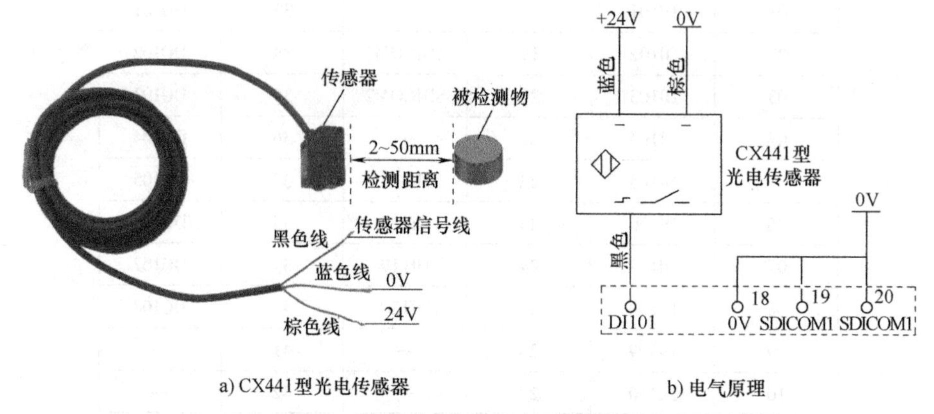

a) CX441型光电传感器　　b) 电气原理

图 11-3　机器人信号输入接线方式

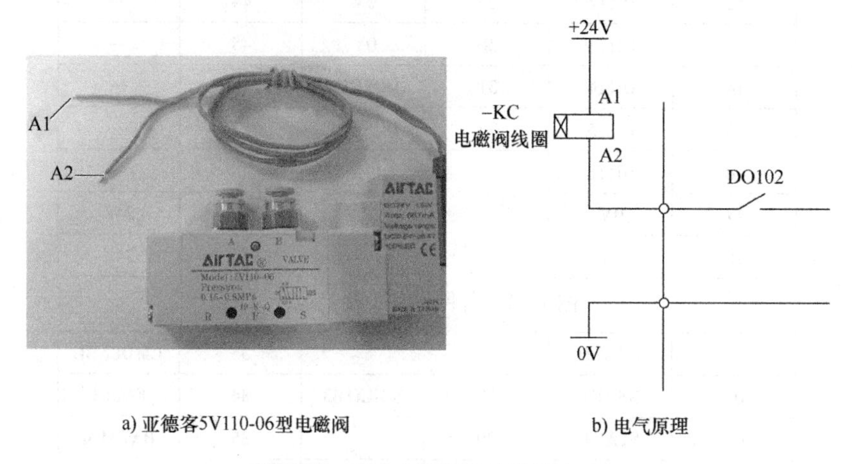

a) 亚德客5V110-06型电磁阀　　b) 电气原理

图 11-4　机器人信号输出接线方式

11.2.2　外围设备 I/O 配置

外围设备 I/O 的分配有两种，即全部分配和简略分配。

（1）全部分配　可使用所有外围设备 I/O。输入 18 点、输出 20 点的物理信号被分配给外围设备 I/O。

（2）简略分配　可使用信号点数少的外围设备 I/O。输入 8 点、输出 4 点的物理信号被分配给外围设备 I/O。

简略分配中，外围设备 I/O 的点数减少，所以可用于通用数字 I/O 的信号点数增加，见表 11-4，外围设备 I/O 的功能受到限制。

表 11-4　外围设备 I/O 功能说明

信号	名　称	功 能 说 明	简 略 分 配
UI [1]	IMSTP	瞬时停止信号	始终 ON *4
UI [2]	HOLD	暂停信号	可以使用
UI [3]	SFSPD	安全速度信号	始终 ON *4

（续）

信号	名　称	功能说明	简略分配
UI [4]	CSTOPI	循环停止信号	分配给与 RESET 相同的信号 *1
UI [5]	RESET	解除报警信号	可以使用
UI [6]	START	—	可以使用
UI [7]	HOME	—	无分配
UI [8]	ENBL	—	可以使用
UI [9]	RSR1/PNS1/STYLE1	机器人起动请求信号/PNS 选通信号	可用作 PNS1 *3
UI [10]	RSR2/PNS2/STYLE2	机器人起动请求信号/PNS 选通信号	可用作 PNS2 *3
UI [11]	RSR3/PNS3/STYLE3	机器人起动请求信号/PNS 选通信号	可用作 PNS3 *3
UI [12]	RSR4/PNS4/STYLE4	机器人起动请求信号/PNS 选通信号	可用作 PNS4 *3
UI [13]	RSR5/PNS5/STYLE5	机器人起动请求信号/PNS 选通信号	无分配
UI [14]	RSR6/PNS6/STYLE6	机器人起动请求信号/PNS 选通信号	无分配
UI [15]	RSR7/PNS7/STYLE7	机器人起动请求信号/PNS 选通信号	无分配
UI [16]	RSR8/PNS8/STYLE8	机器人起动请求信号/PNS 选通信号	无分配
UI [17]	PNSTROBE	—	分配给与 START 相同的信号 *2
UI [18]	PROD_START	自动运转起动信号	无分配
UO [1]	CMDENBL	可接收输入信号	可以使用
UO [2]	SYSRDY	系统准备就绪信号	无分配
UO [3]	PROGRUN	程序执行中信号	无分配
UO [4]	PAUSED	暂停中信号	无分配
UO [5]	HELD	保持中信号	无分配
UO [6]	FAULT	报警信号	可以使用
UO [7]	ATPERCH	参考位置信号	无分配
UO [8]	TPENBL	示教有效信号	无分配
UO [9]	BATALM	电池异常信号	可以使用
UO [10]	BUSY	处理中信号	可以使用
UO [11]	ACK1/SNO1	RSR 接收确认信号/选择程序号码信号	无分配
UO [12]	ACK2/SNO2	RSR 接收确认信号/选择程序号码信号	无分配
UO [13]	ACK3/SNO3	RSR 接收确认信号/选择程序号码信号	无分配
UO [14]	ACK4/SNO4	RSR 接收确认信号/选择程序号码信号	无分配
UO [15]	ACK5/SNO5	RSR 接收确认信号/选择程序号码信号	无分配
UO [16]	ACK6/SNO6	RSR 接收确认信号/选择程序号码信号	无分配
UO [17]	ACK7/SNO7	RSR 接收确认信号/选择程序号码信号	无分配
UO [18]	ACK8/SNO8	RSR 接收确认信号/选择程序号码信号	无分配
UO [19]	SNACK	PNS 接收确认信号	无分配
UO [20]	RESERVE	—	无分配

若全部清除 I/O 分配，接通机器人控制装置的电源，则所连接的 I/O 装置将被识别，并自动进行适当的 I/O 分配。此时，根据系统设定画面的“UOP 自动分配”的设定，进行外围设备 I/O（UOP）的分配。在 R-30iB Mate 控制器出厂时，UOP 自动配置设定为简略

（CRMA16）。外围设备 I/O 分配步骤见表 11-5。

表 11-5　外围设备 I/O 分配步骤

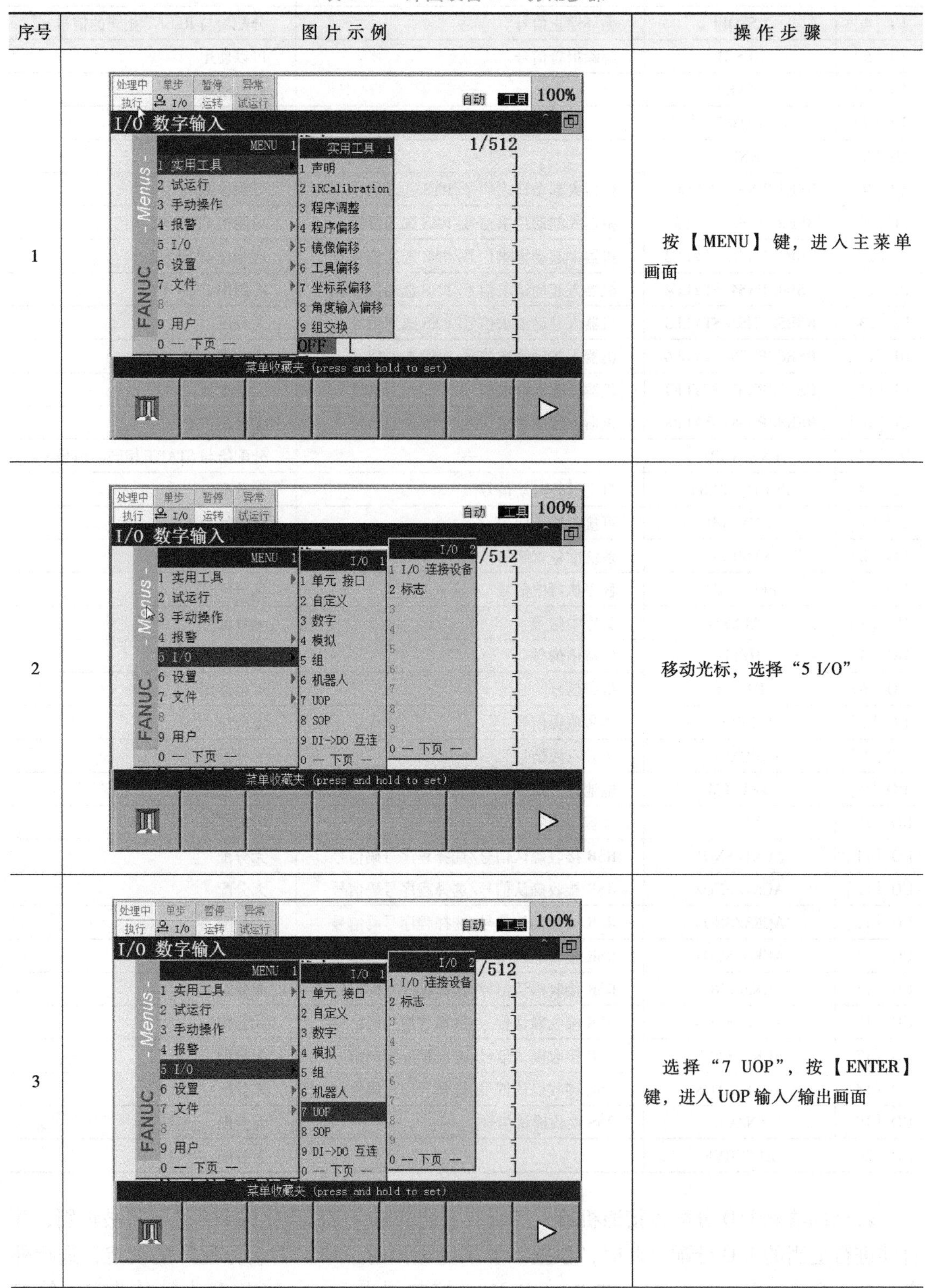

序号	图片示例	操作步骤
1		按【MENU】键，进入主菜单画面
2		移动光标，选择“5 I/O”
3		选择“7 UOP”，按【ENTER】键，进入 UOP 输入/输出画面

（续）

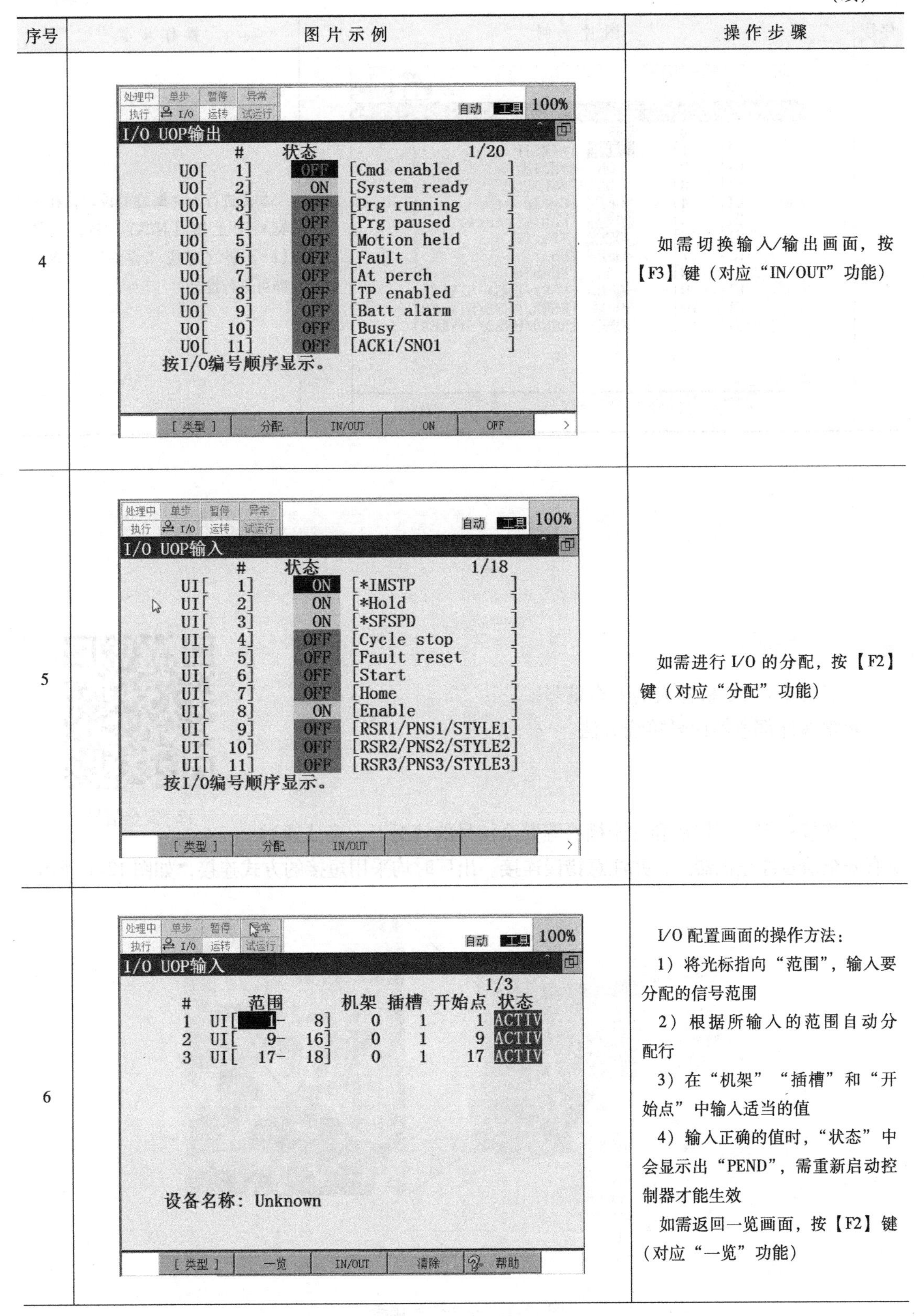

序号	图片示例	操作步骤
4		如需切换输入/输出画面，按【F3】键（对应“IN/OUT”功能）
5		如需进行I/O的分配，按【F2】键（对应“分配”功能）
6		I/O配置画面的操作方法： 1）将光标指向“范围”，输入要分配的信号范围 2）根据所输入的范围自动分配行 3）在“机架”“插槽”和“开始点”中输入适当的值 4）输入正确的值时，“状态”中会显示出“PEND”，需重新启动控制器才能生效 如需返回一览画面，按【F2】键（对应“一览”功能）

（续）

序号	图片示例	操作步骤
7	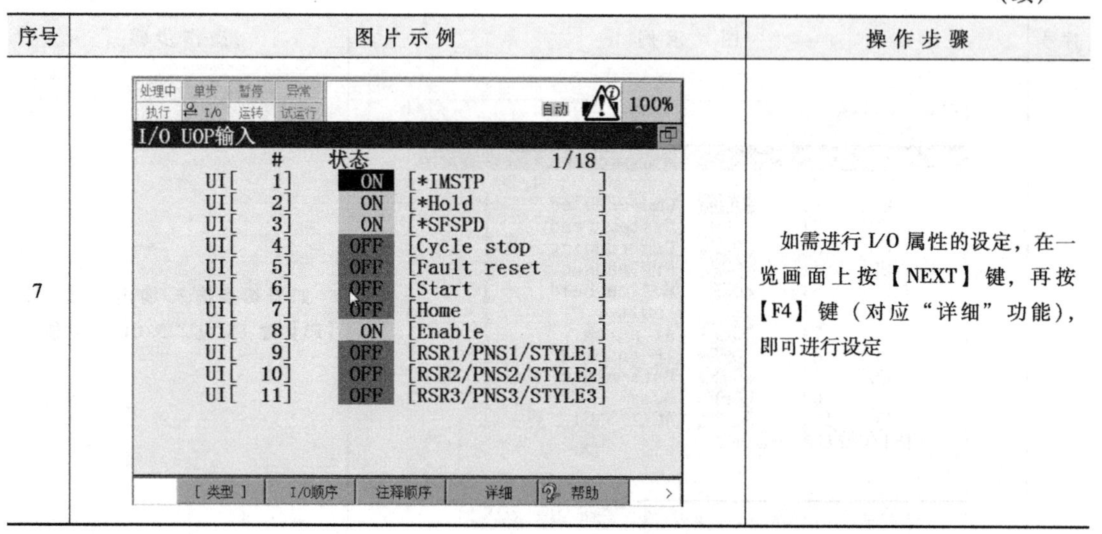	如需进行 I/O 属性的设定，在一览画面上按【NEXT】键，再按【F4】键（对应“详细”功能），即可进行设定

安全信号

12.1 本节要点

12. 安全信号

- 了解 FANUC 机器人的安全信号。
- 掌握外部急停信号接线方法。

12.2 要点解析

在连接外部急停按钮和安全栅栏等安全信号的情况下，确认通过所有安全信号停止机器人，并注意错误连接。出厂时均采用短接的方式连接，如图 12-1 所示。

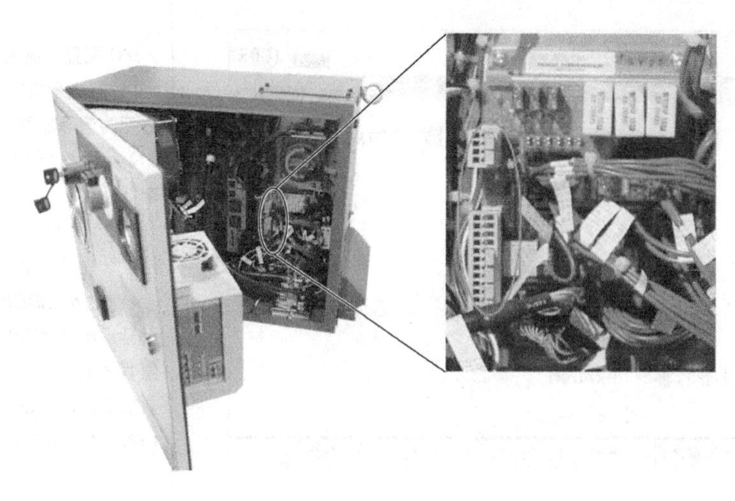

图 12-1 安全信号接线

外部急停按钮和安全栅栏连接如图 12-2 所示。信号说明见表 12-1。

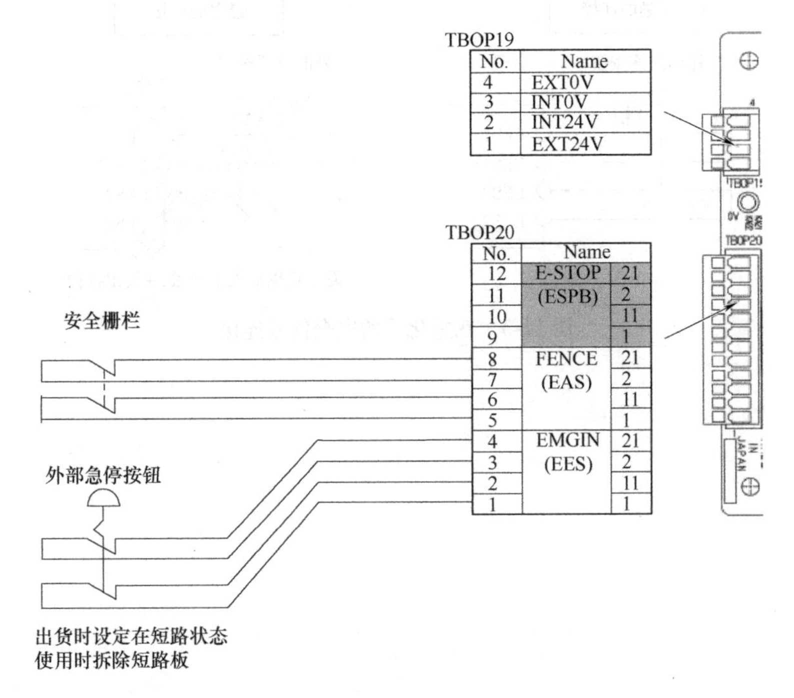

图 12-2 外部急停按钮和安全栅栏连接

表 12-1 信号说明

序号	信号名称	说　明	电压、电流
1	EES1 EES11 EES2 EES21	1）将急停按钮的接点连接到此端子上 2）接点开启时，机器人会按照事先设定的停止模式停止 3）不使用按钮而使用继电器、接触器的接点时，为降低噪声，在继电器和接触器的线圈上安装火花抑制器 4）不使用这些信号时，安装跨接线	DC 24V 0.1A 的开闭①
2	EAS1 EAS11 EAS2 EAS21	1）在选定 AUTO 模式的状态下打开安全栅栏的门时，为使机器人安全停下而使用这些信号。AUTO 模式接点开启时，机器人会按照先前设定的停止模式停止② 2）在 T1 或 T2 模式下，通过正确保持安全开关状态，即便在安全栅栏的门已经打开的状态下，也可以对机器人进行操作 3）不使用按钮，而使用继电器、接触器的接点时，为降低噪声，在继电器和接触器的线圈上安装火花抑制器 4）不使用这些信号时，安装跨接线	

① 使用最小负荷在 5mA 以下的接点。
② 参阅 FANUC 维修说明书。

双重化后的安全信号连接如图 12-3 所示。

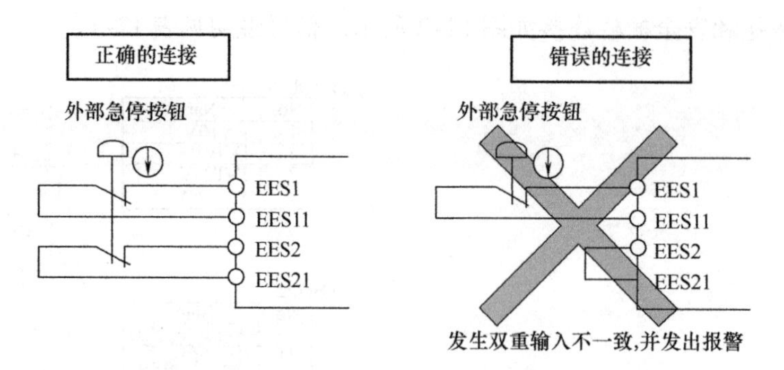

图 12-3 双重化后的安全信号连接

第4部分 基础编程

知识点13 程序构成

13.1 本节要点

13. 程序构成

➢ 熟悉程序一览画面。
➢ 熟悉程序编辑画面。

13.2 要点解析

13.2.1 程序一览画面

机器人应用程序由用户编写的一系列机器人指令以及其他附带信息构成，以使机器人完成特定的作业任务。程序中除了包含记述机器人如何进行作业的信息外，还包括程序属性等详细信息。程序一览画面如图 13-1 所示。

1）存储器剩余容量。显示当前设备所能存储的程序容量。

2）程序名称。用来区别存储在控制器内的程序，在同一控制器内不能创建相同名称的程序。

3）程序注释。用来记述与程序相关的说明性附加信息。

13.2.2 程序编辑画面

程序编辑画面如图 13-2 所示。

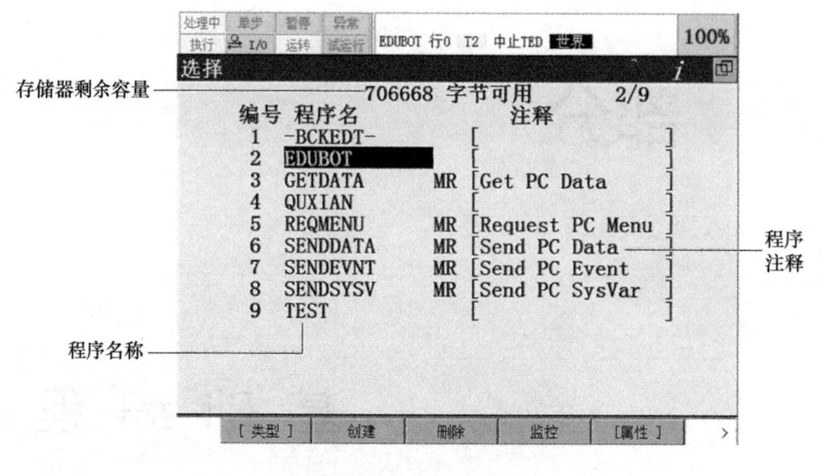

图 13-1 程序一览画面

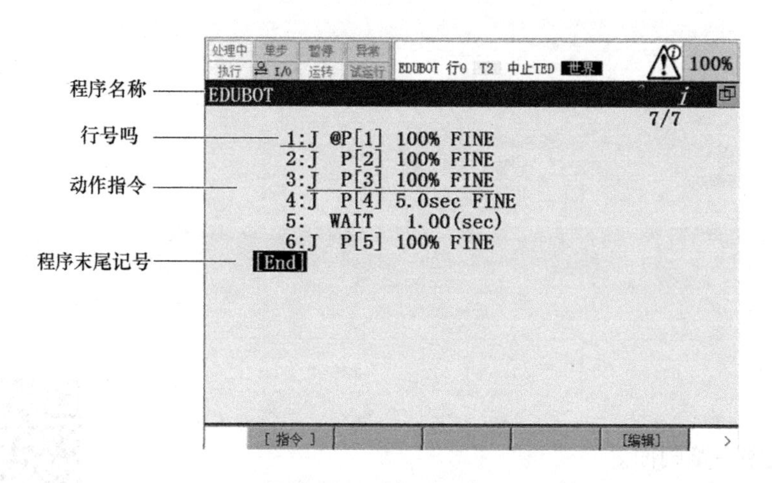

图 13-2 程序编辑画面

1）行号码：记述程序各指令的行编号。

2）动作指令：以指定的移动速度和移动方法，使机器人向作业空间内的指定位置移动的指令。

3）程序末尾记号：程序结束标记，表示本指令后面没有程序指令。

程序数据

14. 程序数据

14.1 本节要点

➢ 了解数值寄存器。

➢ 了解位置寄存器。

14.2 要点解析

14.2.1 数值寄存器

数值寄存器是用来存储某一整数值或实数值的变量。标准情况下 FANUC 机器人可提供200个数值寄存器。数值寄存器的显示和设定在数值寄存器画面上进行，操作步骤见表14-1。

表14-1 数值寄存器的显示和设定步骤

序号	图片示例	操作步骤
1	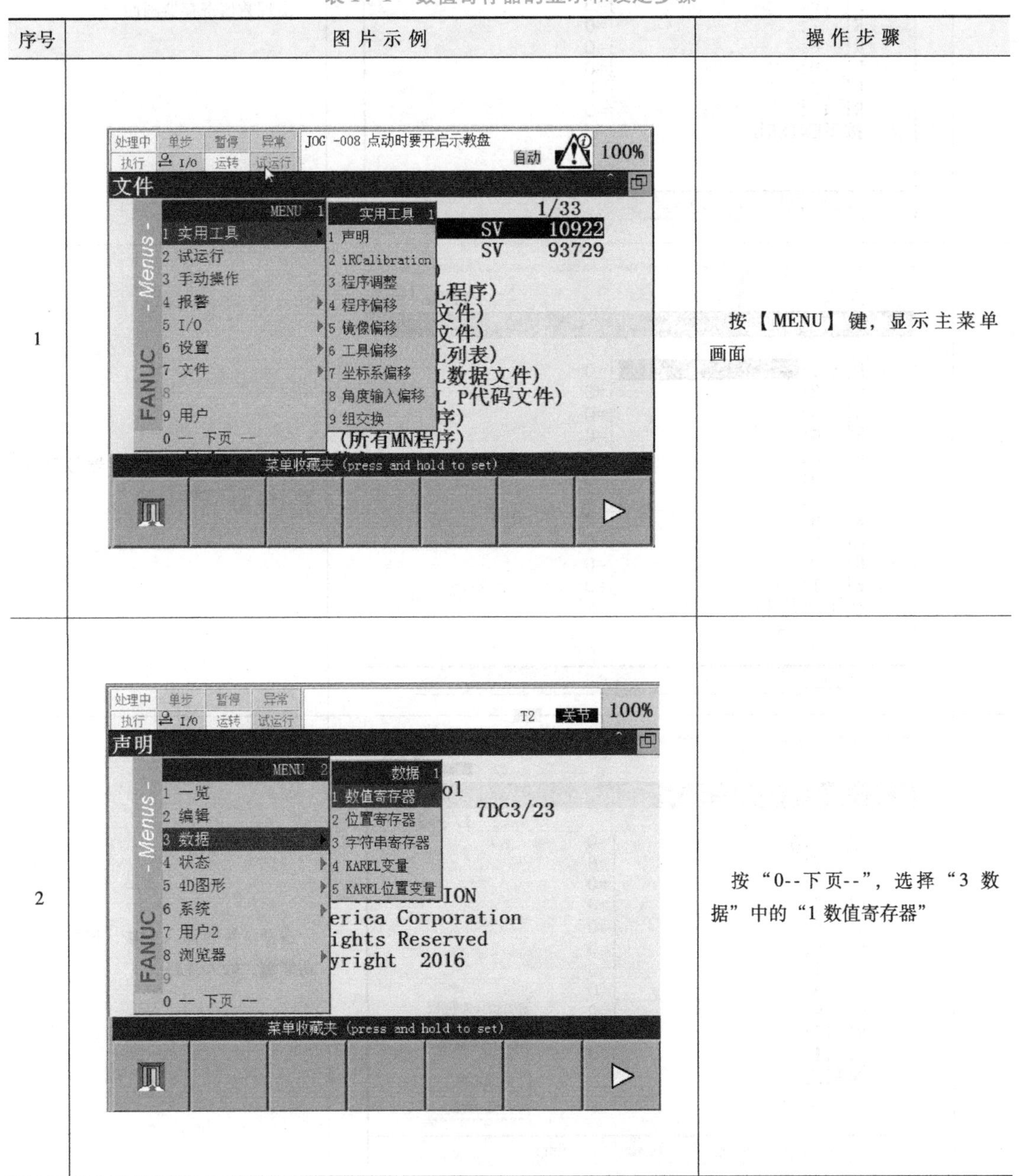	按【MENU】键，显示主菜单画面
2		按“0--下页--”，选择“3 数据”中的“1 数值寄存器”

（续）

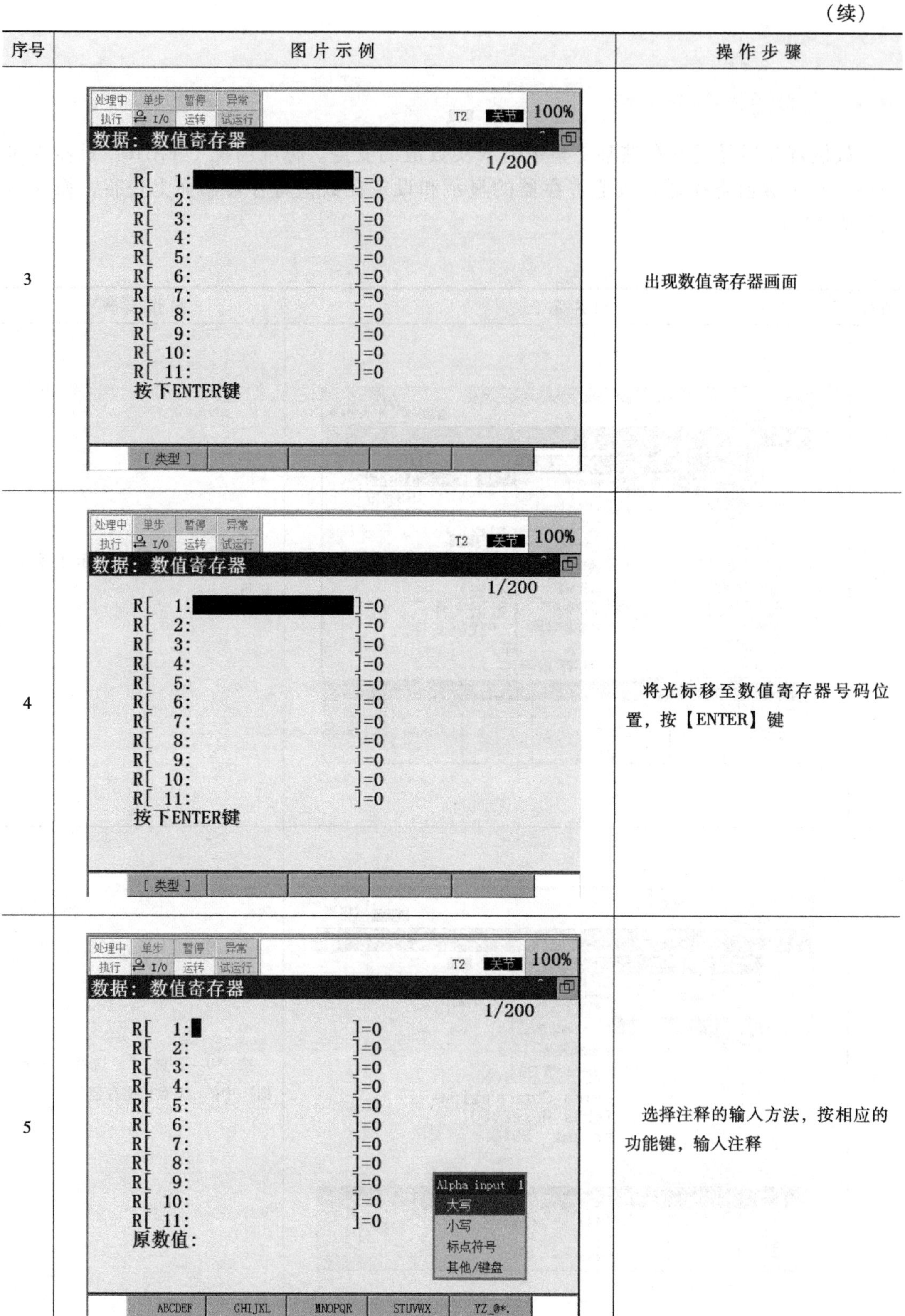

序号	图片示例	操作步骤
3	数据：数值寄存器 1/200 R[1:]=0 … R[11:]=0 按下ENTER键 [类型]	出现数值寄存器画面
4	数据：数值寄存器 1/200 R[1:]=0 … R[11:]=0 按下ENTER键 [类型]	将光标移至数值寄存器号码位置，按【ENTER】键
5	数据：数值寄存器 1/200 R[1:]=0 … R[11:]=0 原数值: Alpha input 1 大写 小写 标点符号 其他/键盘 ABCDEF GHIJKL MNOPQR STUVWX YZ_@*.	选择注释的输入方法，按相应的功能键，输入注释

（续）

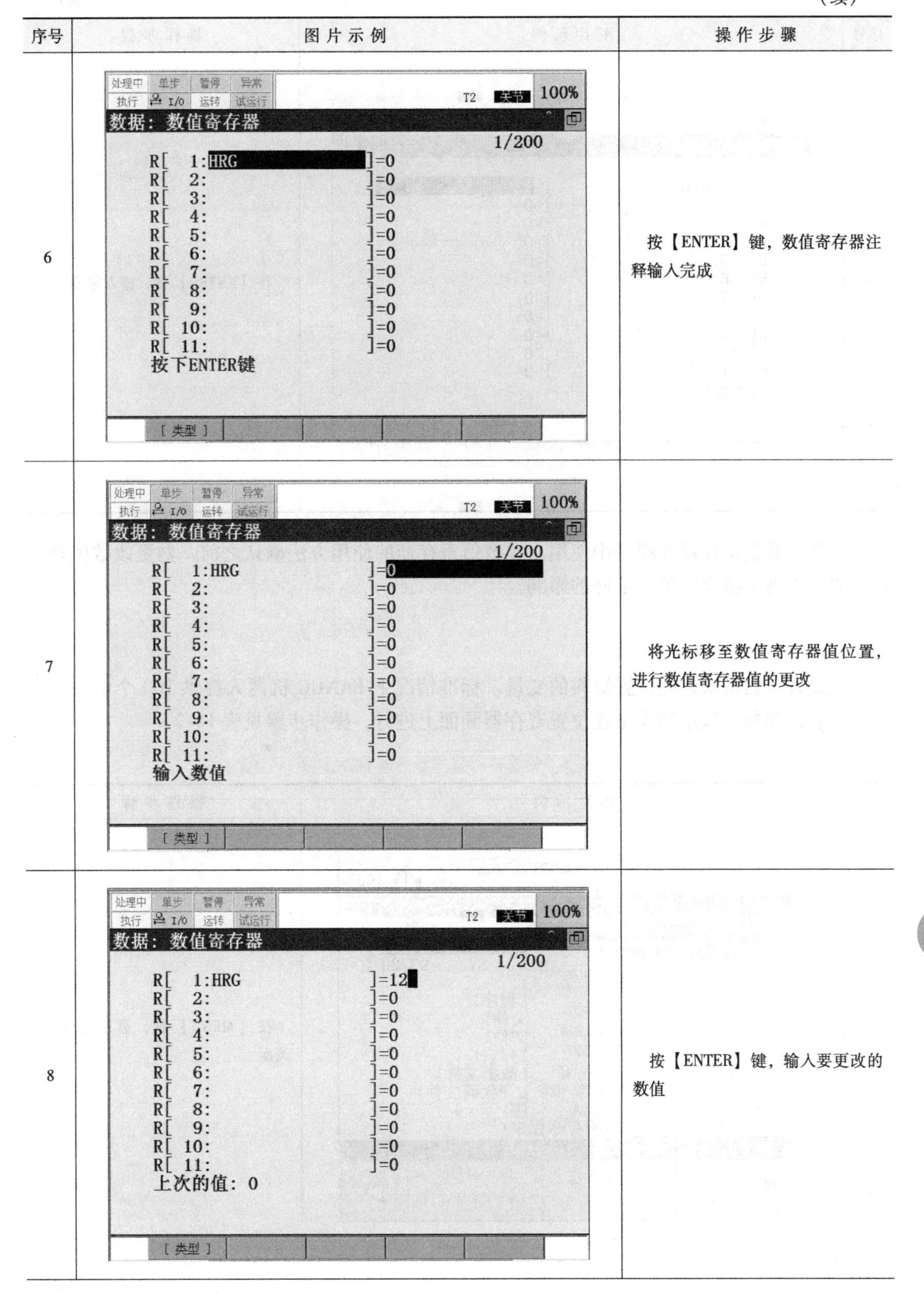

序号	图片示例	操作步骤
6		按【ENTER】键，数值寄存器注释输入完成
7		将光标移至数值寄存器值位置，进行数值寄存器值的更改
8		按【ENTER】键，输入要更改的数值

（续）

序号	图片示例	操作步骤
9	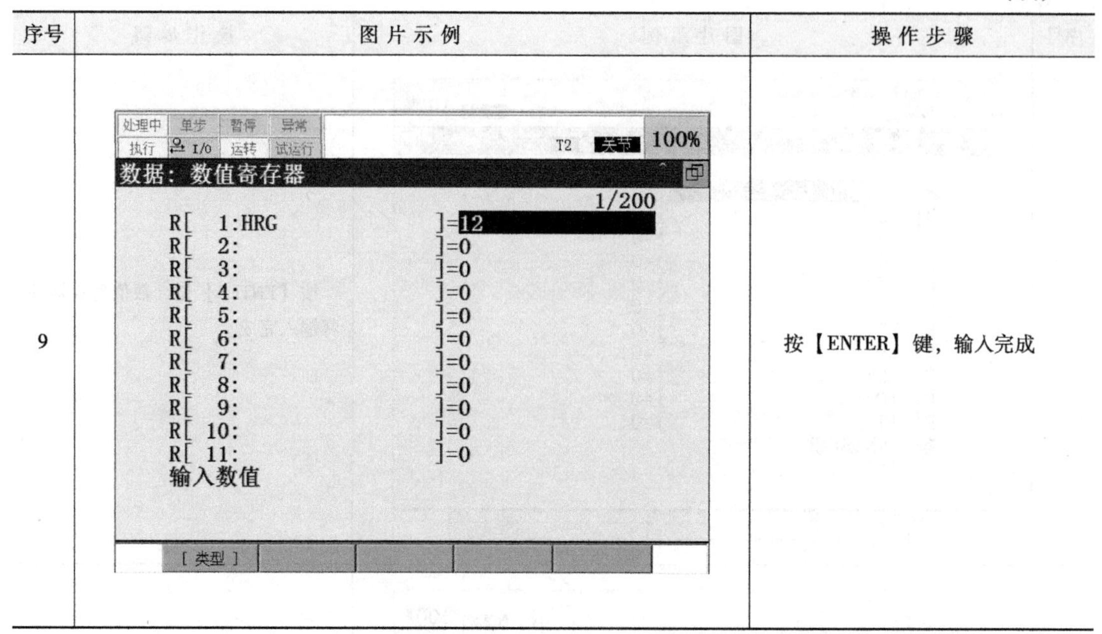	按【ENTER】键，输入完成

注意：数值寄存器在程序中使用。在数值寄存器的使用方法确认之前，勿更改数值寄存器的值，否则会给程序带来不好的影响。

14.2.2 位置寄存器

位置寄存器用来存储位置资料的变量。标准情况下 FANUC 机器人提供 100 个位置寄存器。位置寄存器的显示和设定在位置寄存器画面上进行，操作步骤见表 14-2。

表 14-2 位置寄存器的显示和设定步骤

序号	图片示例	操作步骤
1	处理中 单步 暂停 异常 执行 I/O 运转 试运行 JOG -008 点动时要开启示教盘 自动 100% 文件 MENU 1：1 实用工具 2 试运行 3 手动操作 4 报警 5 I/O 6 设置 7 文件 8 9 用户 0 -- 下页 -- 实用工具 1：1 声明 2 iRCalibration 3 程序调整 4 程序偏移 5 镜像偏移 6 工具偏移 7 坐标系偏移 8 角度输入偏移 9 组交换 1/33 SV 10922 SV 93729 菜单收藏夹 (press and hold to set)	按【MENU】键，显示主菜单画面

（续）

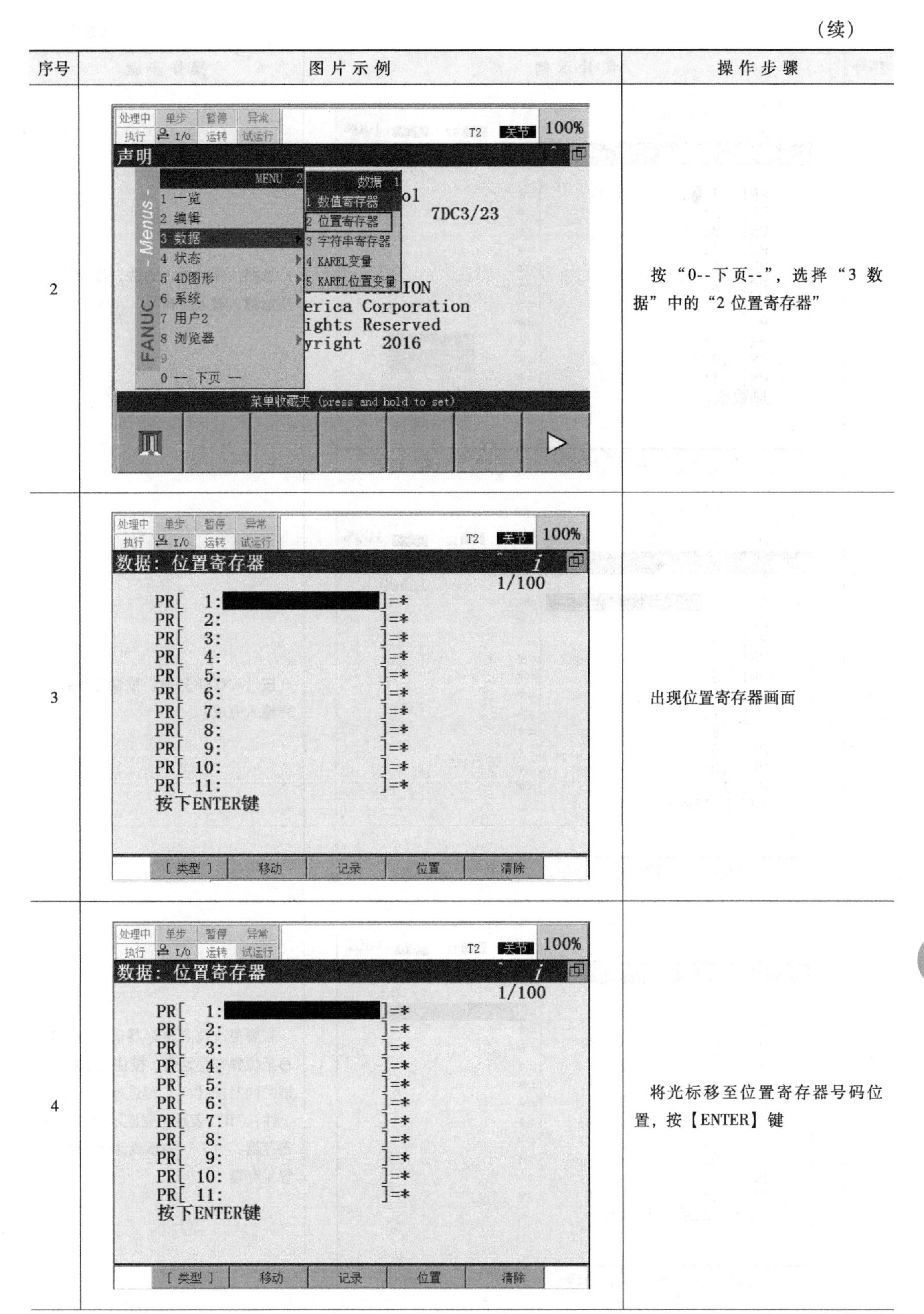

序号	图片示例	操作步骤
2		按“0--下页--”，选择“3 数据”中的“2 位置寄存器”
3		出现位置寄存器画面
4		将光标移至位置寄存器号码位置，按【ENTER】键

（续）

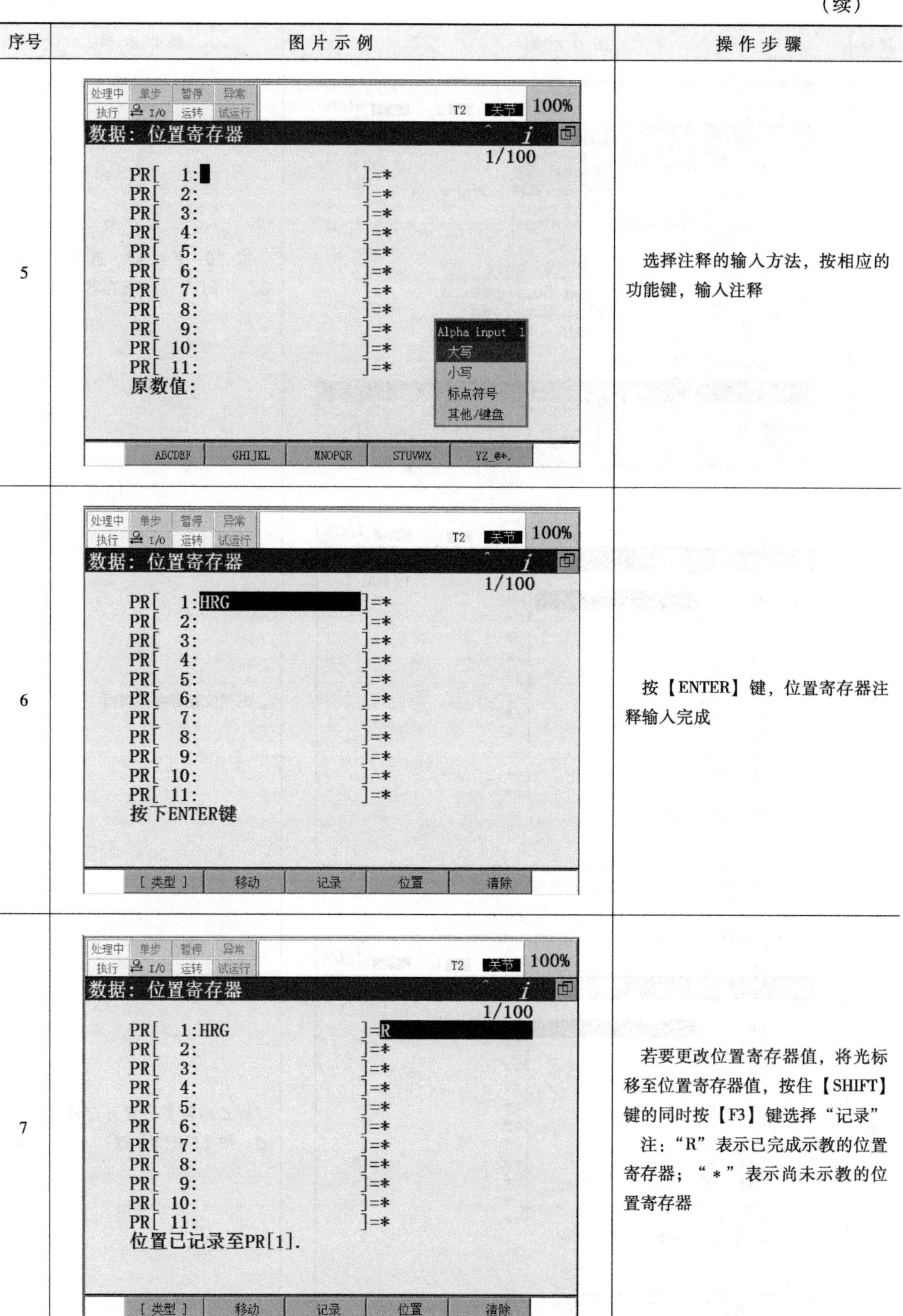

序号	图片示例	操作步骤
5	处理中 单步 暂停 异常 执行 I/O 运转 试运行 T2 关节 100% 数据：位置寄存器 1/100 PR[1:]=* PR[2:]=* PR[3:]=* PR[4:]=* PR[5:]=* PR[6:]=* PR[7:]=* PR[8:]=* PR[9:]=* PR[10:]=* PR[11:]=* 原数值: Alpha input 1 大写 小写 标点符号 其他/键盘 ABCDEF GHIJKL MNOPQR STUVWX YZ_@*.	选择注释的输入方法，按相应的功能键，输入注释
6	处理中 单步 暂停 异常 执行 I/O 运转 试运行 T2 关节 100% 数据：位置寄存器 1/100 PR[1:HRG]=* PR[2:]=* PR[3:]=* PR[4:]=* PR[5:]=* PR[6:]=* PR[7:]=* PR[8:]=* PR[9:]=* PR[10:]=* PR[11:]=* 按下ENTER键 [类型] 移动 记录 位置 清除	按【ENTER】键，位置寄存器注释输入完成
7	处理中 单步 暂停 异常 执行 I/O 运转 试运行 T2 关节 100% 数据：位置寄存器 1/100 PR[1:HRG]=R PR[2:]=* PR[3:]=* PR[4:]=* PR[5:]=* PR[6:]=* PR[7:]=* PR[8:]=* PR[9:]=* PR[10:]=* PR[11:]=* 位置已记录至PR[1]. [类型] 移动 记录 位置 清除	若要更改位置寄存器值，将光标移至位置寄存器值，按住【SHIFT】键的同时按【F3】键选择“记录” 注：“R”表示已完成示教的位置寄存器；“＊”表示尚未示教的位置寄存器

（续）

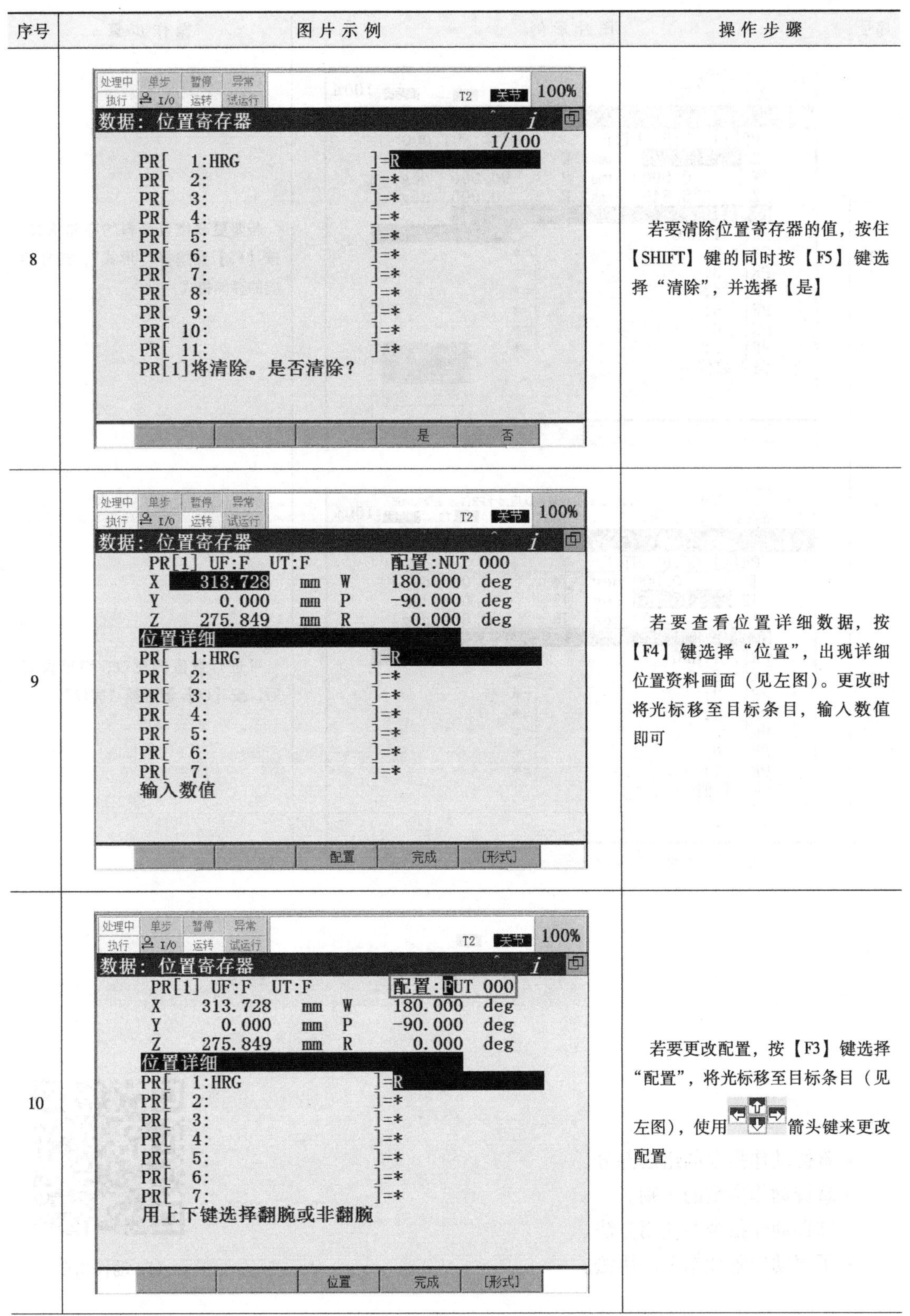

序号	图片示例	操作步骤
8		若要清除位置寄存器的值，按住【SHIFT】键的同时按【F5】键选择“清除”，并选择【是】
9		若要查看位置详细数据，按【F4】键选择“位置”，出现详细位置资料画面（见左图）。更改时将光标移至目标条目，输入数值即可
10		若要更改配置，按【F3】键选择“配置”，将光标移至目标条目（见左图），使用箭头键来更改配置

（续）

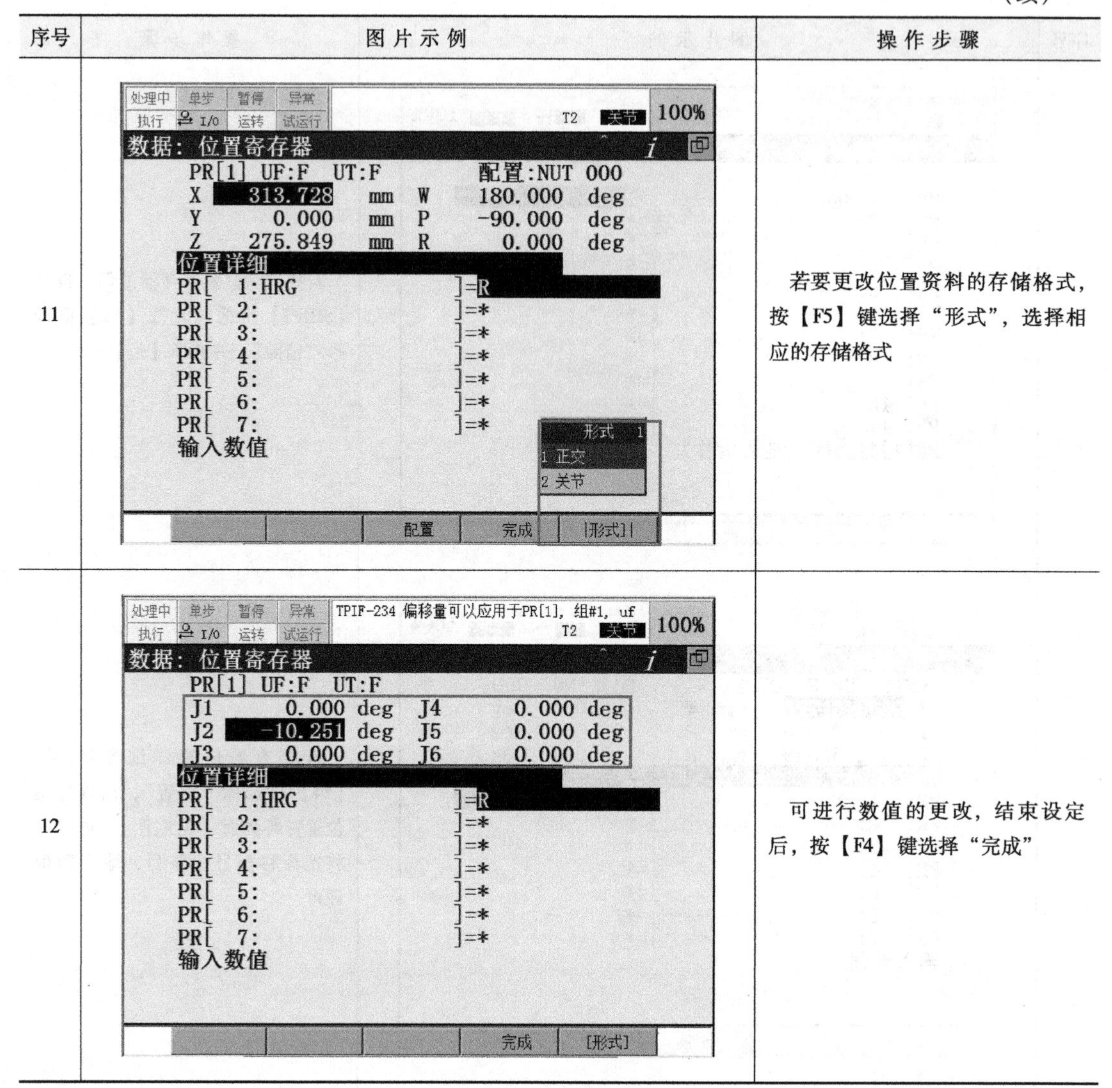

序号	图片示例	操作步骤
11		若要更改位置资料的存储格式，按【F5】键选择“形式”，选择相应的存储格式
12		可进行数值的更改，结束设定后，按【F4】键选择“完成”

动作指令

15.1 本节要点

- 掌握动作指令的组成部分。
- 掌握动作类型的区别。
- 掌握动作指令的使用方法。
- 了解动作附加指令的用法。

15. 动作指令

15.2　要点解析

动作指令是指以指定的移动速度和移动方法使机器人向作业空间内的指定位置移动的指令。

动作指令包含4个部分，即动作类型、位置资料、移动速度和定位类型，如图15-1所示。

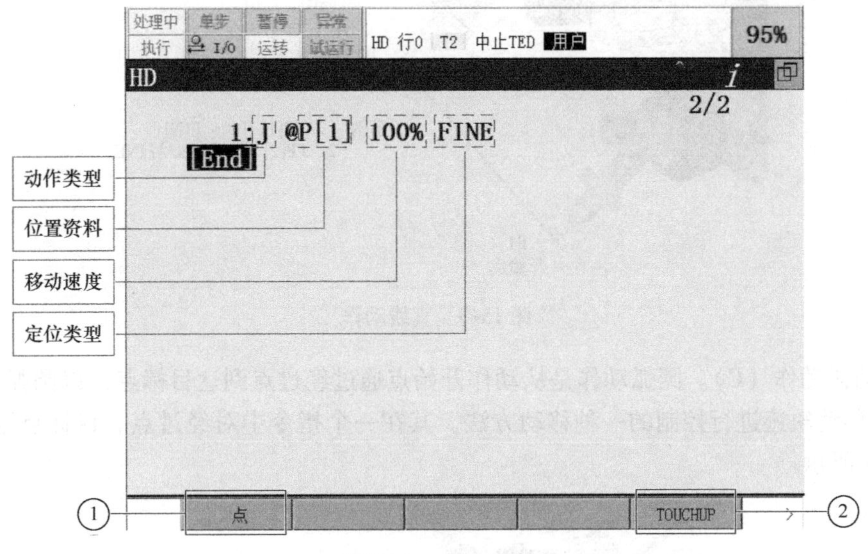

图15-1　动作指令

①“点”：用于进行动作指令的示教。

②“TOUCHUP”：用于对已经示教的位置资料进行记录。

15.2.1　动作类型

动作类型用于向指定位置移动。机器人的动作类型有4种，即关节动作、直线动作、圆弧动作、C圆弧动作。

1）关节动作（J）。关节动作是将机器人移动到指定位置的基本移动方法。机器人所有轴同时加速，在示教速度下移动后同时减速停止。移动轨迹通常为非直线，在对结束点进行示教时记述动作类型，如图15-2所示。

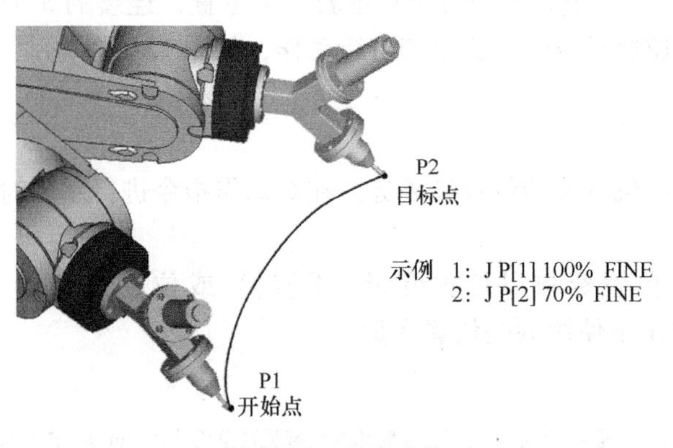

图15-2　关节动作

2）直线动作（L）。直线动作是将所选定的机器人工具中心点（TCP）从轨迹开始点运动到目标点的运动类型，如图 15-3 所示。

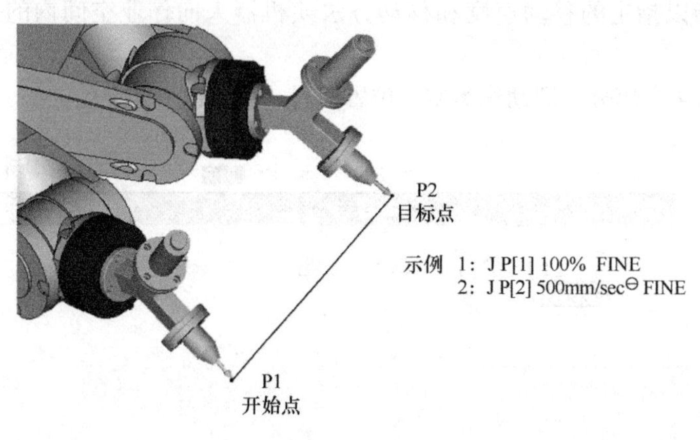

图 15-3　直线动作

3）圆弧动作（C）。圆弧动作是从动作开始点通过经过点到达目标点，以圆弧方式对工具中心点移动轨迹进行控制的一种移动方法，其在一个指令中对经过点、目标点进行示教，如图 15-4 所示。

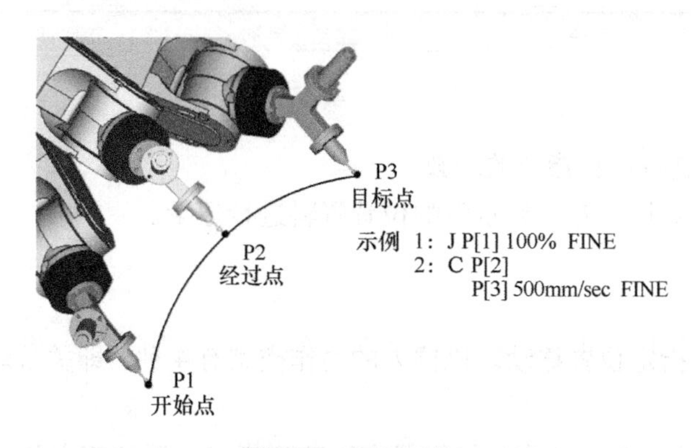

图 15-4　圆弧动作

4）C 圆弧动作（A）。在圆弧动作指令下，需要在一行中示教两个位置（经过点和目标点）；而在 C 圆弧动作指令下，在一行中只示教一个位置，连续的 3 个圆弧动作指令将使机器人按照 3 个示教点位所形成的圆弧轨迹进行动作，如图 15-5 所示。

15.2.2　位置资料

位置资料用于存储机器人的位置和姿势。在对动作指令进行示教时，位置资料同时被写入程序。

在动作指令中，位置资料以位置变量（P[i]）或位置寄存器（PR[i]）表示，如图 15-6所示。标准设定下使用的是位置变量。

⊖　虽然时间的法定国际单位是 s，但是在编写程序时为清楚起见这里仍使用 mm/sec 作单位，类似情况还有 deg/sec 等。

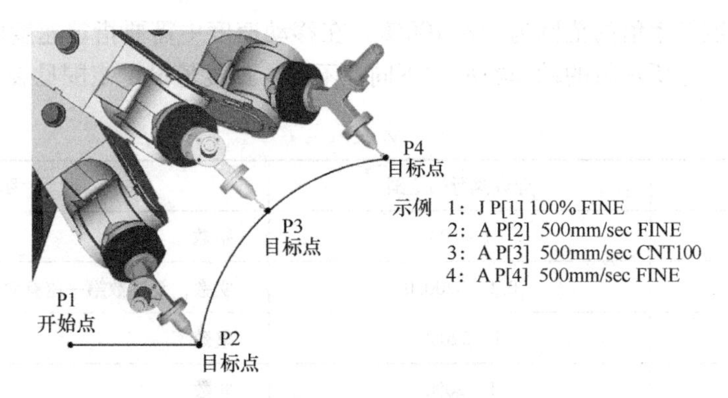

图 15-5 C 圆弧动作

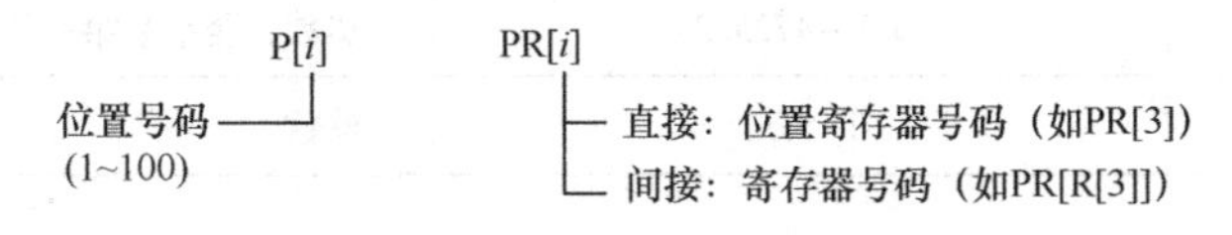

图 15-6 位置变量和位置寄存器

动作指令示例如下：

1：J P[12] 30% FINE

2：L PR[1] 300mm/sec CNT50

3：L PR[R[3]] 300mm/sec CNT50

1. 位置变量——P [i]

位置变量是标准的位置资料存储变量，在对动作指令进行示教时自动记录位置资料。

1）在进行直角坐标值的示教时，将使用以下直角坐标系和坐标系号码。

① 当前所选的工具坐标系号码的坐标系（UT=1~10）。

② 当前所选的用户坐标系号码的坐标系（UF=1~9）。

2）再现时将使用以下直角坐标系和坐标系号码。

① 所示教的工具坐标系号码的坐标系（UT=1~10）。

② 所示教的用户坐标系号码的坐标系（UF=1~9）。

2. 位置寄存器——PR [i]

位置寄存器是用来存储位置资料的通用存储变量。

1）在进行直角坐标值的示教时，将使用以下直角坐标系和坐标系号码。

① 当前所选的工具坐标系号码的坐标系（UT=F）。

② 当前所选的用户坐标系号码的坐标系（UF=F）。

2）再现时将使用以下直角坐标系和坐标系号码。

① 当前所选的工具坐标系号码的坐标系（UT=F）。

② 当前所选的用户坐标系号码的坐标系（UF=F）。

位置寄存器中，可通过选择群组号码来仅使某一特定动作组动作。

15.2.3 移动速度

移动速度是指机器人在真实运动过程中的运动速度。在程序执行过程中，移动速度受速度倍率限制，速度倍率值的范围为1%~100%。在移动速度中需要指定速度的单位，可选择的单位根据动作指令所示教的动作类型的不同而不同。速度值设定范围见表15-1。

表15-1 速度值设定范围

单　位	允许执行的范围	说　明
%	1~100	整数
sec	0.1~3200.0	实数，至小数第一位有效
msec	1~32000	整数
mm/sec	1~2000	整数
cm/min	1~12000	整数
inch/min	0.1~4725.2	实数，至小数第一位有效
deg/sec	1~272	整数

（1）J P[1] 50% FINE　动作类型为关节动作的情况下，按以下方式指定。

① 在1%~100%的范围内指定相对最大移动速度的信率。

② 单位为sec时，在0.1~3200.0sec范围内指定移动所需时间。

③ 单位为msec时，在1~32000msec范围内指定移动所需时间。

（2）L P[1] 100mm/sec FINE　动作类型为直线动作、圆弧动作或C圆弧动作的情况下，按以下方式指定。

① 单位为mm/sec时，在1~2000mm/sec范围内指定。

② 单位为cm/min时，在1~12000cm/min范围内指定。

③ 单位为inch/min时，在0.1~4725.2inch/min范围内指定。

④ 单位为sec时，在0.1~3200.0sec范围内指定移动所需时间。

⑤ 单位为msec时，在1~32000msec范围内指定移动所需时间。

（3）L P[1] 50deg/sec FINE　在工具中心点附近进行回转移动的情况下，按以下方式指定。

① 单位为deg/sec时，在1~272deg/sec范围内指定。

② 单位为sec时，在0.1~3200.0sec范围内指定移动所需时间。

③ 单位为msec时，在1~32000msec范围内指定移动所需时间。

15.2.4 定位类型

根据定位类型，定义动作指令中机器人的动作结束方法。标准情况下，定位类型有两种，即FINE定位类型和CNT定位类型。

1. FINE定位类型

示例：J P[1] 50% FINE

根据FINE定位类型，机器人在目标位置停止（定位）后，向着下一目标位置移动。

2. CNT定位类型

示例：J P[1] 50% CNT 50

根据CNT定位类型，机器人靠近目标位置，但是不在该位置停止，而是趋近目标位置后，继续向下一位置动作。

机器人趋近目标位置的程度由0～100范围内的值来定义，如图15-7所示。值的指定可以使用寄存器。寄存器的索引最多可以使用255个。

当指定的值为0时，机器人在最靠近目标位置处动作，但是不在目标位置定位，而是开始下一动作。指定的值为100时，机器人在目标位置附近不减速，马上向着下一点开始动作，并经过最远离目标位置的点。

注意事项如下：

1）在指定CNT的动作语句后，执行等待指令的情况下，标准设定下机器人会在拐角部分轨迹上停止，然后执行该指令。

2）在以CNT方式连续执行距离短且速度快的多个动作的情况下，即使CNT的值为100，也会导致机器人减速。

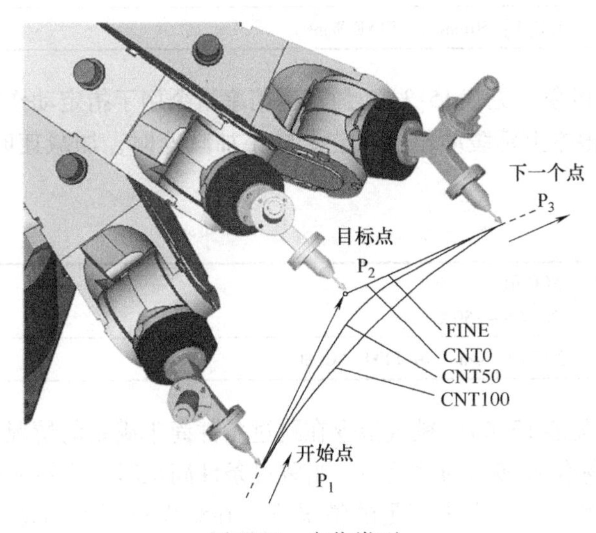

图15-7　定位类型

15.2.5　动作附加指令

动作附加指令是在机器人动作中使其执行特定作业的指令。动作附加指令有以下几种。

- 手腕关节动作指令（Wjnt）
- 加减速倍率指令（ACC）
- 跳过指令（Skip，LBL［*i*］）
- 位置补偿指令（Offset）
- 直接位置补偿指令（Offset，PR［*i*］）
- 工具补偿指令（Tool_Offset）
- 直接工具补偿指令（Tool_Offset，PR［*i*］）
- 增量指令（INC）
- 附加轴速度指令（同步）（EV *i*%）
- 附加轴速度指令（非同步）（Ind. EV *i*%）

- 路径指令（PTH）
- 预先执行指令（TIME BEFORE/TIME AFTER）
- 中断指令（BREAK）

若要进行动作附加指令的示教，将光标移至动作指令后，按【F4】键选择“选择”，显示出动作附加指令的一览，从中选择所希望的动作附加指令即可。

（1）手腕关节动作指令（见表15-2） 手腕关节动作指令用于指定不在轨迹控制动作中对手腕的姿势进行控制（标准设定下设定为在移动中始终控制手腕的姿势）。在指定直线动作、圆弧动作或者C圆弧动作时使用该指令。由此，虽然手腕的姿势在动作中发生变化，但是不会引起因手腕轴特异点而造成手腕轴产生反转动作，从而使工具中心点沿着编程轨迹动作。

表15-2 手腕关节动作指令

格式	Wjnt
示例	L P[1] 50mm/sec FINE Wjnt

（2）加减速倍率指令（见表15-3） 加减速倍率指令用于指定动作中的加速度所需时间的比率。它是一种从根本上延缓动作的功能。减小加减速时，加减速时间将会延长（慢慢地进行加速/减速）。

表15-3 加减速倍率指令

格式	ACC值 值：0%~150%。
示例	J P[1] 50mm/sec FINE ACC80

（3）跳过指令（见表15-4） 跳过指令在跳过条件尚未满足的情况下，跳到转移目的地标签行。机器人向目标位置移动的过程中，当跳过条件满足时，机器人在中途取消动作，程序执行下一行语句；跳过条件尚未满足的情况下，在结束机器人的动作后，跳到目的地标签行。

表15-4 跳过指令

格式	Skip，LBL [i] i：标签号码
示例	SKIP CONDITION DI [1] = ON J P[1] 100% FINE L P[2] 1000mm/sec FINE Skip，LBL[1] J P[3] 50% FINE LBL[1] J P[4] 50% FINE
说明	在机器人移动到P2位置的过程中，如果DI[1] = ON满足，机器人则停止向P2移动而转向P3移动，然后向P4移动；如果DI[1] = ON不满足，机器人则在移动到P2位置后跳到标签位置，然后向P4位置移动

(4) 位置补偿指令(见表15-5) 位置补偿指令根据在位置资料中所记录的目标位置,使机器人移动到仅在偏移位置补偿条件中指定的补偿量后的位置。偏移的条件由位置补偿条件指令来指定。

表15-5 位置补偿指令

格式	Offset
示例	OFFSET CONDITION PR[1] J P[1] 100% FINE L P[2] 500mm/sec FINE Offset
说明	在执行第3条指令时,目标位置将是P[2]加上PR[1]所得到的位置

(5) 直接位置补偿指令(见表15-6) 忽略位置补偿条件指令中所指定的位置补偿条件,按照直接指定的位置寄存器值进行偏移。作为基准的坐标系,使用当前所选的用户坐标系号码。

表15-6 直接位置补偿指令

格式	Offset, PR[*i*] *i*:标签号码
示例	J P[1] 100% FINE L P[2] 500mm/sec FINE Offset, PR[2]
说明	在执行第2条指令时,目标位置将是P[2]加上PR[2]所得到的位置

(6) 工具补偿指令(见表15-7) 工具补偿指令根据在位置资料中所记录的目标位置,使机器人移动到仅在偏移工具补偿条件中所指定的补偿量后的位置。偏移的条件由工具补偿条件指令来指定。

表15-7 工具补偿指令

格式	Tool_Offset
示例	TOOL_OFFSET CONDITION PR[1] J P[1] 100% FINE L P[2] 500mm/sec FINE Tool_Offset
说明	在执行第3条指令时,目标位置将是P[2]加上PR[1]所得到的位置

(7) 直接工具补偿指令(见表15-8) 忽略工具补偿条件指令中所指定的工具补偿条件,按照直接指定的位置寄存器进行偏移。作为基准的坐标系,使用当前所选的工具坐标系号码。

表15-8 直接工具补偿指令

格式	Tool_Offset, PR[*i*]
示例	J P[1] 100% FINE L P[2] 500mm/sec FINE Tool_Offset, PR[1]
说明	在执行第2条指令时,目标位置将是P[2]加上PR[1]所得到的位置

（8）增量指令（见表15-9） 增量指令将位置资料中所记录的值作为来自现在位置的增量移动量使机器人移动。这意味着，位置资料中已经记录有来自现在位置的增量移动量。

表15-9 增量指令

格式	INC
示例	J P[1] 100% FINE L P[2] 500mm/sec FINE INC

（9）附加轴速度指令（同步）（见表15-10） 附加轴速度指令（同步）使机器人与附加轴速度同步地移动。使用该指令时，机器人和附加轴的动作执行时间与较长一方同步。

附加轴速度以相对附加轴的最大移动速度的比率（1%~100%）来指定。

表15-10 附加轴速度指令（同步）

格式	EV
示例	J P[1] 50% FINE EV50%

（10）附加轴速度指令（非同步）（见表15-11） 附加轴速度指令（非同步）使机器人与附加轴非同步地移动。使用该指令时，机器人和附加轴同时开始移动，但是由于相互间不同步，所以各自的动作在同步的时机结束。

附加轴速度以相对附加轴的最大移动速度的比率（1%~100%）来指定。

表15-11 附加轴速度指令（非同步）

格式	Ind. EV
示例	J P[1] 50% FINE Ind. EV50%

（11）路径指令（见表15-12） 路径指令在机器人移动距离较短的CNT动作（定位类型为CNT1~100的动作）中提高动作性能。

表15-12 路径指令

格式	PTH
示例	J P[1] 50% CNT10 PTH

（12）中断指令（见表15-13） 通过使用中断指令，紧靠WAIT（等待）指令前的动作即使是CNT，也可以使机器人在示教位置等待。

表15-13 中断指令

格式	BREAK
示例	L P[1] 2000mm/sec FINE L P[2] 2000mm/sec CNT100 BREAK WAIT 2sec L P[3] 2000mm/sec FINE

知识点16 I/O指令

16.1 本节要点

16. I/O指令

- ➢ 了解信号I/O的分类。
- ➢ 掌握数字I/O指令、机器人I/O指令的使用方法。
- ➢ 熟悉组I/O指令的使用方法。

16.2 要点解析

16.2.1 数字I/O指令

数字I/O指令分为数字输入指令（DI[*i*]）和数字输出指令（DO[*i*]），是用户可以控制的通用型数字输入/输出信号。

1）将数字输入的状态存储到寄存器中，见表16-1。

表16-1 数字I/O指令1

格式	R[*i*]=DI[*i*] R[*i*]：其中*i*指寄存器号码，范围为1~200 DI[*i*]：其中*i*指数字输入信号号码
示例	R[1]=DI[1]
说明	将数字输入DI[1]的状态（ON=1，OFF=0）存储到寄存器R[1]中

2）接通数字输出信号，见表16-2。

表16-2 数字I/O指令2

格式	DO[*i*]=值 DO[*i*]：其中*i*指数字输出信号号码 值：分为“ON”（接通数字输出信号）和“OFF”（断开数字输出信号）
示例	DO[1]=ON
说明	接通数字输出信号DO[1]

3）根据所指定的寄存器的值接通或断开所指定的数字输出信号，见表16-3。

表16-3 数字I/O指令3

格式	DO[*i*]=R[*i*] DO[*i*]：其中*i*指数字输出信号号码 R[*i*]：其中*i*指寄存器号码，范围为1~200
示例	DO[1]=R[1]

16.2.2 机器人 I/O 指令

机器人 I/O 指令分为机器人输入信号指令（RI[i]）和机器人输出信号指令（RO[i]）。机器人 I/O 的硬件接口存在于机器人手臂上。机器人 I/O 指令主要用于机器人末端执行器的控制与信号检测。

1）将机器人输入的状态存储到寄存器中，见表 16-4。

表 16-4 机器人 I/O 指令 1

格式	R[i] = RI[i] R[i]：其中 i 指寄存器号码，范围为 1 ~ 200 RI[i]：i 为机器人输入信号号码
示例	R[1] = RI[1]
说明	将机器人输入 RI[1] 的状态（ON = 1，OFF = 0）存储到寄存器 R[1] 中

2）接通机器人输出信号，见表 16-5。

表 16-5 机器人 I/O 指令 2

格式	RO[i] = 值 RO[i]：i 为机器人输出信号号码 值：分为“ON”，（接通机器人输出信号）和“OFF”（断开机器人输出信号）
示例	RO[1] = ON
说明	接通机器人输出信号 RO[1]

3）根据所指定的寄存器值接通或断开所指定的机器人输出信号，见表 16-6。

表 16-6 机器人 I/O 指令 3

格式	RO[i] = R[i] RO[i]：i 为机器人输出信号号码 R[i]：其中 i 指寄存器号码，范围为 1 ~ 200
示例	RO[1] = R[1]

16.2.3 组 I/O 指令

组 I/O 指令分为组输入（GI[i]）以及组输出（GO[i]）信号，其对几个数字输入/输出信号进行分组，以一个指令来控制这些信号。

1）将所指定组输入信号的二进制值转换为十进制值代入所指定的寄存器，见表 16-7。

表 16-7 组 I/O 指令 1

格式	R[i] = GI[i] R[i]：其中 i 指寄存器号码，范围为 1 ~ 200 GI[i]：i 为组输入信号号码
示例	R[1] = GI[1] R[R[3]] = GI[R[4]]

2）将经过二进制变换后的值输出到指定的组输出中，见表16-8。

表16-8 组I/O指令2

格式	GO[i]=值 GO[i]：i为组输出信号号码 值：组输出信号的值
示例	GO[1]=0 GO[R[3]]=32767

3）将所指定寄存器的值经过二进制变换后输出到指定的组输出中，见表16-9。

表16-9 组I/O指令3

格式	GO[i]=R[i] GO[i]：i为组输出信号号码 R[i]：其中i指寄存器号码，范围为1～200
示例	GO[1]=R[2] GO[R[5]]=R[R[1]]

转移指令

17.1 本节要点

17. 转移指令

➢ 了解转移指令的分类。
➢ 掌握标签指令、无条件转移指令、条件转移指令的使用。

17.2 要点解析

转移指令可使程序的执行从程序某一行转移到其他（程序的）行。转移指令有以下4类。

- 标签指令。
- 程序结束指令。
- 无条件转移指令。
- 条件转移指令。

17.2.1 标签指令

标签指令（LBL[i]）是用来表示程序转移目的地的指令，见表17-1。标签可通过标签定义指令来定义。

为了说明标签，还可以追加注解。标签一旦被定义，就可以在条件转移指令和无条件转移指令中使用。标签指令中的标签号码不能进行间接指定。将光标移至标签号码后按【ENTER】键，即可输入注解。

表 17-1 标签指令

格式	LBL［i：注解］ i：标签号码（1～32767） 注解：可以使用16个字符以内的数字、字符、*、-和@等记号
示例	LBL[1] LBL[3：HANDCLOSE]
说明	程序转移的目的地

17.2.2 无条件转移指令

无条件转移指令一旦被执行，程序指针就必定会从程序的当前行转移到指定程序/行。无条件转移指令有两类，即跳转指令和程序呼叫指令。

（1）跳转指令（见表 17-2） 跳转指令用于跳转到指定的标签。

表 17-2 跳转指令

格式	JMP LBL[i] i：标签号码（1～32767）
示例	JMP LBL[2：HANDOPEN] LBL[R[4]]
说明	使程序的执行转移到相同程序内指定的标签

（2）程序呼叫指令（见表 17-3） 执行该指令时，将进入被调用的程序中执行，被调用的程序执行结束后，机器人将继续执行程序调用指令的下一条指令。使用该指令时，可以按【F4】键选择"选择"，切换所需调用的程序，或者直接输入程序名称字符串。被呼叫的程序执行结束时，返回到主程序（所呼叫程序）的程序呼叫指令后的指令。呼叫的程序名可自动地从所打开的辅助菜单中选择，或按【F5】键选择"字符串"后直接输入字符。

表 17-3 程序呼叫指令

格式	CALL（程序名） 程序名：希望调用的程序名称
示例	CALL　SUB1 CALL　PROG2
说明	使程序的执行转移到其他程序（子程序）的第1行后执行该程序

17.2.3 条件转移指令

条件转移指令在判断条件满足的情况下从程序的某一行转移到其他行时使用。条件转移指令有两类，即条件比较指令和条件选择指令。

1. 条件比较指令

当条件得到满足时就转移到所指定的标签。条件比较指令包括寄存器比较指令和I/O比较指令。

(1) 寄存器比较指令（见表17-4）

表17-4 寄存器比较指令

格式	IF（变量）（运算符）（值），（处理） 变量：R[*i*] 运算符：>、> =、=、< =、<、< > 值：常数、R[*i*] 处理：JMP LBL[*i*]、CALL（程序名）
示例	IF R[1] =2，JMP LBL[1]
说明	将寄存器的值和另一方的值进行比较，若R[1] =2，则跳转到LBL[1]；否则执行IF下面的一条指令

(2) I/O条件比较指令（见表17-5）

表17-5 I/O条件比较指令

格式	IF（变量）（运算符）（值），（处理） 变量：AO[*i*]、AI[*i*]、GO[*i*]、GI[*i*] 运算符：>、> =、=、< =、<、< > 值：常数 处理：JMP LBL[*i*]、CALL（程序名）
示例	IF R[1] = R[2]，JMP LBL[1]
说明	将I/O的值和另一方的值进行比较，若R[1] = R[2]，则跳转到LBL[1]；否则执行IF下面的一条指令

2. 条件选择指令（见表17-6）

根据寄存器的值转移到所指定的跳跃指令或子程序呼叫指令。该指令执行时，将寄存器的值与一个或几个值进行比较，选择值相同的语句执行。

表17-6 条件选择指令

格式	SELECT R[*i*] =（值），（处理） =（值），（处理） =（值），（处理） ELSE，（处理） R[*i*]：寄存器号码（1～32） 值：常数、R[*i*] 处理：JMP LBL[*i*]、CALL（程序名）
示例	1：SELECT R[1] =1，JMP LBL[1] 2： =2，JMP LBL[2] 3： =3，JMP LBL[3] 4： ELSE，CALL SUB2
说明	将寄存器的值与一个或几个值进行比较，当值相等时，执行相应的程序。当R[1] =1时，跳转到LBL[1]；当R[1] =2时，跳转到LBL[2]；当R[1] =3时，跳转到LBL[3]；当R[1] 均不等于上述3个比较值时，调用SUB2子程序

等待指令

18.1 本节要点

18. 等待指令

➢ 了解等待指令的分类。
➢ 掌握指定时间等待指令、条件等待指令的使用方法。

18.2 要点解析

等待指令可以在所指定的时间或条件得到满足之前使程序暂停向下执行，等待条件满足。等待指令有以下两类。

- 指定时间等待指令。
- 条件等待指令。

18.2.1 指定时间等待指令

指定时间等待指令（见表18-1）可使程序的执行在指定时间内等待（等待时间单位：sec）。

表18-1 指定时间等待指令

格式	WAIT（值） 值：分为“常数 等待时间 sec”和“R[i] 等待时间 sec”
示例	WAIT 10.5sec WAIT R[1]

18.2.2 条件等待指令

（1）寄存器条件等待指令（见表18-2） 将寄存器的值和另外一方的值进行比较，在条件得到满足之前等待。

表18-2 寄存器条件等待指令

格式	WAIT（变量）（运算符）（值），（处理） 变量：R[i] 运算符：>、>=、=、<=、<、<> 值：常数、R[i] 处理：无指定，指等待无限长时间 / TIMEOUT，LBL[i]
示例	WAIT R[2] <> 1，TIMEOUT，LBL[1]
说明	当R[2]不等于1时，在规定的时间内条件没有得到满足，跳转到LBL[1] TIMEOUT为等待超时

（2）I/O条件等待指令（见表18-3） 将I/O的值和另外一方的值进行比较，在条件得

到满足之前等待。

表 18-3 I/O 条件等待指令

格式	WAIT（变量）（运算符）（值），（处理） 变量：AO[i]、AI[i]、GO[i]、GI[i]、DO[i]、DI[i]、UO[i]、UI[i] 等 运算符：>、> =、=、< =、<、< > 值：常数、R[i]、ON、OFF 等 处理：无指定，等待无限长时间，TIMEOUT，LBL[i]
示例	WAIT R[2] < > OFF，TIMEOUT，LBL[1] WAIT DI[2] < > OFF，TIMEOUT，LBL[1]
说明	当 DI[2] 的值不等于 OFF 时，在规定的时间内条件没有得到满足，跳转到 LBL[1] TIMEOUT 为等待超时

FOR/ENDFOR 指令

19.1 本节要点

➢ 了解 FOR、ENDFOR 指令。

➢ 熟悉 FOR/ENDFOR 指令的用法。

19. FOR/ENDFOR 指令

19.2 要点解析

FOR/ENDFOR 指令中存在两个指令，即 FOR 指令和 ENDFOR 指令。

- FOR 指令，表示 FOR/ENDFOR 区间的开始。
- ENDFOR 指令，表示 FOR/ENDFOR 区间的结束。

通过使用 FOR 指令和 ENDFOR 指令来包围希望反复执行的区间，即可形成 FOR/ENDFOR 区间。根据 FOR 指令指定的值，确定反复执行 FOR/ENDFOR 区间的次数。

19.2.1 FOR 指令

FOR 指令的格式如下：

FOR（计数器）=（初始值）TO（目标值）

计数器：一般使用“R[i]”。

初始值：分为“常数”“R[i]”“AR[i]”。

目标值：分为“常数”“R[i]”“AR[i]”。

FOR（计数器）=（初始值）DOWNTO（目标值）

计数器：一般使用“R[i]”。

初始值：分为“常数”“R[i]”“AR[i]”。

目标值：分为“常数”“R[i]”“AR[i]”。

- 计数器使用寄存器。

- 初始值使用常数、寄存器、自变量。常数可以指定为 -32767 ~ 32766 之间的数。
- 目标值使用常数、寄存器、自变量。常数可以指定为 -32767 ~ 32766 之间的数。

执行 FOR 指令时，在计数器的值中代入初始值。FOR 指令在一个 FOR/ENDFOR 区间只执行一次。

19.2.2 ENDFOR 指令

ENDFOR 指令格式为：ENDFOR。

执行 ENDFOR 指令时，只要满足以下条件，就反复执行 FOR/ENDFOR 区间。

1）指定 TO 时，计数器的值小于目标值。

2）指定 DOWNTO 时，计数器的值大于目标值。

此条件满足时，在指定了 TO 的情况下使计数器的值增加 1；在指定了 DOWNTO 的情况下使计数器的值减少 1。此条件没有满足时，光标移动到后续行，FOR/ENDFOR 区间的执行结束。

19.2.3 FOR/ENDFOR 指令

FOR/ENDFOR 指令可以控制程序指针在 FOR 和 ENDFOR 之间进行循环执行，执行的次数可以根据需要进行指定。

在执行 FOR/ENDFOR 指令时，R[*i*]的值将从“初始值”开始递增或递减至“目标值”，当下一次进行比较时，R[*i*]的值将超出“初始值”和“目标值”的区间范围，程序指针跳出 FOR/ENDFOR 循环指令，开始执行 ENDFOR 后面的指令。

要执行 FOR/ENDFOR 区间，需要满足以下条件。

1）指定 TO 时，初始值在目标值以下，计数值进行递增。

2）指定 DOWNTO 时，初始值在目标值以上，计数值进行递减。

此条件满足时，光标移动到 FOR 后续行，执行 FOR/ENDFOR 区间。此条件没有得到满足时，光标移动到对应的 ENDFOR 指令的后续行，不执行 FOR/ENDFOR 区间。FOR/ENDFOR 指令格式及示例见表 19-1。

表 19-1 FOR/ENDFOR 指令

格式	FOR R[*i*] =（初始值） TO （目标值） L P[*i*] 100mm/sec CNT100 … ENDFOR L P[*i*] 100mm/sec CNT100 END
示例	1：FOR R[1] =1 TO 5 2：L P[1] 100mm/sec CNT100 3：L P[2] 100mm/sec CNT100 4：ENDFOR 5：L P[2] 100mm/sec CNT100 6：END

其他指令

20.1 本节要点

20. 其他指令

- 了解负载设定指令的使用。
- 熟悉坐标系指令的使用。
- 了解计时器指令、位置补偿条件指令的使用。
- 了解码垛寄存器运算指令的使用。

20.2 要点解析

20.2.1 负载设定指令

负载设定指令（见表20-1）是用来切换机器人负载信息（负载设定编号）的指令。在工件的取放、工具的拆装等程序中，机器人所把持的负载发生变化时，可使用该指令正确切换负载信息。

表20-1 负载设定指令

格式	PAYLOAD[*i*] PAYLOAD[*i*]：其中 *i* 为“R”“常数”和负载设定编号（1~10）
示例	PAYLOAD[1]
说明	将负载设定编号切换为1号

20.2.2 坐标系指令

坐标系指令在改变机器人进行作业的直角坐标系设定时使用。坐标系指令有两类，即坐标系设定指令和坐标系选择指令。

1. 坐标系设定指令

坐标系设定指令用以改变所指定的坐标系定义。

1）改变工具坐标系的设定值为指定的值，见表20-2。

表20-2 坐标系设定指令1

格式	UTOOL[*i*]=(值) UTOOL[*i*]：其中 *i* 为工具坐标系号码（1~10） 值：为 PR[*i*]
示例	UTOOL[2]=PR[1]
说明	改变工具坐标系“2”的设定值为 PR[1] 中指定的值

2）改变用户坐标系的设定值为指定的值，见表20-3。

表 20-3 坐标系设定指令 2

格式	UFRAME[*i*] = (值) UFRAME[*i*]：其中 *i* 为用户坐标系号码（1~9） 值：为 PR[*i*]
示例	UFRAME[1] = PR[2]
说明	改变用户坐标系“1”的设定值为 PR[2] 中指定的值

2. 坐标系选择指令

坐标系选择指令用以改变当前所选的坐标系号码。

1）改变当前所选的工具坐标系号码，见表 20-4。

表 20-4 坐标系选择指令 1

格式	UTOOL_NUM = (值) 值：分为“R[*i*]”“常数”和工具坐标系号码（1~10）
示例	UTOOL_NUM = 1
说明	改变当前所选的工具坐标系号码，选用“1”号工具坐标系

2）改变当前所选的用户坐标系号码，见表 20-5。

表 20-5 坐标系选择指令 2

格式	UFRAME_NUM = (值) 值：分为“R[*i*]”“常数”和用户坐标系号码（1~9）
示例	UFRAME_NUM = 1
说明	改变当前所选的用户坐标系号码，选用“1”号用户坐标系

20.2.3 计时器指令

计时器指令（见表 20-6）用来启动或停止程序计时器。程序计时器的运行状态可参照程序计时器画面中的“状态/程序计时器”。

表 20-6 计时器指令

格式	TIMER[*i*] = (处理) TIMER[*i*]：*i* 为计时器号码 处理：为 START 时，表示启动计时器；为 STOP 时，表示停止计时器；为 RESET 时，表示复位计时器
示例	TIMER[1] = START TIMER[1] = STOP TIMER[1] = RESET TIMER[1] = (R[1] + 1)

20.2.4 位置补偿条件指令

位置补偿条件指令（见表 20-7）用于预先指定在位置补偿指令执行时所使用的位置补

偿条件。该指令需要在执行位置补偿指令前执行。运动的目标位置为运动指令的位置变量（或寄存器）中所记录的位置加上偏移条件指令中补偿量后的位置。曾被指定的位置补偿条件，在程序执行结束或者执行下一个位置补偿条件指令之前有效。

表 20-7 位置补偿条件指令

格式	OFFSET CONDITION PR[R[*i*]] R[*i*]：位置寄存器编号（1～100） *i*：用户坐标系编号（1～9）
示例	1：OFFSET CONDITION PR[R[1]] 2：J P[1] 100% FINE 3：L P[2] 500mm/sec FINE OFFSET
说明	在执行第3条运动指令时，目标位置将是 P[2] 加上 PR[R[1]] 所得到的位置

注意：以关节形式示教的情况下，即使变更用户坐标系也不会对位置变量、位置寄存器产生影响。但是以直角形式示教的情况下，位置变量、位置寄存器都会受到用户坐标系的影响。

20.2.5 码垛寄存器运算指令

码垛寄存器运算指令是进行码垛寄存器算术运算的指令。码垛寄存器运算指令可进行代入、加法运算、减法运算处理，以与数值寄存器指令相同的方式记述。

码垛寄存器存储有码垛寄存器要素（i，j，k）。码垛寄存器在所有全程序中可以使用32个。

码垛寄存器要素为指定代入到码垛寄存器或进行运算的要素。该指定有3类。

- 直接指定，直接指定数值，为行、列、段数（1～127）。
- 间接指定，通过 R[*i*] 的值予以指定。
- 无指定，在没有必要变更（*）要素的情况下予以指定，（*）表示没有变更。

1）将码垛寄存器要素代入码垛寄存器，见表 20-8。

表 20-8 码垛寄存器运算指令 1

格式	PL[*i*]=(值) PL[*i*]：*i* 为码垛寄存器号码（1～32） 值：PL[*i*]（码垛寄存器[*i*]）；[*i*，*j*，*k*]（码垛寄存器要素）
示例	PL[1]=PL[3] PL[2]=[1，2，3] PL[R[3]]=[*，R[1]，1]

2）将算术运算结果代入码垛寄存器，见表 20-9。

表 20-9 码垛寄存器运算指令 2

格式	PL[*i*]=(值)(运算符)(值) PL[*i*]：*i* 为码垛寄存器号码（1～32） 值：PL[*i*]（码垛寄存器[*i*]）；[*i*，*j*，*k*]（码垛寄存器要素） 运算符：+、-

（续）

示例	PL[1]=PL[3] +[1, 2, 1] PL[2]=[1, 2, 1] +[1, R[1],*]

知识点21 自动运转

21.1 本节要点

21. 自动运转

➢ 了解自动运转的概念。
➢ 熟悉 RSR 自动运转的设置方法。
➢ 了解 PNS 自动运转的设置方法。

21.2 要点解析

自动运转是遥控装置通过外围设备 I/O 输入来启动程序的一种功能。自动运转具有以下功能：

1）机器人启动请求（RSR）功能。根据机器人启动请求信号（RSR1～8 输入）选择并启动程序。程序处在执行中或暂停中的情况下，所选程序进入等待状态，当前执行中的程序结束后又被启动。

2）程序号码选择（PNS）功能。根据程序号码选择信号（PNS1～8、PNSTROBE 输入）选择程序。程序处在暂停中或执行中的情况下，忽略该信号。

3）自动运转启动信号（PROD_START 输入）。从第 1 行启动当前所选的程序。程序处在暂停中或执行中的情况下，忽略该信号。

4）循环停止信号（CSTOPI 输入）。通过该信号来结束当前执行中的程序。

5）外部启动信号（START 输入）。通过该信号来启动当前暂停中的程序。

通过外围设备 I/O 输入来启动程序时，需要将机器人置于遥控状态。遥控状态是指以下遥控条件成立时的状态：

1）示教器的有效开关断开。

2）遥控信号（SI[2]）处在 ON。

3）外围设备 I/O 的*SFSPD 输入处在 ON。

4）外围设备 I/O 的 ENBL 输入处在 ON。

5）系统变量 $RMT_MASTER 为 0（外围设备）。

21.2.1 基于机器人启动请求（RSR）的自动运转

机器人启动请求（RSR）从外部装置启动程序。该功能使用 8 个机器人启动请求信号（RSR1～8）输入信号。

1）控制装置根据 RSR1～8 输入判断所输入的 RSR 信号是否有效，无效的情况下，信号被忽略。

2）RSR 中可以记录 8 个 RSR 记录号码，这些记录号码加上基本号码后的值就是程序号码（4 位数）。例如，在输入了 RSR2 的情况下，（程序号码）=（RSR2 记录号码）+（基本号码）。所选程序就成为以“RSR +（程序号码）”为名称的程序。

基本号码被设定在 $SHELL_CFG. $JOB_BASE 中，可通过 RSR 设定画面的“基准号码”或者程序参数指令进行更改。

3）对应 RSR1 ~ 8 输入的 RSR 确认输出（ACK1 ~ 8）采用脉冲方式输出。在输出 ACK1 ~ 8 信号期间，还接收其他的 RSR 输入。

4）程序处在结束状态的情况下，启动所选程序。其他程序处在执行中或暂停中的情况下，将该请求（工作）记录在等待行列，在执行中的程序结束时启动。工作程序（RSR 程序）从先前记录在工作等待行列中的程序起按顺序执行。

5）处在等待状态的程序，通过循环停止信号（CSTOPI 输入）和程序强制结束来解除。

当外围设置 I/O 为简略配置时，将基本号码设置为 100，并对 RSR1 ~ 4 信号做了登录号码设置后，使用 RSR1 ~ 4 输入信号作为启动程序选择信号，最终的选择结果见表 21-1。

表 21-1　机器人启动请求

基本号码	RSR 信号	登录号码	启动程序名称	程序选中条件
100	RSR1	12	RSR0112	当 RSR1 = ON 时
	RSR2	44	RSR0144	当 RSR2 = ON 时
	RSR3	34	RSR0134	当 RSR3 = ON 时
	RSR4	22	RSR0122	当 RSR4 = ON 时

基于 RSR 的程序启动处在遥控状态时有效。此外，基于 RSR 动作的程序启动，除遥控条件外，在可动作条件成立时有效。

RSR 启动方法设定步骤见表 21-2。

表 21-2　RSR 启动方法设定步骤

序号	图片示例	操作步骤
1	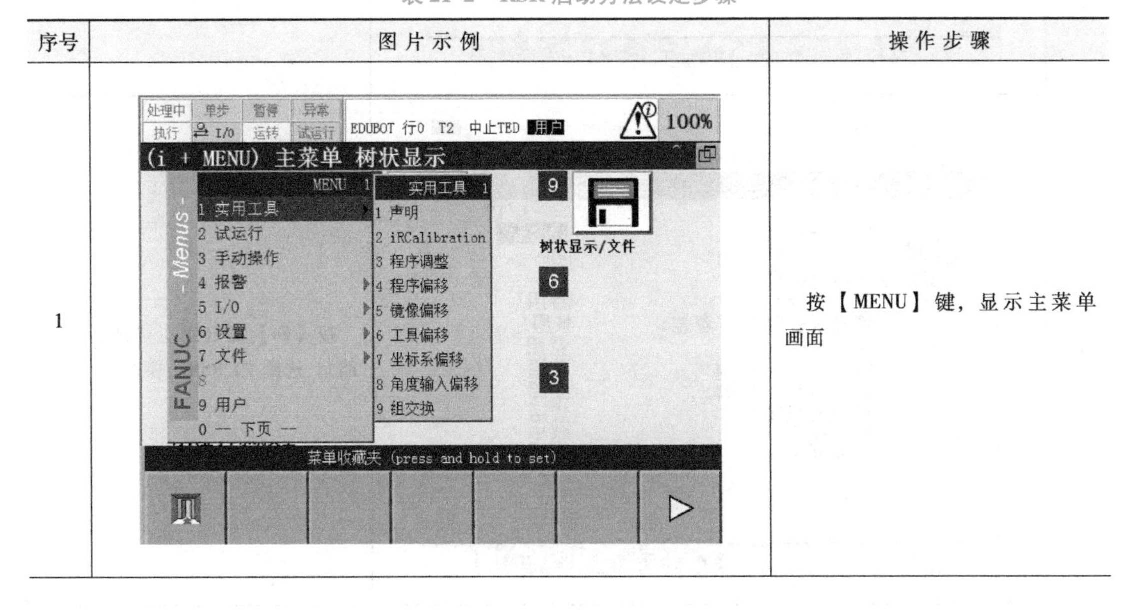	按【MENU】键，显示主菜单画面

（续）

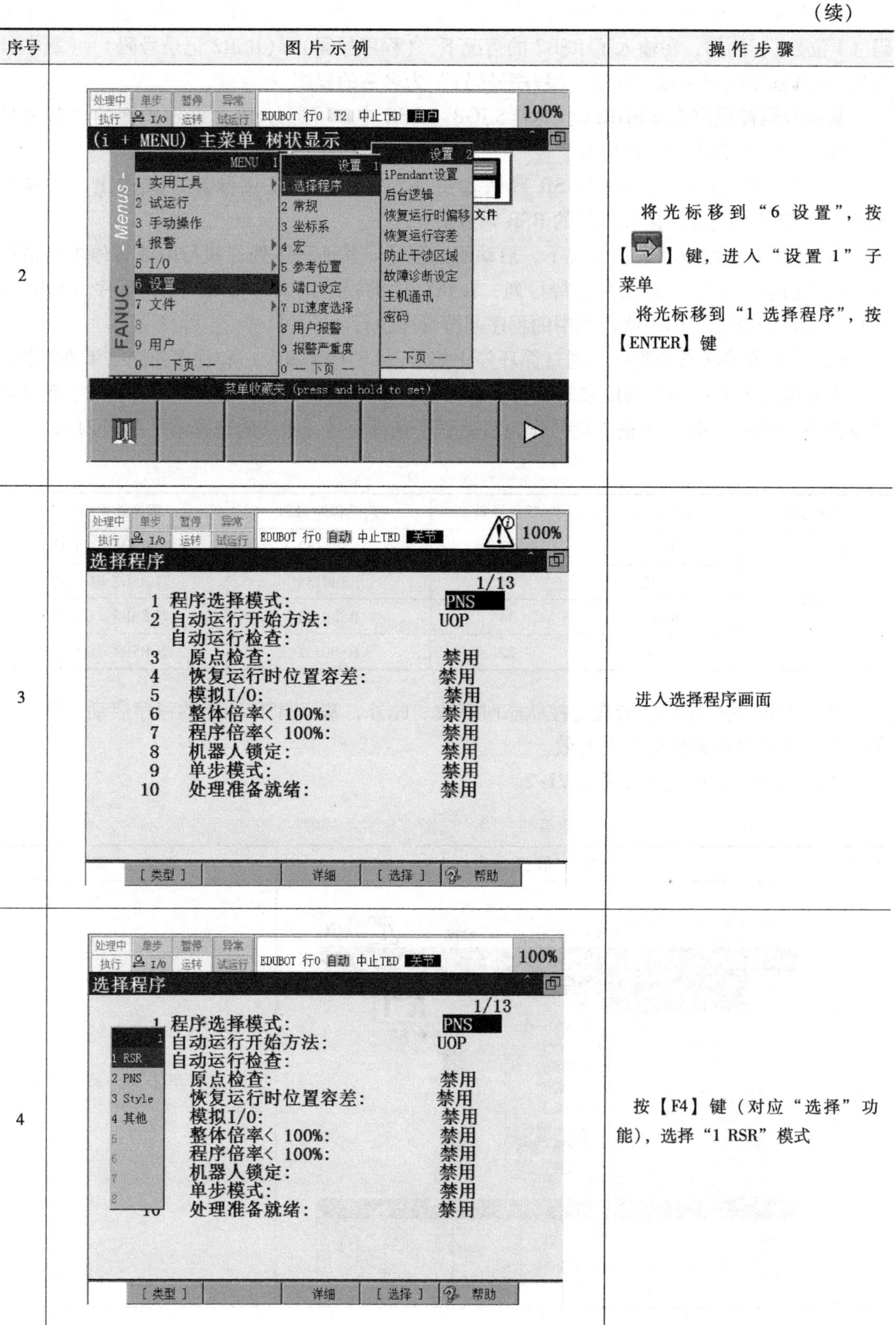

序号	图片示例	操作步骤
2		将光标移到“6 设置”，按【⇨】键，进入“设置 1”子菜单 将光标移到“1 选择程序”，按【ENTER】键
3		进入选择程序画面
4		按【F4】键（对应“选择”功能），选择“1 RSR”模式

（续）

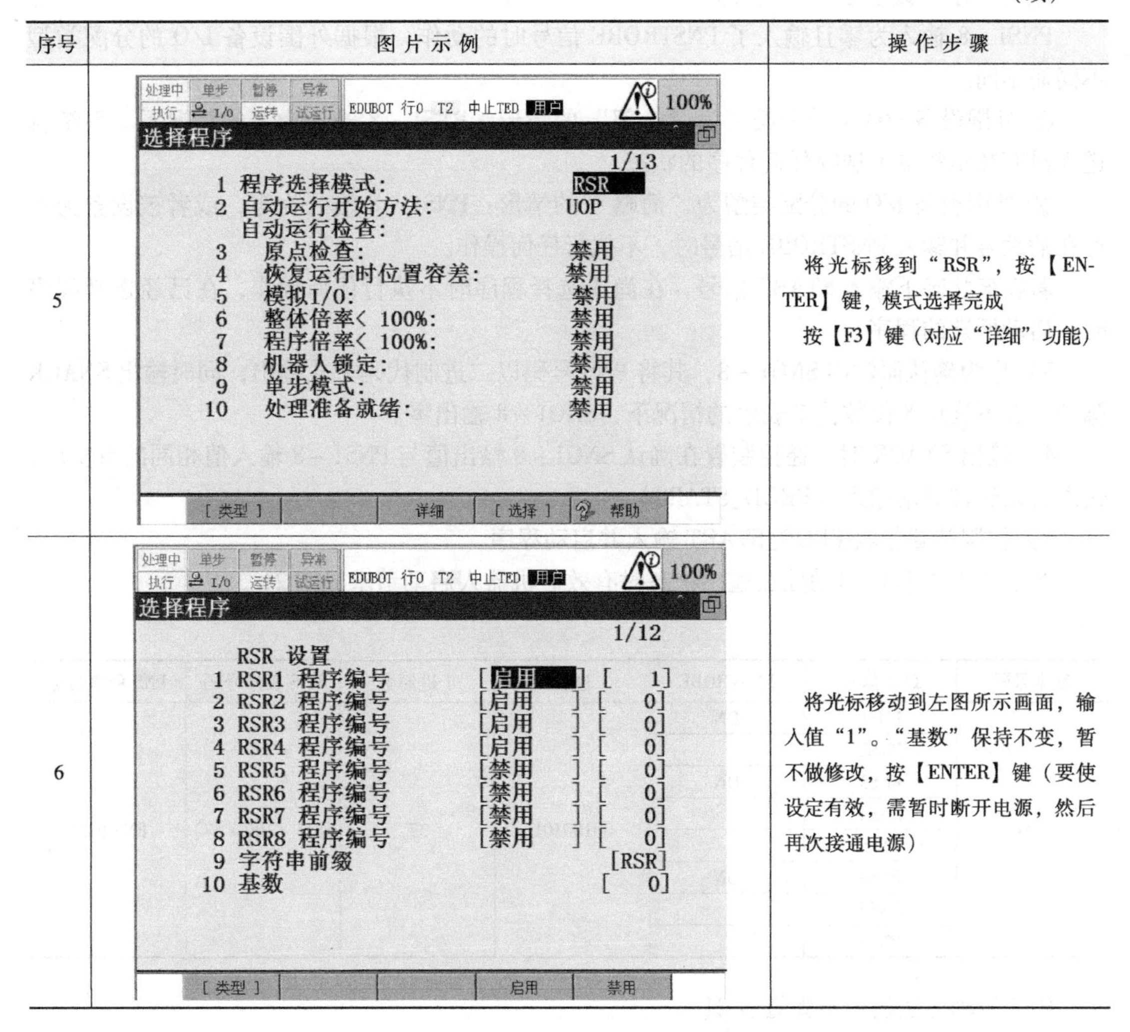

序号	图片示例	操作步骤
5		将光标移到“RSR”，按【ENTER】键，模式选择完成 按【F3】键（对应“详细”功能）
6		将光标移动到左图所示画面，输入值“1”。“基数”保持不变，暂不做修改，按【ENTER】键（要使设定有效，需暂时断开电源，然后再次接通电源）

通过上述设置步骤，创建程序名为“RSR0001”的启动程序。在RSR端口的信号为RSR4～RSR1＝0001，并触发启动信号后，即可选择“RSR0001”程序开始执行。

21.2.2 基于程序号码选择（PNS）的自动运转

程序号码选择（PNS）是从遥控装置选择程序的一种功能。PNS程序号码通过8个输入信号来指定。

1）控制装置通过PNSTROBE脉冲输入将PNS1～8输入信号作为二进制数读出。程序处在暂停中或执行中的情况下，信号被忽略。PNSTROBE脉冲处在ON期间，不能通过示教器选择程序。

2）将所读出的PNS1～8信号变换为十进制数后的值就是PNS号码。该号码加上基本号码后的值，就是程序号码（4位数），即（程序号码）＝（PNS号码）＋（基本号码）。所选程序就成为以“PNS＋（程序号码）”为名称的程序。

基本号码被设定在$SHELL_CFG.$JOB_BASE中，可通过PNS设定画面的“基准号码”或者程序参数指令进行更改。

PNS1 ~ 8 输入为零且输入了 PNSTROBE 信号时的动作，根据外围设备 I/O 的分配类型不同而不同。

① 外围设备 I/O 的分配类型为“全部”的情形：PNS1 ~ 8 输入为零的情况下，系统就进入没有在示教器上选择任何程序的状态。

② 外围设备 I/O 的分配类型为“简略”的情形：PNS1 ~ 8 输入为零，或者被设置为不存在的编号并输入 PNSTROBE 信号时，不执行任何操作。

若在该状态下输入 START 信号，在尚未选择程序时不执行任何操作，在已经选择程序时，启动所选的程序。

3）作为确认而输出 SNO1 ~ 8，其将 PNS 号码以二进制代码方式输出，同时输出 SNACK 脉冲。在不能用 8 位数值来表示的情况下，SNO1 ~ 8 输出零。

4）输出 SNACK 时，遥控装置在确认 SNO1 ~ 8 输出值与 PNS1 ~ 8 输入值相同的事实后，送出自动运转启动输入（PROD_START）。

5）控制装置接收 PROD_START 输入并启动程序。

基于 PNS 的程序启动处在遥感状态时有效。机器人启动请求见表 21-3。

表 21-3 机器人启动请求

基本号码	PNS 信号	PNSTROBE	二进制数	十进制数	PNS 程序号码	PNS 程序名称
100	PNS1	ON	00100101	37	0137（100 + 37）	PNS 0137
	PNS2					
	PNS3	ON				
	PNS4					
	PNS5					
	PNS6	ON				
	PNS7					
	PNS8					

PNS 启动方法设定步骤见表 21-4。

表 21-4 PNS 启动方法设定步骤

序号	图片示例	操作步骤
1	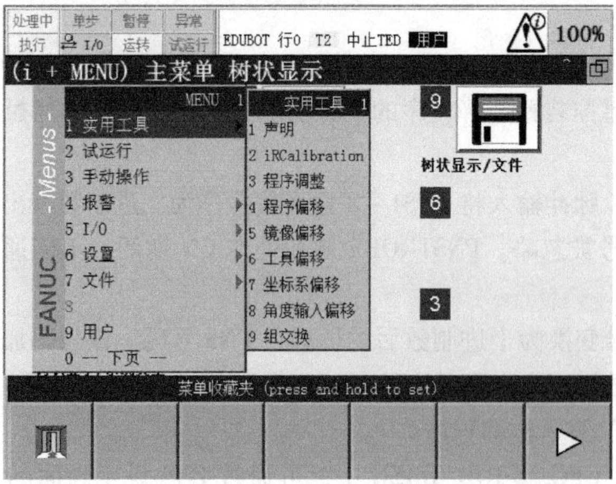	按【MENU】键，显示主菜单画面

（续）

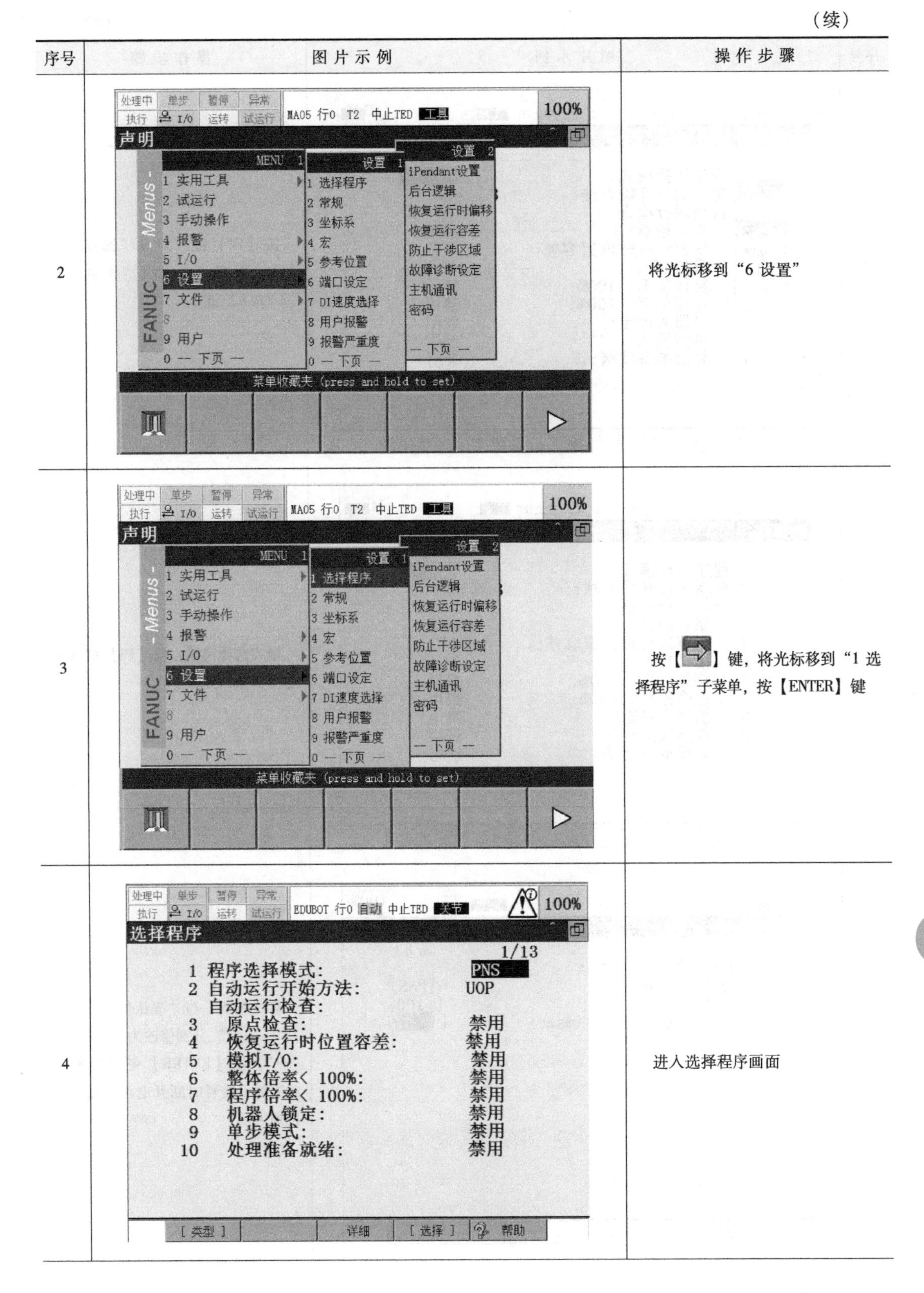

序号	图片示例	操作步骤
2		将光标移到“6 设置”
3		按【→】键，将光标移到“1 选择程序”子菜单，按【ENTER】键
4		进入选择程序画面

（续）

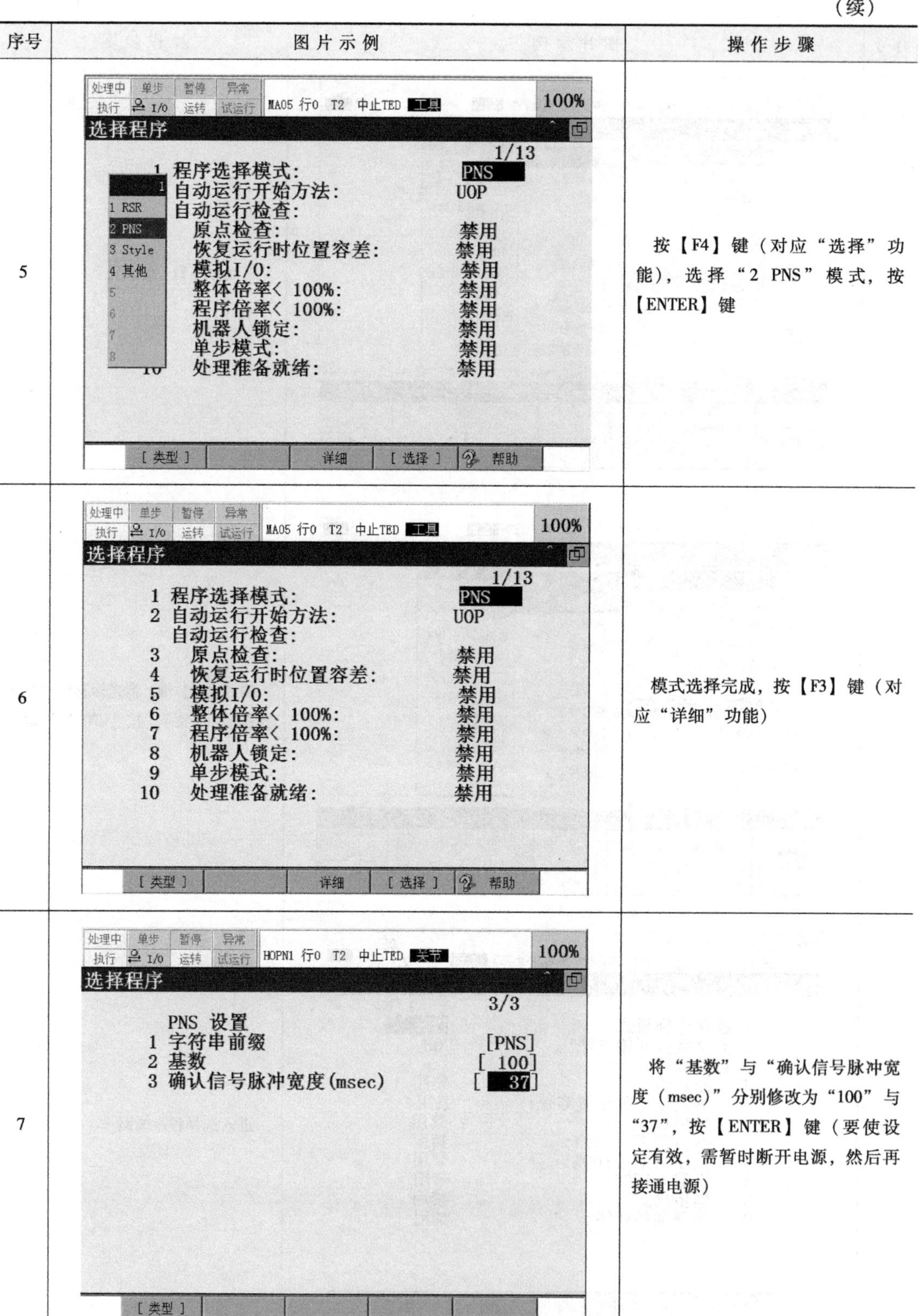

序号	图片示例	操作步骤
5		按【F4】键（对应“选择”功能），选择“2 PNS”模式，按【ENTER】键
6		模式选择完成，按【F3】键（对应“详细”功能）
7		将“基数”与“确认信号脉冲宽度（msec）”分别修改为“100”与“37”，按【ENTER】键（要使设定有效，需暂时断开电源，然后再接通电源）

第5部分 示教器常用操作

知识点22 程序备份/加载

22.1 本节要点

22. 程序备份/加载

➢ 掌握常见的程序备份方法。
➢ 掌握常见的程序加载方法。

22.2 要点解析

程序的备份与加载方法分为两种情况：
1）一般模式下的备份/加载。
2）控制启动模式下的备份/加载。

22.2.1 程序备份

文件主要种类见表22-1。

表22-1 文件主要种类

序号	文件种类	功能
1	程序文件（*.TP）	所有TP程序
2	系统文件（*.SV）	存储系统的设定

（续）

序　号	文件种类	功　能
3	I/O 分配数据文件（*.IO）	存储 I/O 分配的设定
4	数据文件（*.VR）	存储寄存器数据等

下面介绍两种常见文件的备份方法。

（1）程序文件的备份　程序文件是记述有被称为程序指令的一连串向机器人发出的指令的文件。程序指令用于机器人的动作和外围设备控制及各应用程序控制。

程序文件备份步骤见表 22-2。

表 22-2　程序文件备份步骤

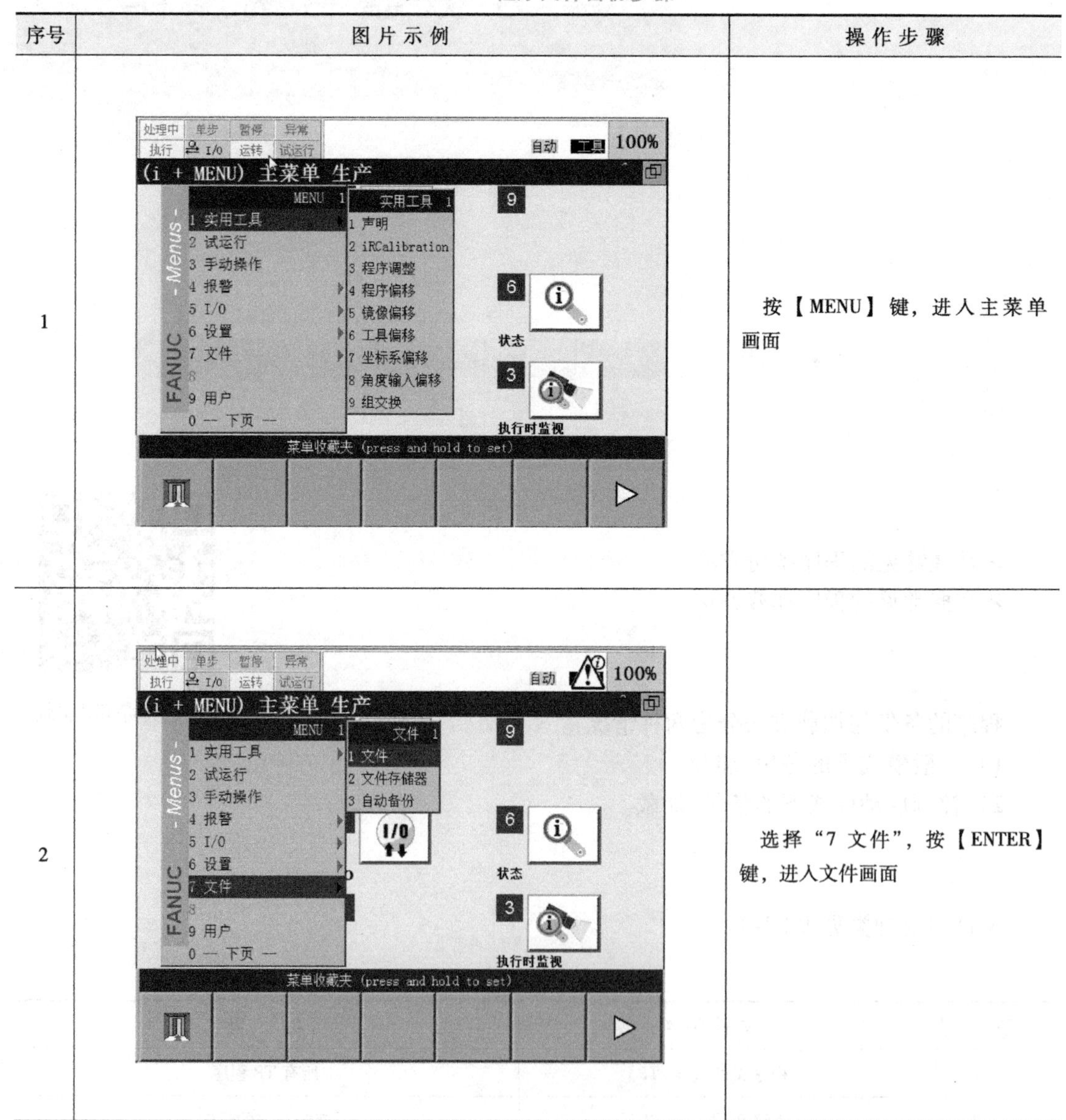

序号	图片示例	操作步骤
1		按【MENU】键，进入主菜单画面
2		选择“7 文件”，按【ENTER】键，进入文件画面

（续）

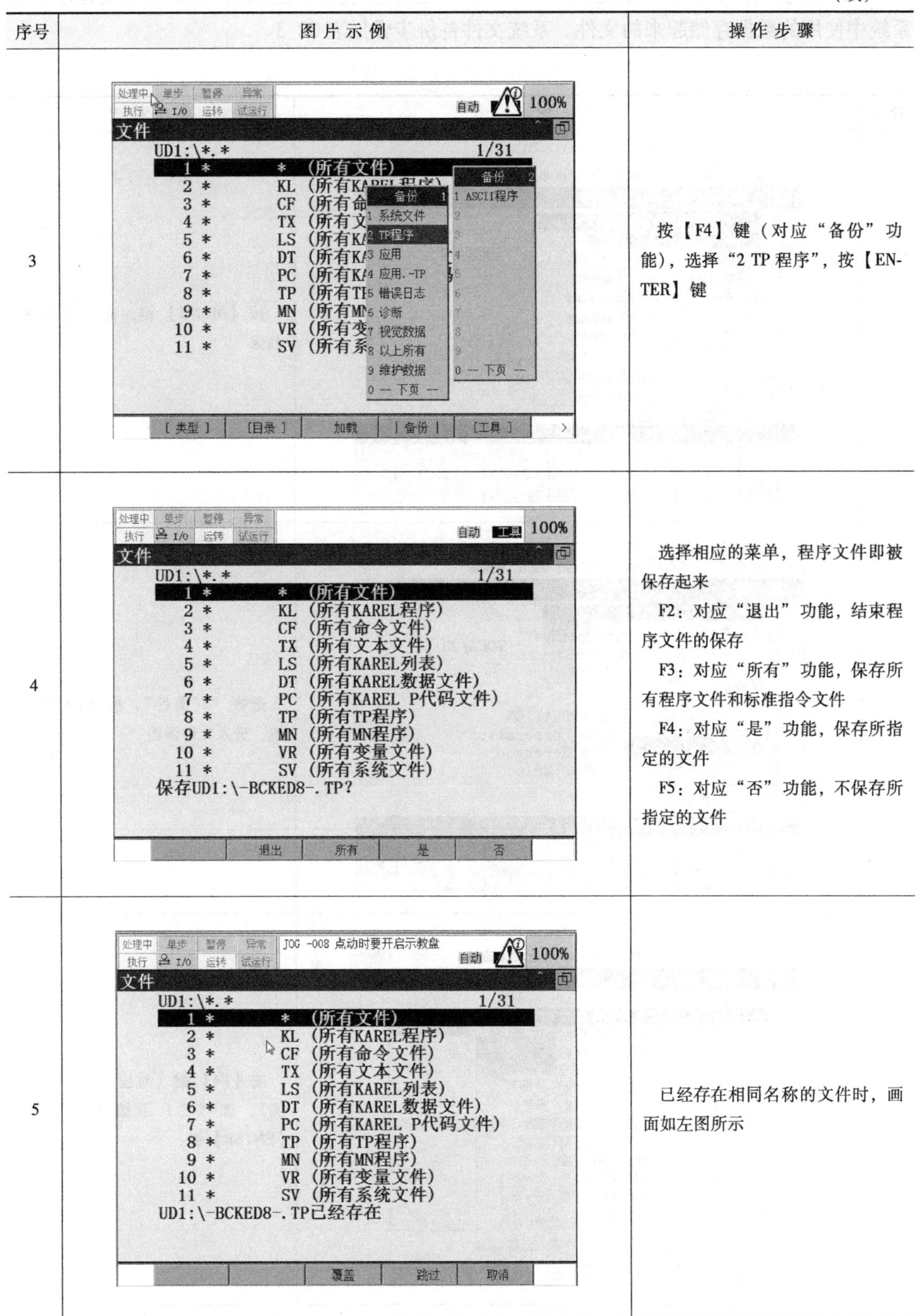

序号	图片示例	操作步骤
3		按【F4】键（对应“备份”功能），选择“2 TP 程序”，按【ENTER】键
4		选择相应的菜单，程序文件即被保存起来 F2：对应“退出”功能，结束程序文件的保存 F3：对应“所有”功能，保存所有程序文件和标准指令文件 F4：对应“是”功能，保存所指定的文件 F5：对应“否”功能，不保存所指定的文件
5		已经存在相同名称的文件时，画面如左图所示

（2）系统文件的备份　系统文件（＊.SV）是将运行应用工具软件的系统控制程序或在系统中使用的数据存储起来的文件。系统文件备份步骤见表22-3。

表22-3　系统文件备份步骤

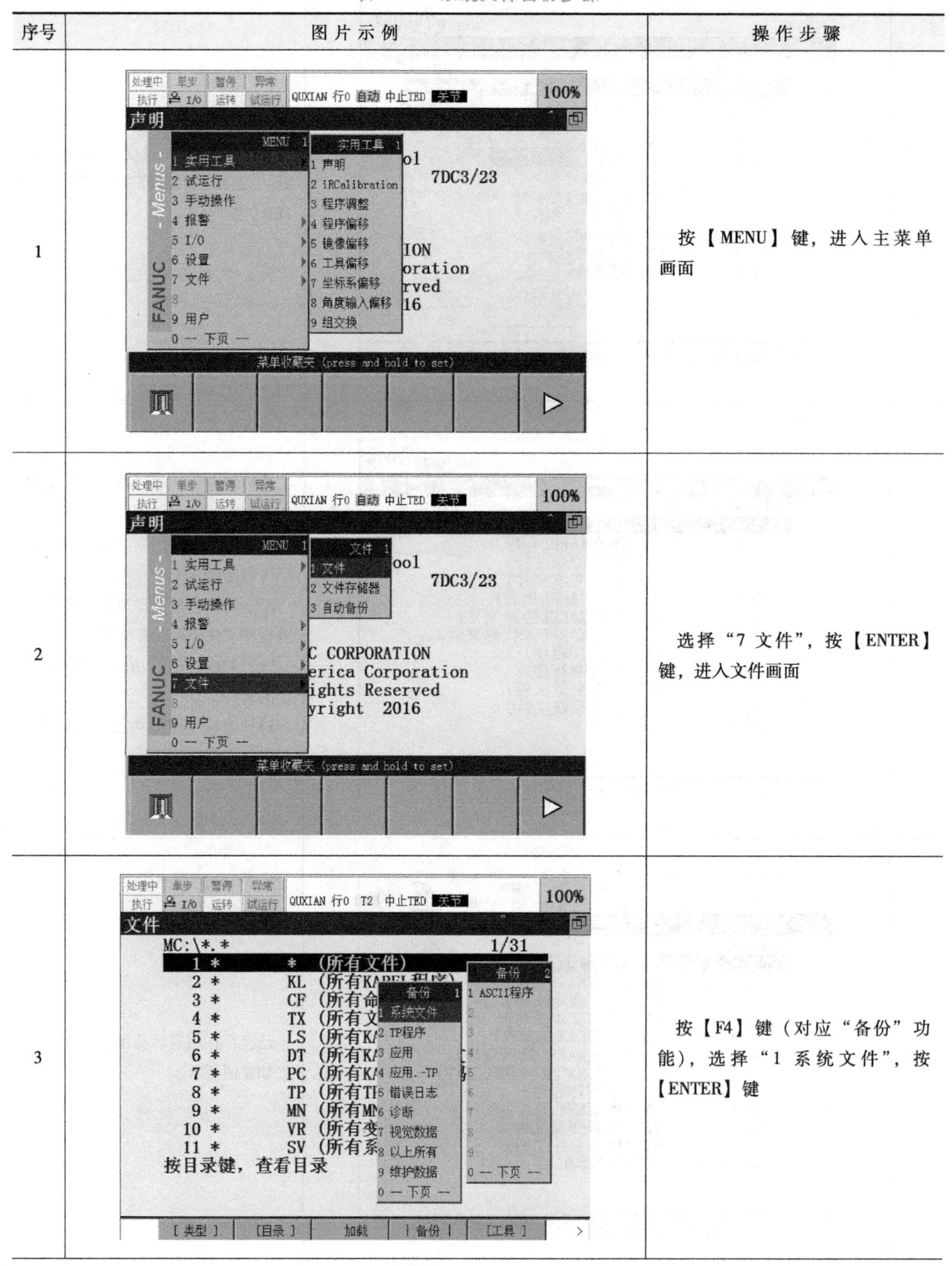

序号	图片示例	操作步骤
1		按【MENU】键，进入主菜单画面
2		选择“7 文件”，按【ENTER】键，进入文件画面
3		按【F4】键（对应“备份”功能），选择“1 系统文件”，按【ENTER】键

（续）

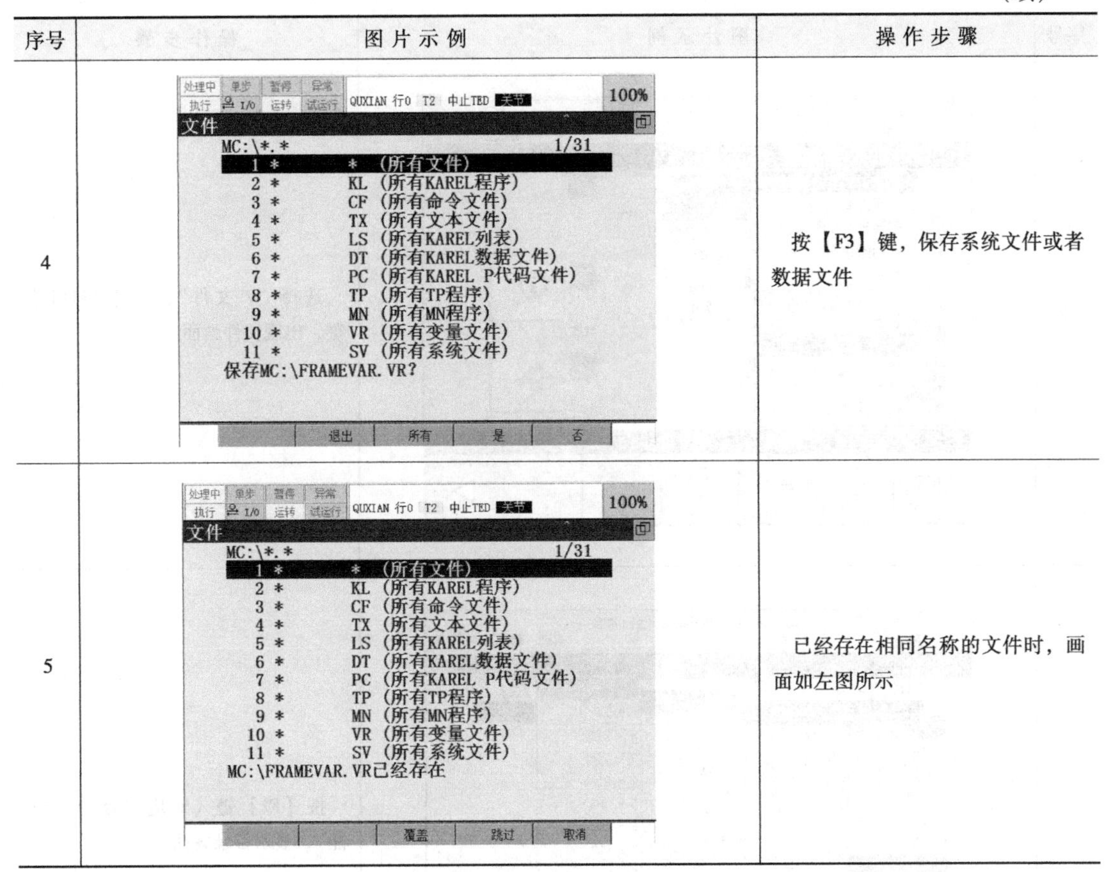

序号	图片示例	操作步骤
4		按【F3】键，保存系统文件或者数据文件
5		已经存在相同名称的文件时，画面如左图所示

22.2.2 程序加载

程序加载主要有程序文件载入和系统文件载入两种情况。

（1）程序文件载入　从文件画面载入程序文件的步骤见表22-4。

表22-4　从文件画面载入程序文件的步骤

序号	图片示例	操作步骤
1	(i + MENU) 主菜单 生产 MENU 1：1 实用工具、2 试运行、3 手动操作、4 报警、5 I/O、6 设置、7 文件、8、9 用户、0 -- 下页 -- 实用工具 1：1 声明、2 iRCalibration、3 程序调整、4 程序偏移、5 镜像偏移、6 工具偏移、7 坐标系偏移、8 角度输入偏移、9 组交换 状态　执行时监视 菜单收藏夹 (press and hold to set)	按【MENU】键，显示出主菜单画面

（续）

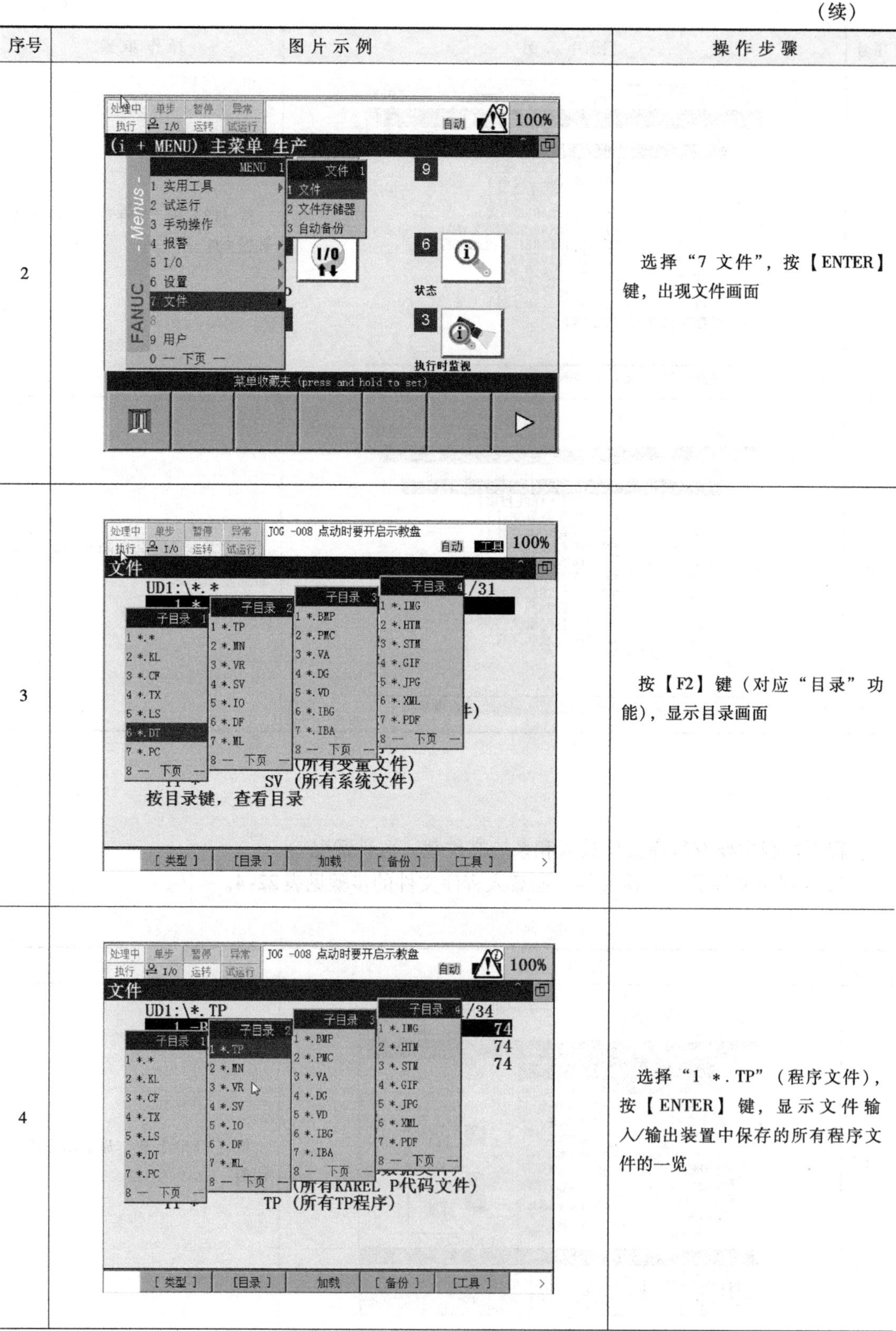

序号	图片示例	操作步骤
2		选择“7 文件”，按【ENTER】键，出现文件画面
3		按【F2】键（对应“目录”功能），显示目录画面
4		选择“1 *.TP”（程序文件），按【ENTER】键，显示文件输入/输出装置中保存的所有程序文件的一览

（续）

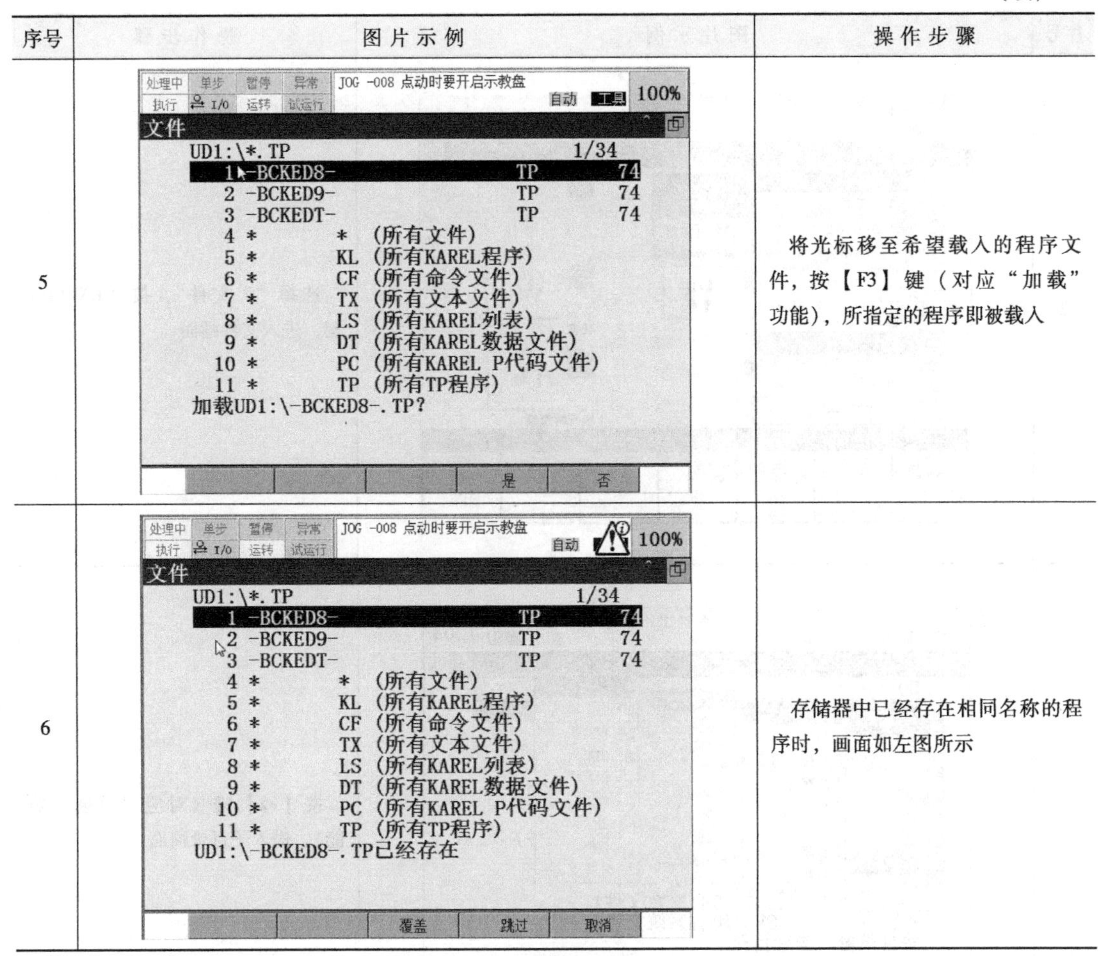

序号	图片示例	操作步骤
5		将光标移至希望载入的程序文件，按【F3】键（对应“加载”功能），所指定的程序即被载入
6		存储器中已经存在相同名称的程序时，画面如左图所示

（2）系统文件载入　载入系统文件的步骤见表22-5。

表22-5　载入系统文件的步骤

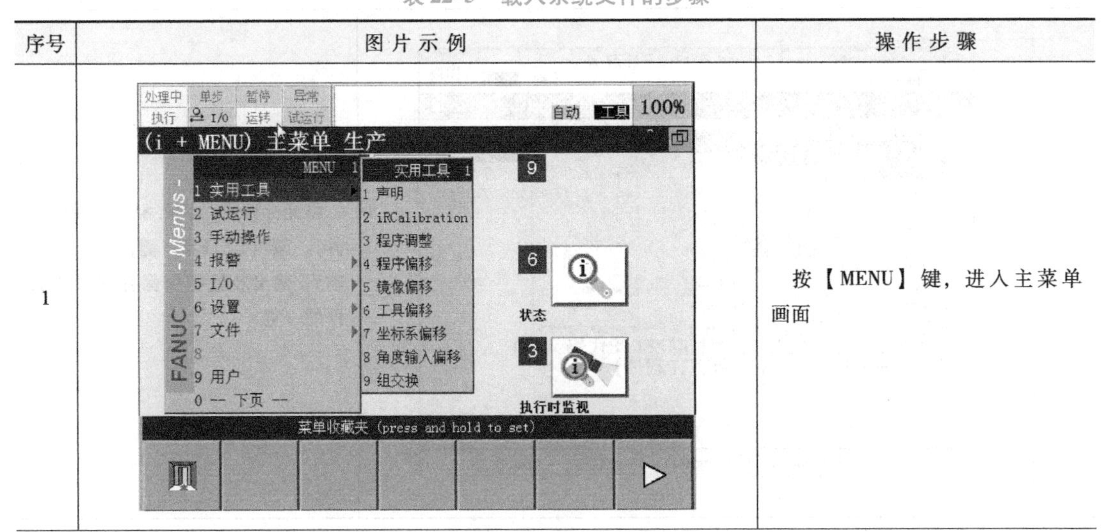

序号	图片示例	操作步骤
1		按【MENU】键，进入主菜单画面

（续）

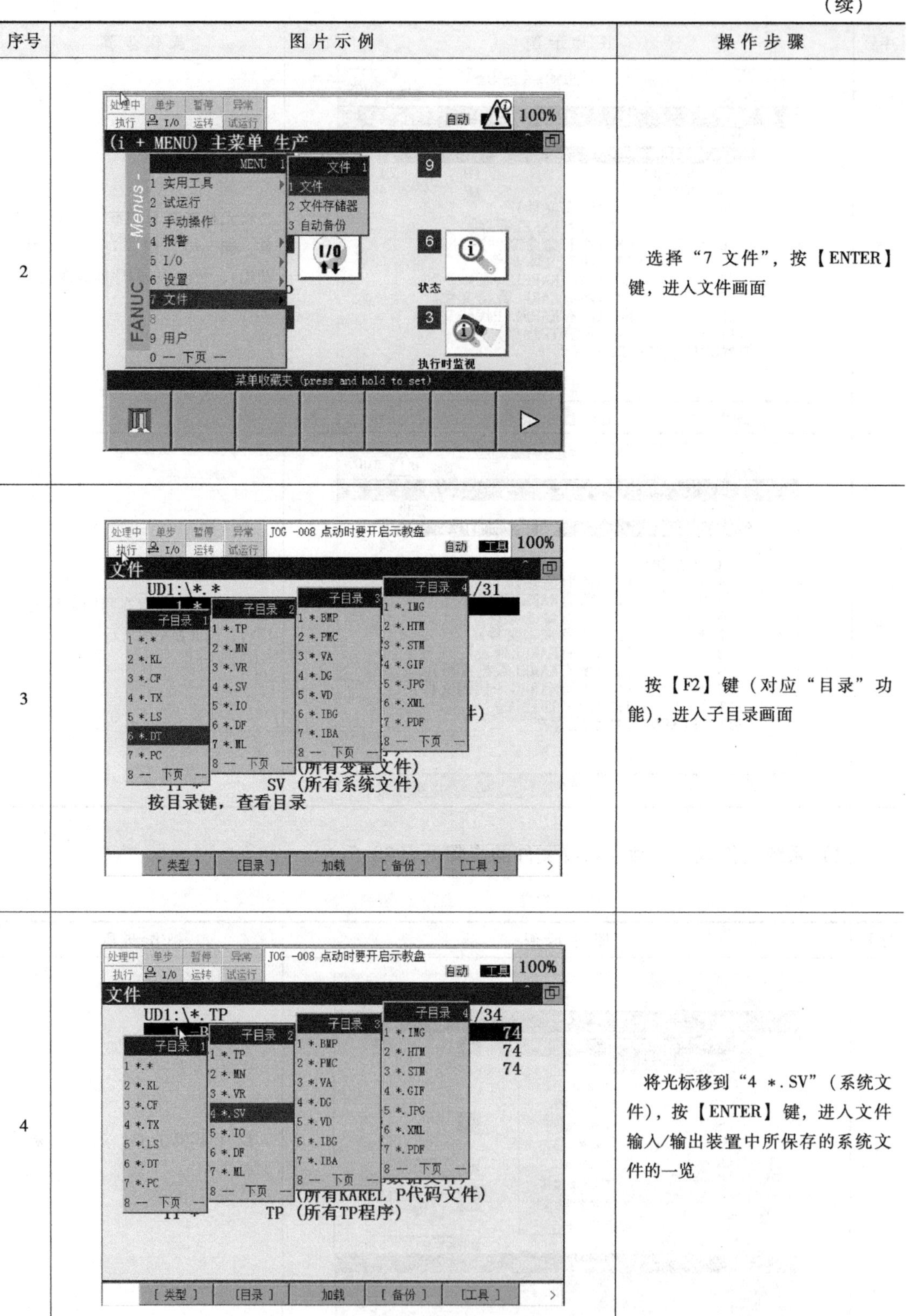

序号	图片示例	操作步骤
2		选择“7 文件”，按【ENTER】键，进入文件画面
3		按【F2】键（对应“目录”功能），进入子目录画面
4		将光标移到“4 *.SV”（系统文件），按【ENTER】键，进入文件输入/输出装置中所保存的系统文件的一览

（续）

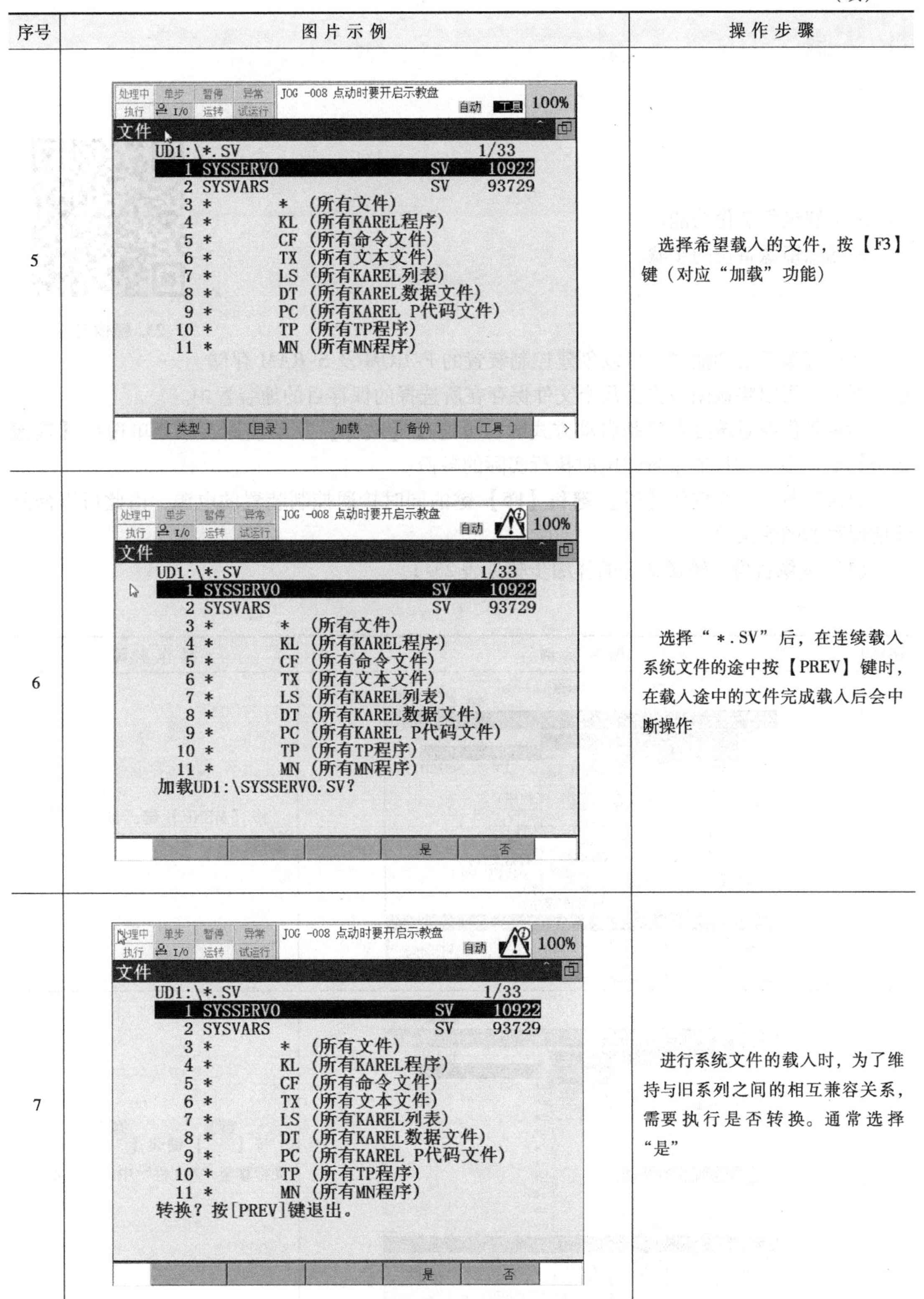

序号	图片示例	操作步骤
5		选择希望载入的文件，按【F3】键（对应“加载”功能）
6		选择“＊.SV”后，在连续载入系统文件的途中按【PREV】键时，在载入途中的文件完成载入后会中断操作
7		进行系统文件的载入时，为了维持与旧系列之间的相互兼容关系，需要执行是否转换。通常选择“是”

镜像备份

23. 镜像备份

23.1 本节要点

➢ 了解镜像备份功能。
➢ 熟悉镜像备份的步骤。

23.2 要点解析

使用镜像备份功能时，可以创建控制装置的 F-ROM 及 S-RAM 存储器的图像，可以将该图像作为几个文件保存在所选择的保存目的地装置中。

镜像备份在系统处在控制启动方式时，可通过【文件】菜单使用。从菜单选择【镜像备份】后，在下次控制装置通电时执行实际的备份。

要恢复备份，在按住【F1】键和【F5】键的同时接通控制装置的电源，由此可以恢复此前保存的图像菜单。

（1）镜像备份　镜像备份的详细步骤见表 23-1。

表 23-1　镜像备份的详细步骤

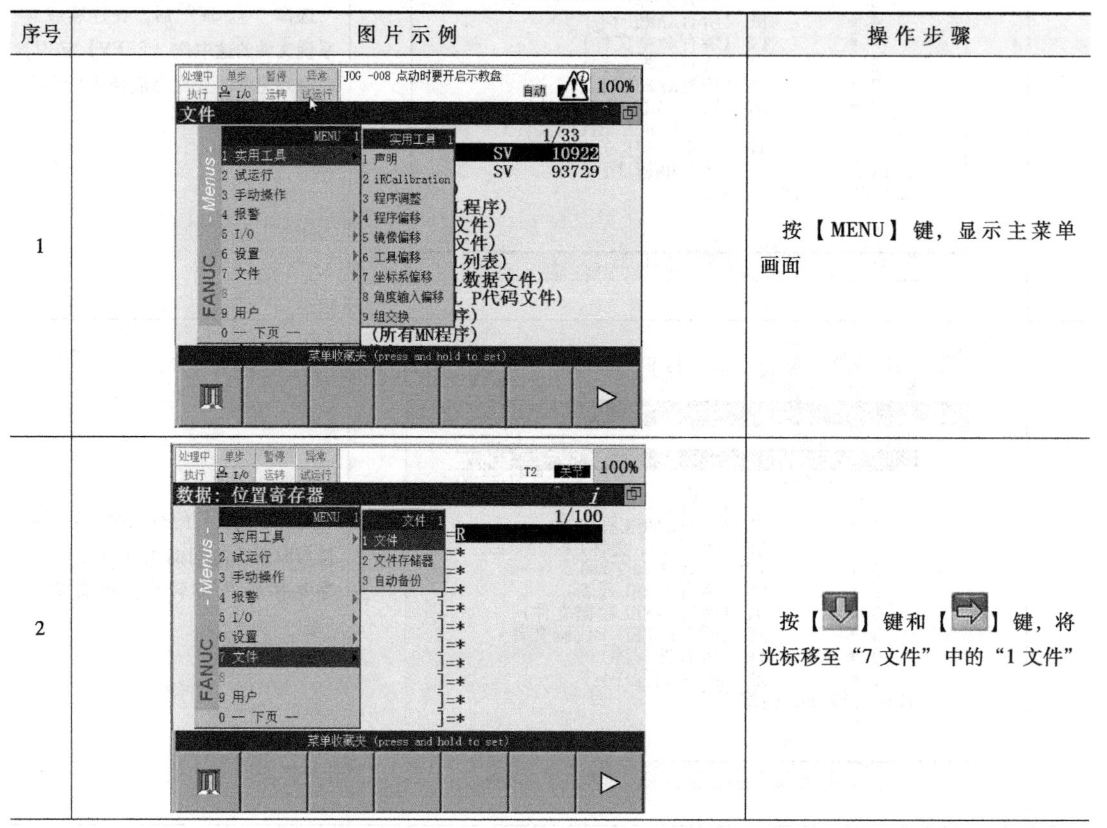

序号	图片示例	操作步骤
1		按【MENU】键，显示主菜单画面
2		按【⇩】键和【⇨】键，将光标移至“7 文件”中的“1 文件”

（续）

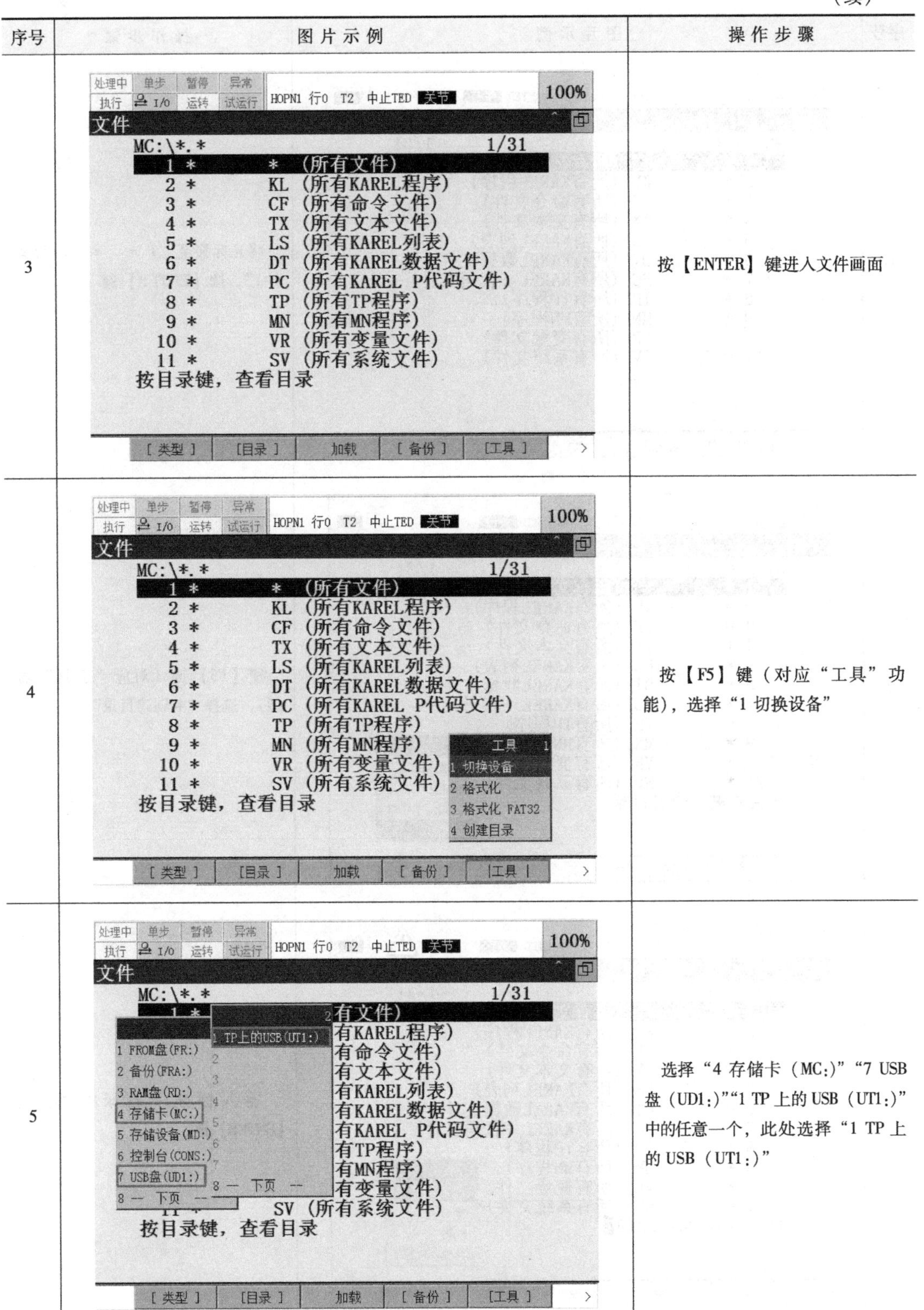

序号	图片示例	操作步骤
3		按【ENTER】键进入文件画面
4		按【F5】键（对应“工具”功能），选择“1 切换设备”
5		选择“4 存储卡（MC:）”“7 USB盘（UD1:）”“1 TP 上的 USB（UT1:）”中的任意一个，此处选择“1 TP 上的 USB（UT1:）”

（续）

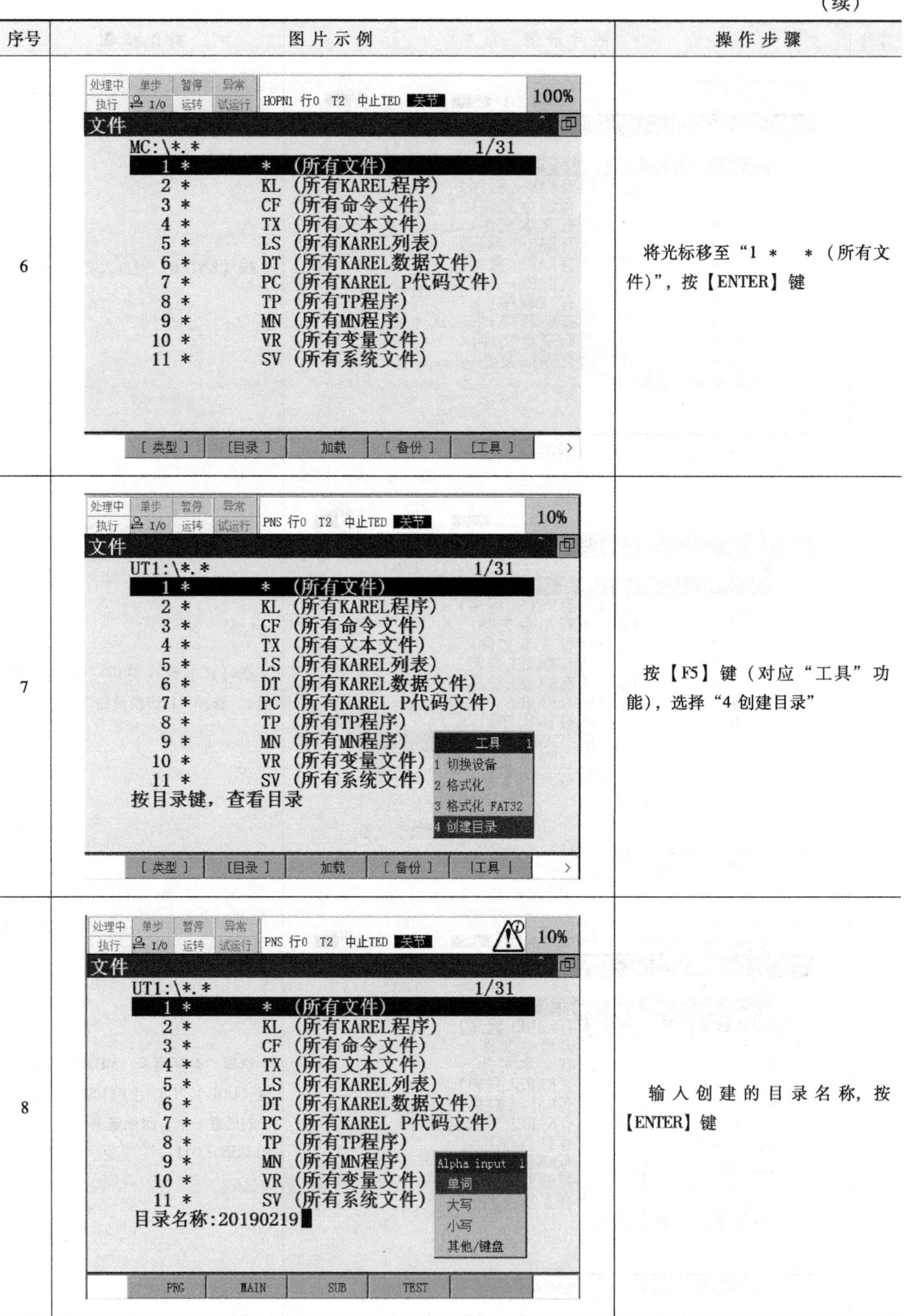

序号	图片示例	操作步骤
6		将光标移至“1 *　　*（所有文件）”，按【ENTER】键
7		按【F5】键（对应“工具”功能），选择“4 创建目录”
8		输入创建的目录名称，按【ENTER】键

（续）

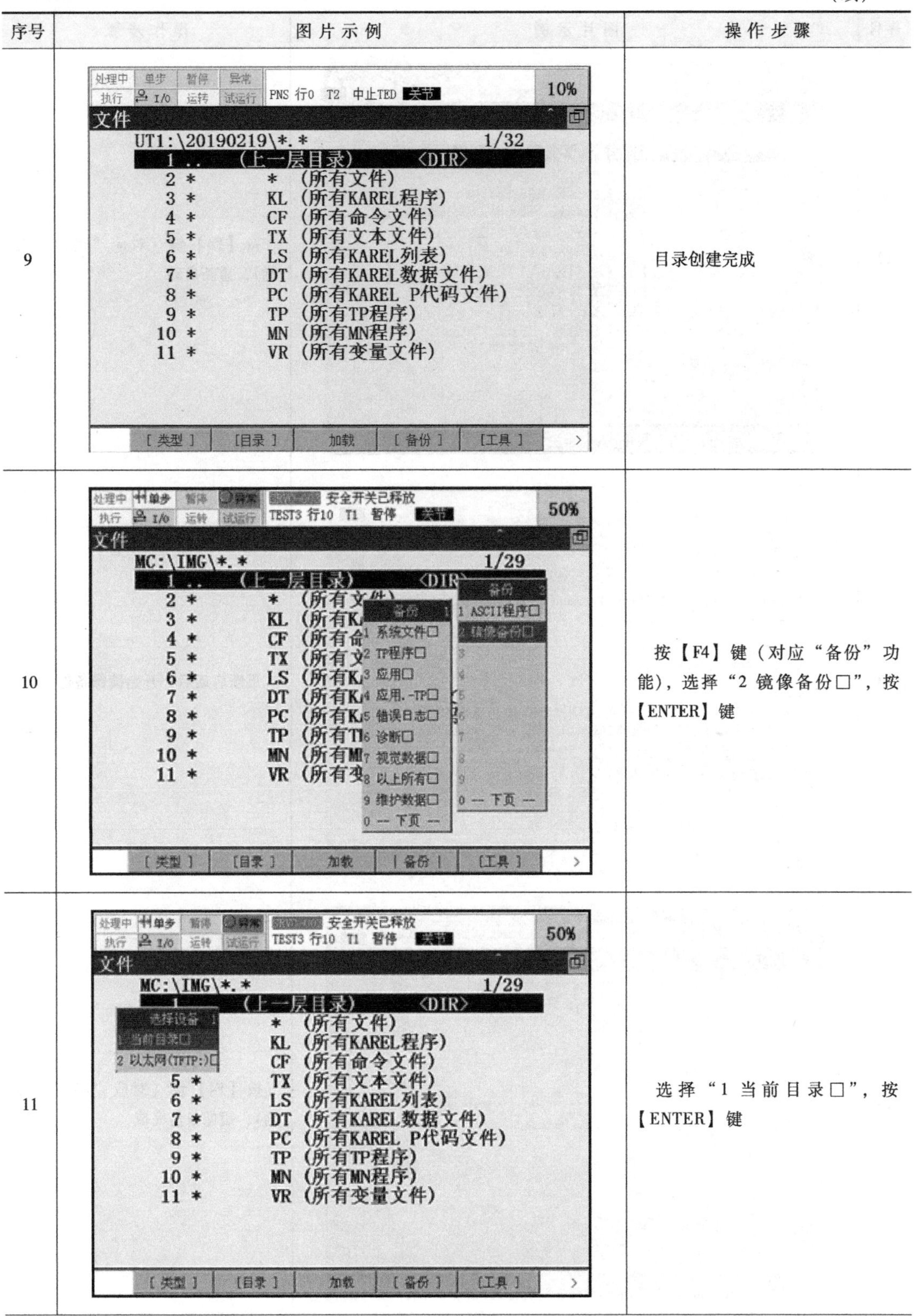

序号	图片示例	操作步骤
9		目录创建完成
10		按【F4】键（对应“备份”功能），选择“2 镜像备份□”，按【ENTER】键
11		选择“1 当前目录□”，按【ENTER】键

（续）

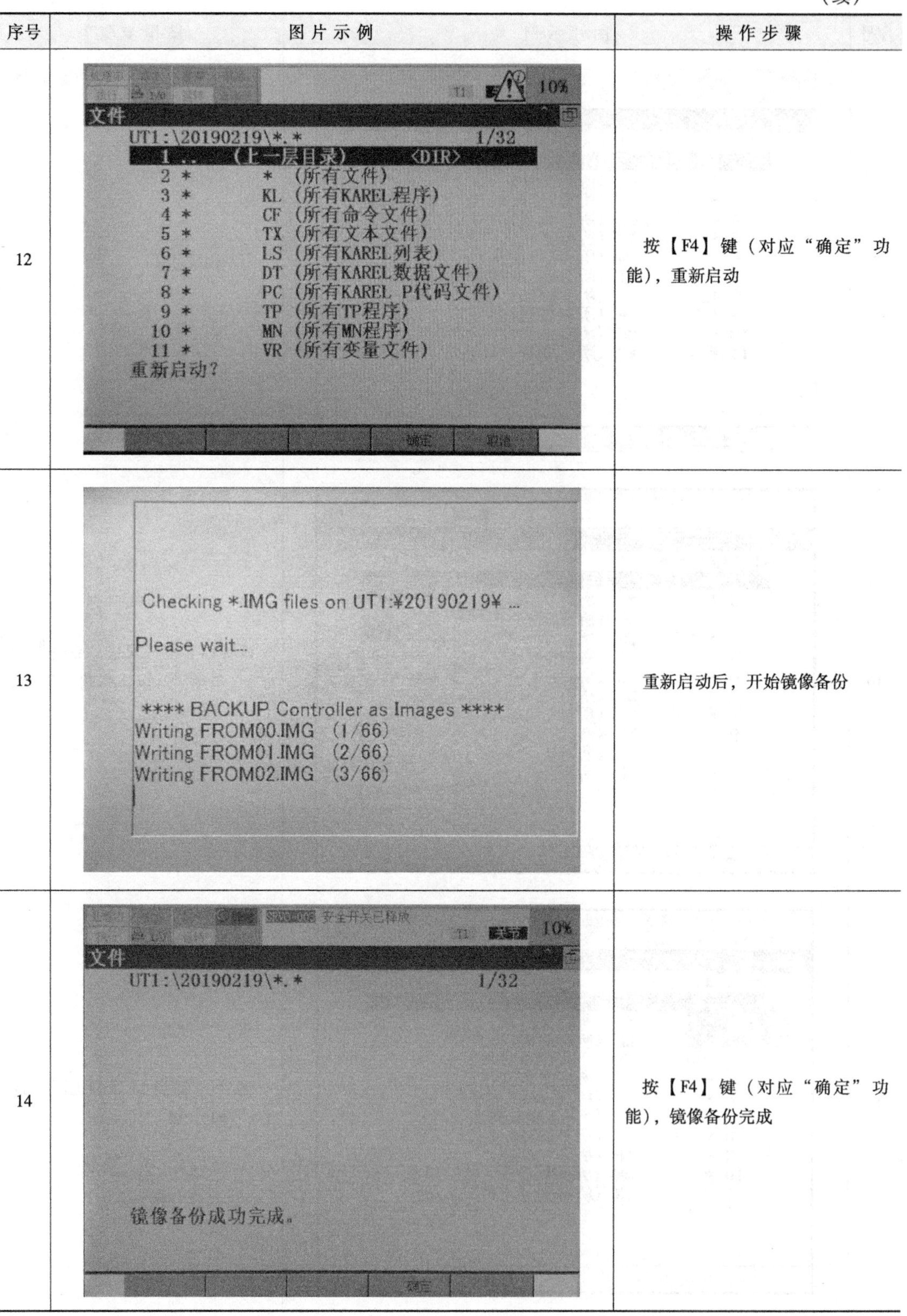

序号	图片示例	操作步骤
12		按【F4】键（对应“确定”功能），重新启动
13		重新启动后，开始镜像备份
14		按【F4】键（对应“确定”功能），镜像备份完成

（2）镜像备份恢复　恢复镜像备份的详细步骤见表23-2。

表23-2　恢复镜像备份的详细步骤

序号	图片示例	操作步骤
1	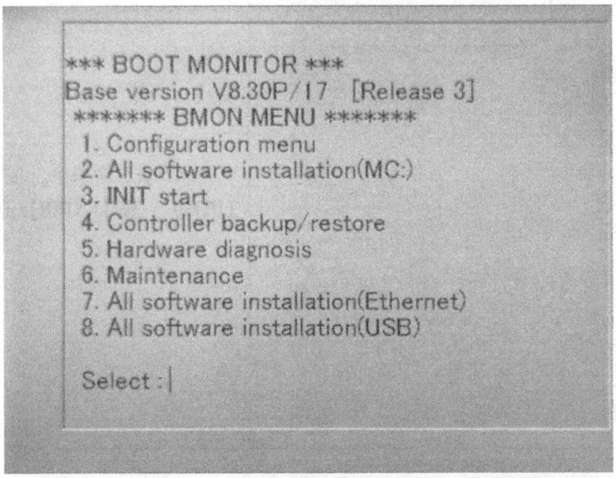 *** BOOT MONITOR *** Base version V8.30P/17 [Release 3] ******* BMON MENU ******* 1. Configuration menu 2. All software installation(MC:) 3. INIT start 4. Controller backup/restore 5. Hardware diagnosis 6. Maintenance 7. All software installation(Ethernet) 8. All software installation(USB) Select :	在同时按住【F1】键和【F5】键的状态下接通机器人的电源，直到出现左图所示画面
2	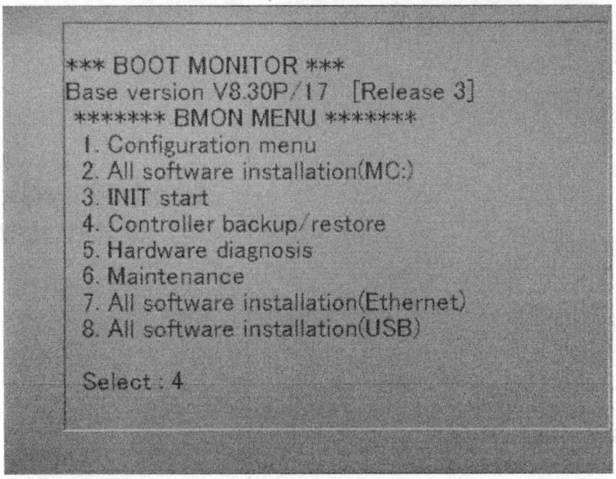 *** BOOT MONITOR *** Base version V8.30P/17 [Release 3] ******* BMON MENU ******* 1. Configuration menu 2. All software installation(MC:) 3. INIT start 4. Controller backup/restore 5. Hardware diagnosis 6. Maintenance 7. All software installation(Ethernet) 8. All software installation(USB) Select : 4	进入“BMON MENU”，选择“4. Controller backup/restore”（控制器备份或恢复），按【ENTER】键
3	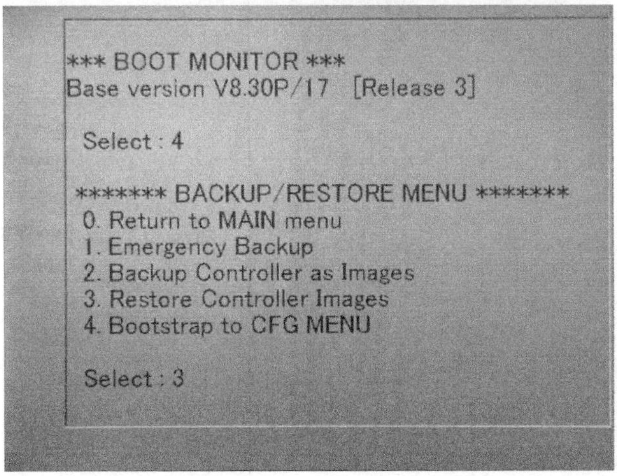 *** BOOT MONITOR *** Base version V8.30P/17 [Release 3] Select : 4 ******* BACKUP/RESTORE MENU ******* 0. Return to MAIN menu 1. Emergency Backup 2. Backup Controller as Images 3. Restore Controller Images 4. Bootstrap to CFG MENU Select : 3	选择“3. Restore Controller Images”（恢复图像控制器），按【ENTER】键

（续）

序号	图片示例	操作步骤
4	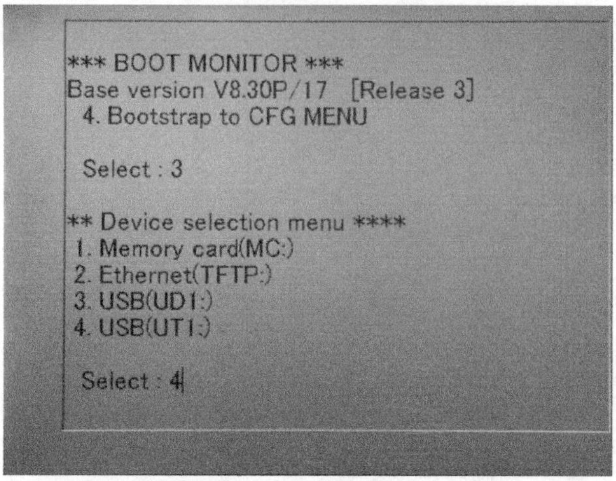 *** BOOT MONITOR *** Base version V8.30P/17 [Release 3] 4. Bootstrap to CFG MENU Select : 3 ** Device selection menu **** 1. Memory card(MC:) 2. Ethernet(TFTP:) 3. USB(UD1:) 4. USB(UT1:) Select : 4	进入设备选择菜单，选择“4. USB（UT1:)”，按【ENTER】键
5	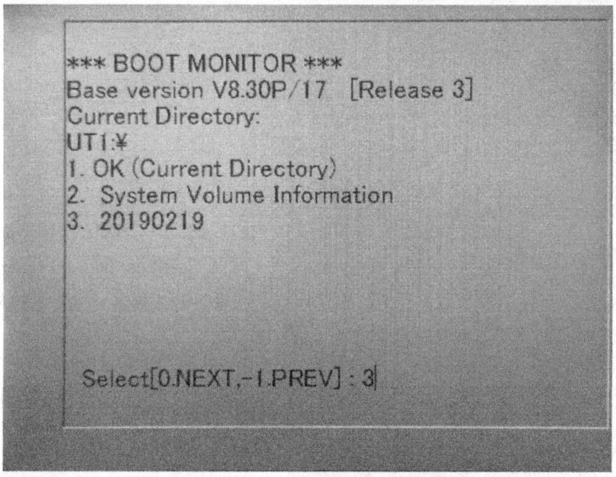 *** BOOT MONITOR *** Base version V8.30P/17 [Release 3] Current Directory: UT1:¥ 1. OK (Current Directory) 2. System Volume Information 3. 20190219 Select[0.NEXT,-1.PREV] : 3	选择之前备份创建的文件夹，输入“3”，按【ENTER】键
6	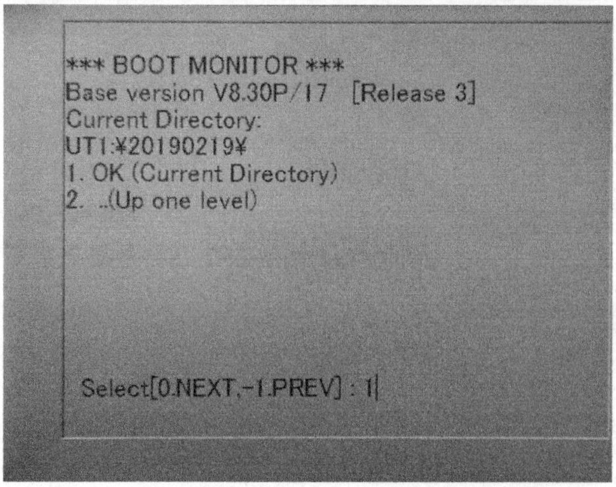 *** BOOT MONITOR *** Base version V8.30P/17 [Release 3] Current Directory: UT1:¥20190219¥ 1. OK (Current Directory) 2. ..(Up one level) Select[0.NEXT,-1.PREV] : 1	输入“1”，按【ENTER】键

（续）

序号	图片示例	操作步骤
7	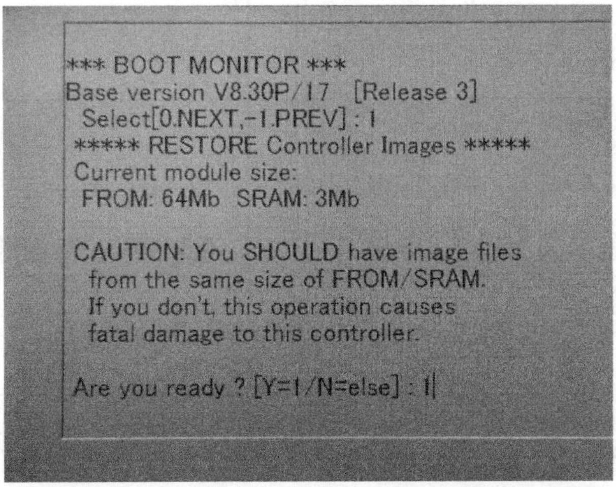 *** BOOT MONITOR *** Base version V8.30P/17 [Release 3] Select[0.NEXT,-1.PREV] : 1 ***** RESTORE Controller Images ***** Current module size: FROM: 64Mb SRAM: 3Mb CAUTION: You SHOULD have image files from the same size of FROM/SRAM. If you don't, this operation causes fatal damage to this controller. Are you ready ? [Y=1/N=else] : 1	确认文件夹中是否有备份图片，选择“1”，按【ENTER】键
8	 *** BOOT MONITOR *** Base version V8.30P/17 [Release 3] Are you ready ? [Y=1/N=else] : 1 ********************************** CAUTION: NEVER TURN OFF THE POWER SUPPLY WHILE CLEARING FROM !!! ********************************** Reading FROM00.IMG ... Done Reading FROM01.IMG ... Done Reading FROM02.IMG ...	开始恢复
9	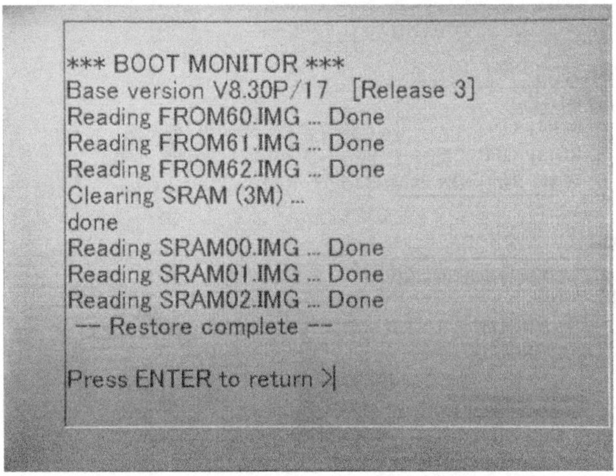 *** BOOT MONITOR *** Base version V8.30P/17 [Release 3] Reading FROM60.IMG ... Done Reading FROM61.IMG ... Done Reading FROM62.IMG ... Done Clearing SRAM (3M) ... done Reading SRAM00.IMG ... Done Reading SRAM01.IMG ... Done Reading SRAM02.IMG ... Done -- Restore complete -- Press ENTER to return >	恢复完成，按【ENTER】键

（续）

序号	图片示例	操作步骤
10	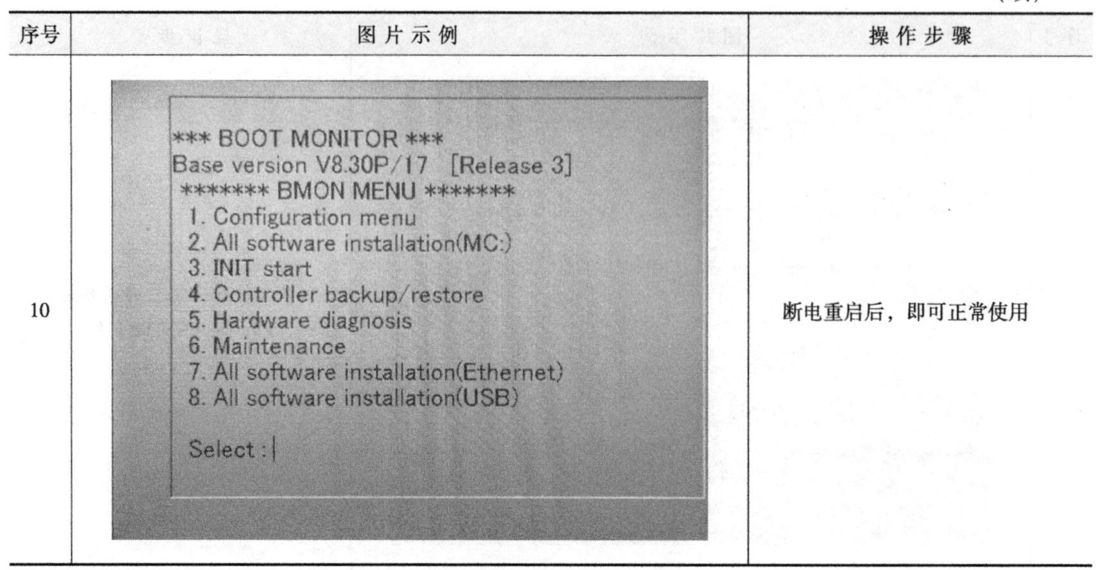 *** BOOT MONITOR *** Base version V8.30P/17 [Release 3] ******* BMON MENU ******* 1. Configuration menu 2. All software installation(MC:) 3. INIT start 4. Controller backup/restore 5. Hardware diagnosis 6. Maintenance 7. All software installation(Ethernet) 8. All software installation(USB) Select :	断电重启后，即可正常使用

知识点24 宏指令

24. 宏指令

24.1 本节要点

➢ 了解宏指令的构成。
➢ 熟悉宏指令的设定与执行。

24.2 要点解析

宏指令是将几个程序指令记述的程序作为一个指令来记录、调用并执行的功能，如图24-1所示。

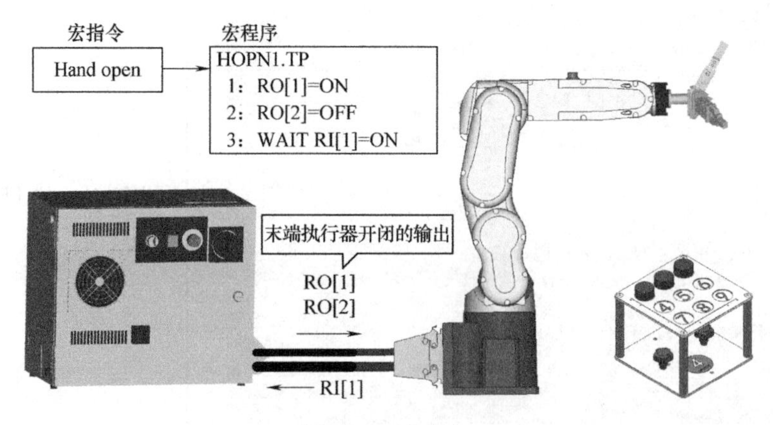

图24-1 宏指令

宏指令具有以下功能：

- 可在程序中对宏指令进行示教以作为程序指令启动。
- 可在示教器的手动操作画面启动宏指令。
- 可通过示教器的用户键来启动宏指令。
- 可通过 DI、RI、UI、F、M 来启动宏指令。

将现有的程序作为宏指令予以记录，宏指令可以记录150个。使用宏指令的步骤如下：

1）通过宏指令来创建一个要执行的程序。

2）将所创建的宏程序作为宏指令予以记录。此外，分配用来调用宏指令的方法。

3）宏指令的设定，在宏设定画面“6 设置-宏”上进行。

24.2.1 设定宏指令

宏指令的设定，需要设定3个条目，即宏程序、宏指令的名称、启动宏指令的装置分配。

（1）宏程序　宏程序是通过宏指令启动的程序。宏程序的示教和再现（作为程序再现的情形），可以与通常的程序相同的方式进行，但会受到以下制约。

1）在作为宏程序被记录时，程序的子类型被更改为宏。取消记录时，返回原先的子类型。

2）宏画面上记录的宏程序不能删除。

3）不包含动作（组）的程序，即使没有处在动作允许状态（如发生报警）也可以启动。

4）不伴随动作的宏指令，应尽量在不包含动作（组）的程序中创建；否则，在机器人动作中也可启动宏指令。

（2）宏指令的名称　宏指令的名称用来在程序中调用宏程序。其通过最多36个字符的英文和数字来定义。注意，宏指令的名称中请勿使用“（”和“）”，如 HANDOPEN1（HAND1）。

（3）启动宏指令的装置分配　启动宏指令的装置用于确定可以从哪个装置来调用宏指令。可以用来启动宏指令的装置有以下几个。

1）示教器的手动操作画面。

2）示教器的用户键。

3）DI、RI、UI、F、M。

在将宏指令分配到示教器 TP 操作键的情况下，该按键原有的功能将不能再使用。因此，要确认示教器的用户键上尚未分配宏指令；否则，在执行时可能会引起故障。用来指定宏指令的启动设备的分配见表24-1。

表24-1　启动设备的分配

分配装置	说　明
MF[1]~MF[99]	手动操作画面的条目
UK[1]~UK[7]	示教器的用户键1~7
SU[1]~SU[7]	示教器的用户键1~7+【SHIFT】键

（续）

分配装置	说明
SP[4]~SP[5]	SP现在无法使用
DI[1]~DI[32766]	范围为1~32766
RI[1]~RI[32766]	范围为1~32766
UI[7]	HOME信号
F[1]~F[32766]	范围为1~32766
M[1]~M[32766]	范围为1~32766

（4）设定宏指令的操作步骤　设定宏指令的操作步骤见表24-2。

表24-2　设定宏指令的操作步骤

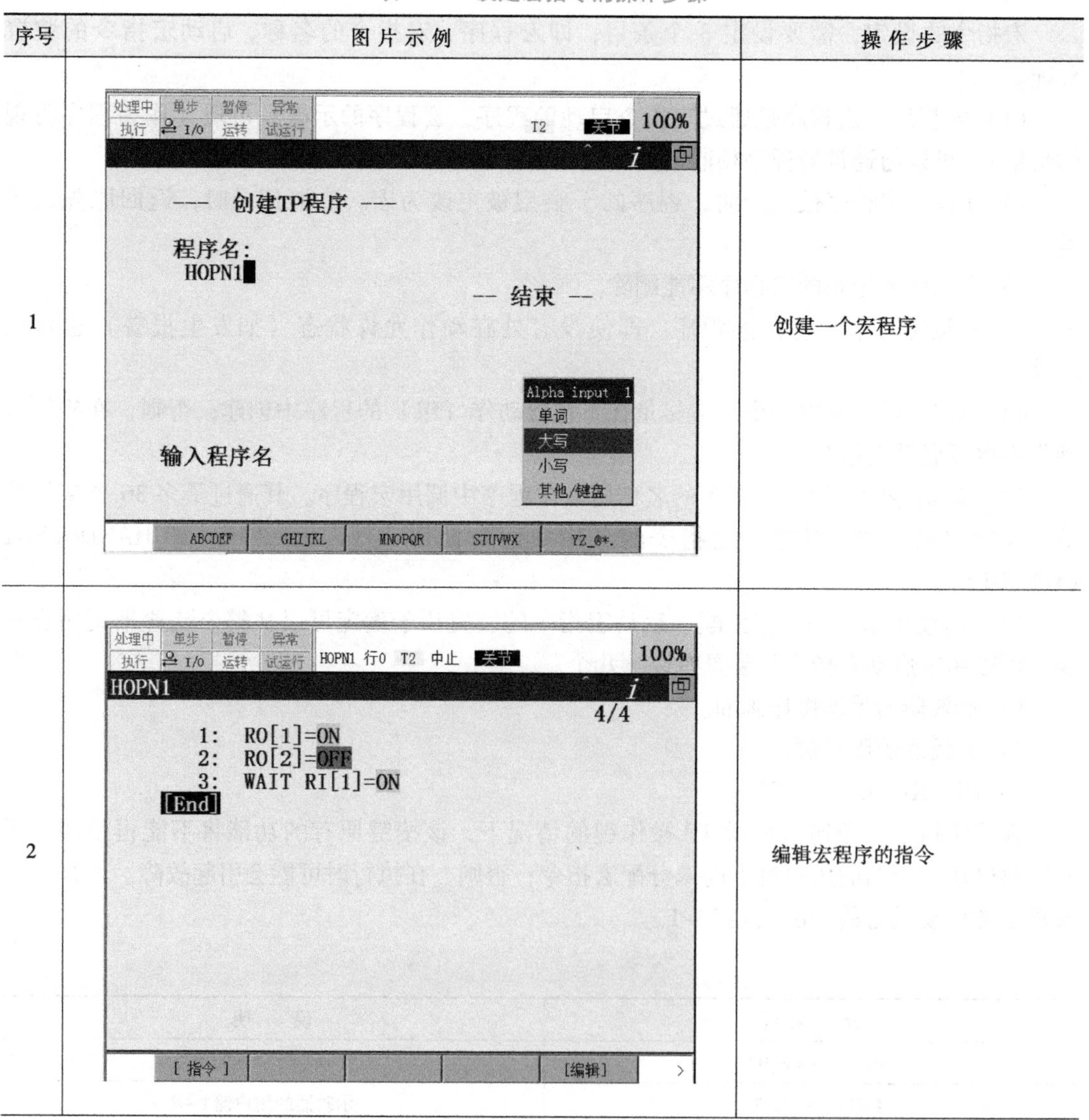

序号	图片示例	操作步骤
1		创建一个宏程序
2		编辑宏程序的指令

（续）

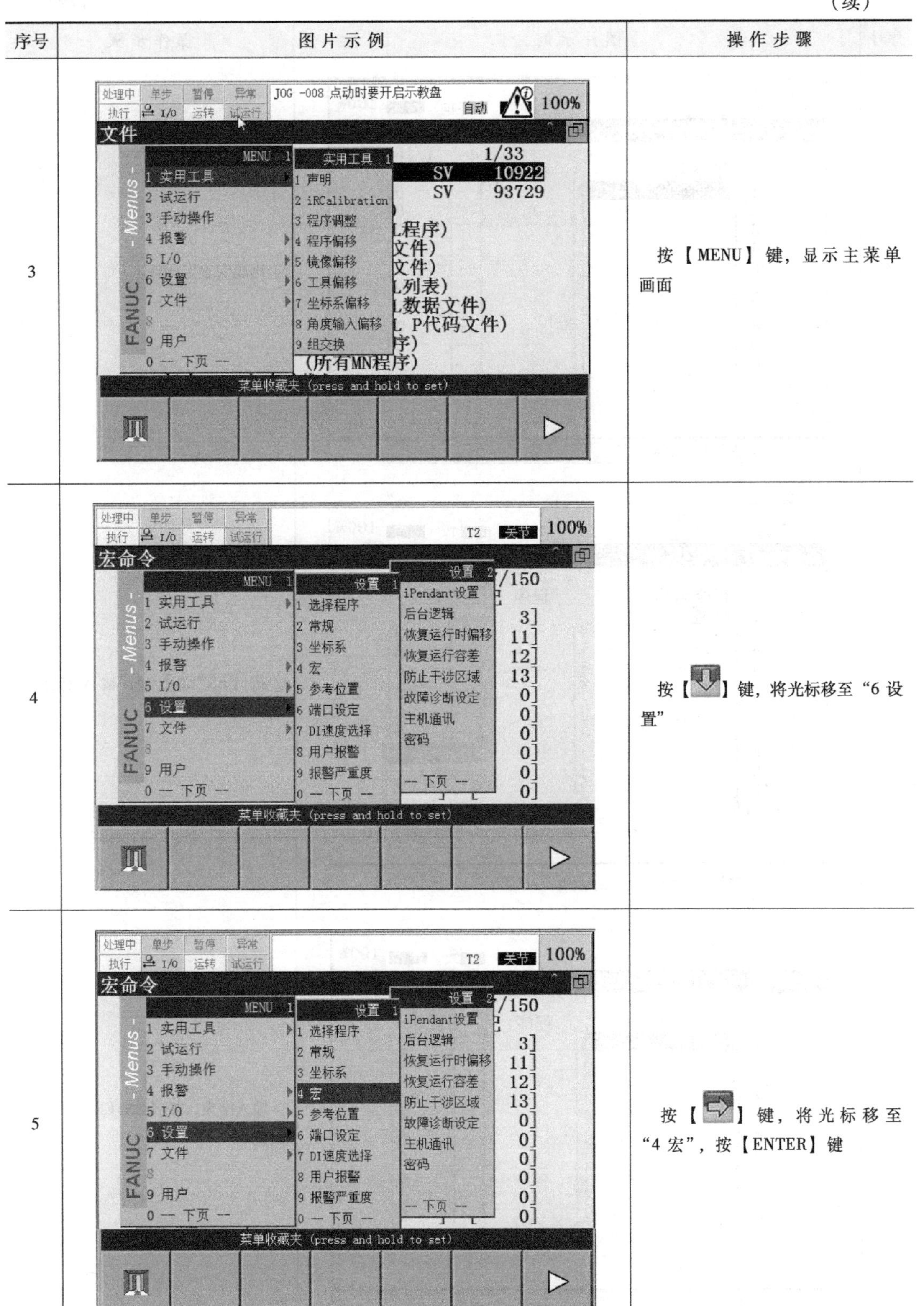

序号	图片示例	操作步骤
3		按【MENU】键，显示主菜单画面
4		按【⇩】键，将光标移至“6 设置”
5		按【⇨】键，将光标移至“4 宏”，按【ENTER】键

（续）

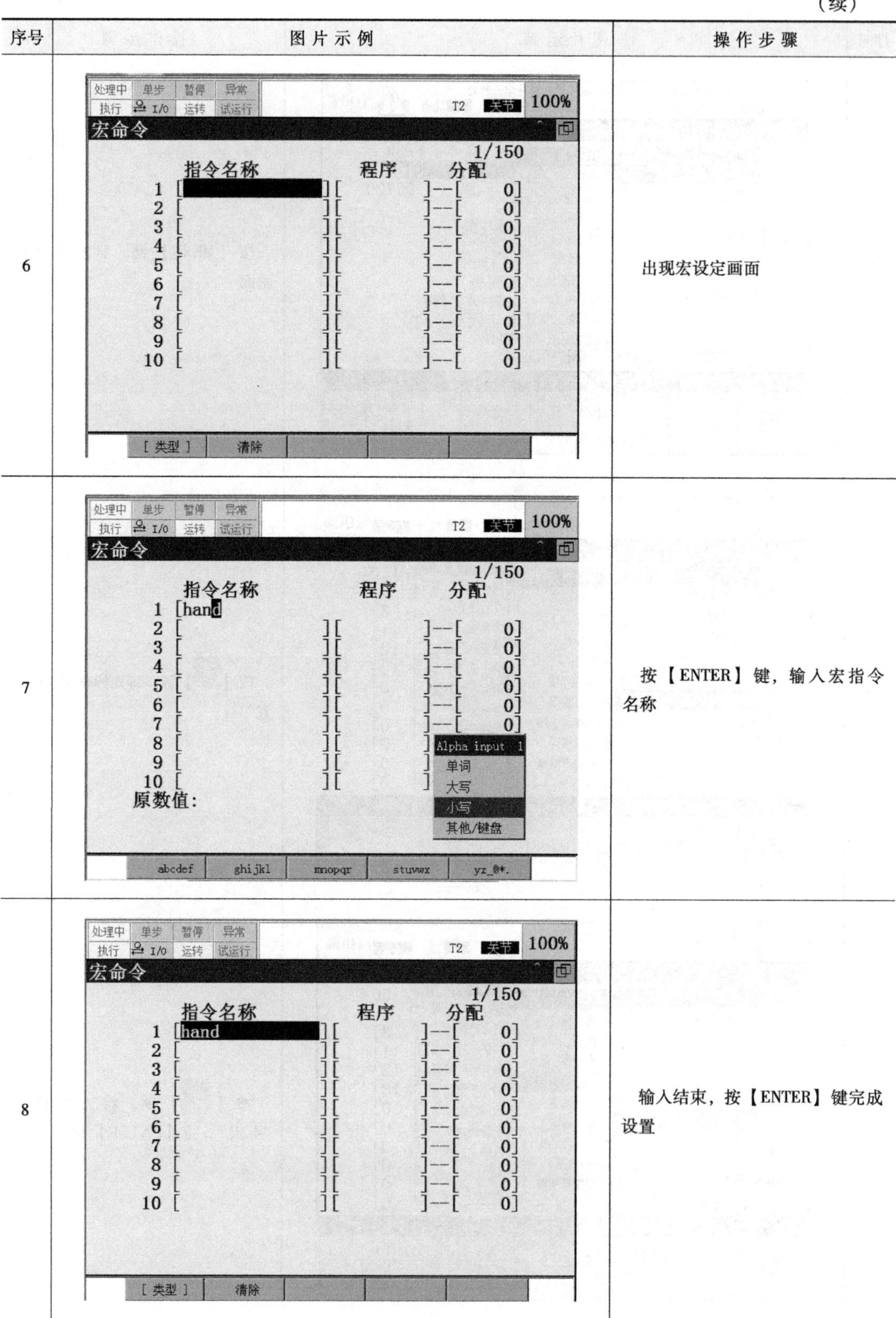

序号	图片示例	操作步骤
6		出现宏设定画面
7		按【ENTER】键，输入宏指令名称
8		输入结束，按【ENTER】键完成设置

（续）

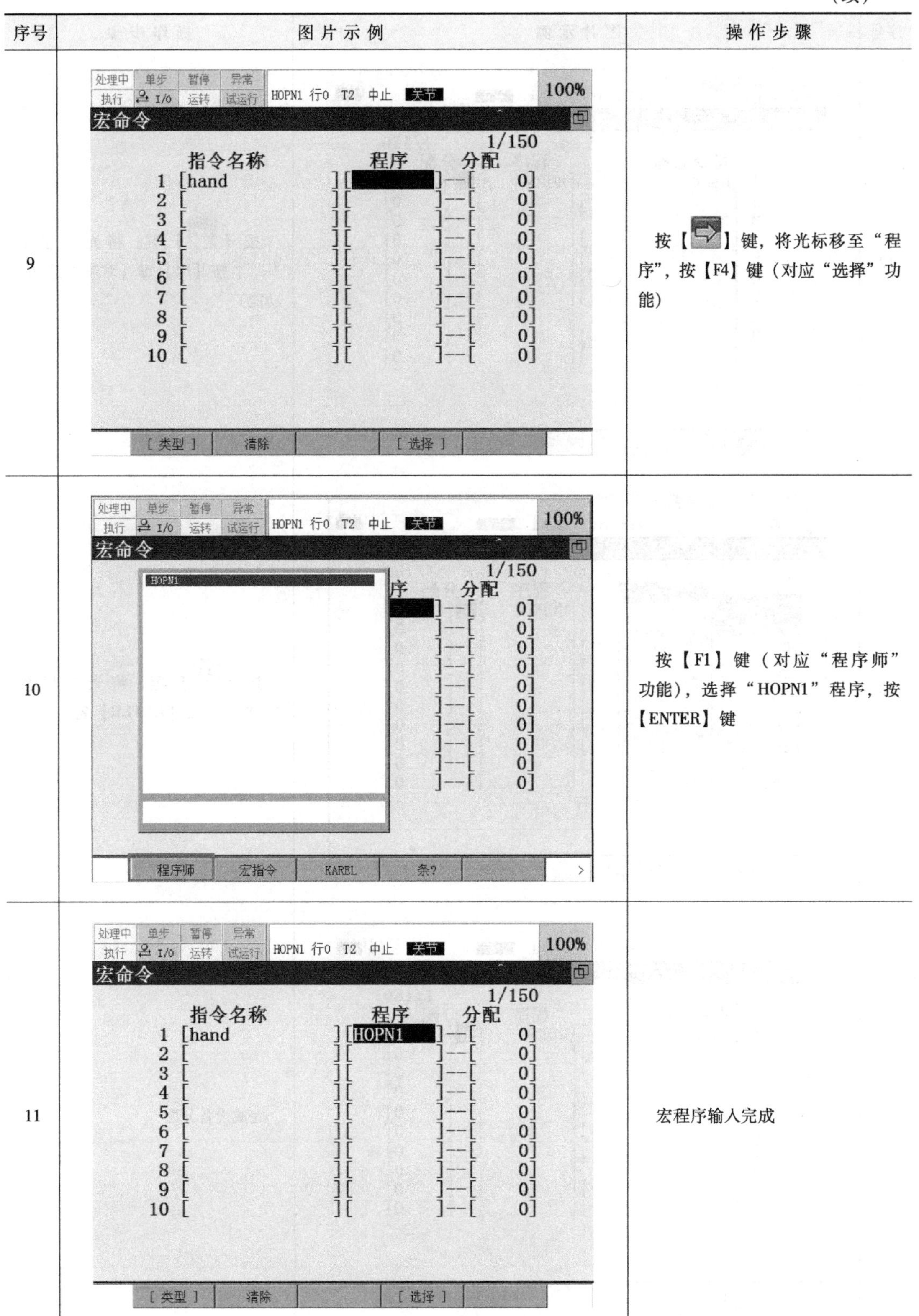

序号	图片示例	操作步骤
9		按【⇨】键，将光标移至“程序”，按【F4】键（对应“选择”功能）
10		按【F1】键（对应“程序师”功能），选择“HOPN1”程序，按【ENTER】键
11		宏程序输入完成

（续）

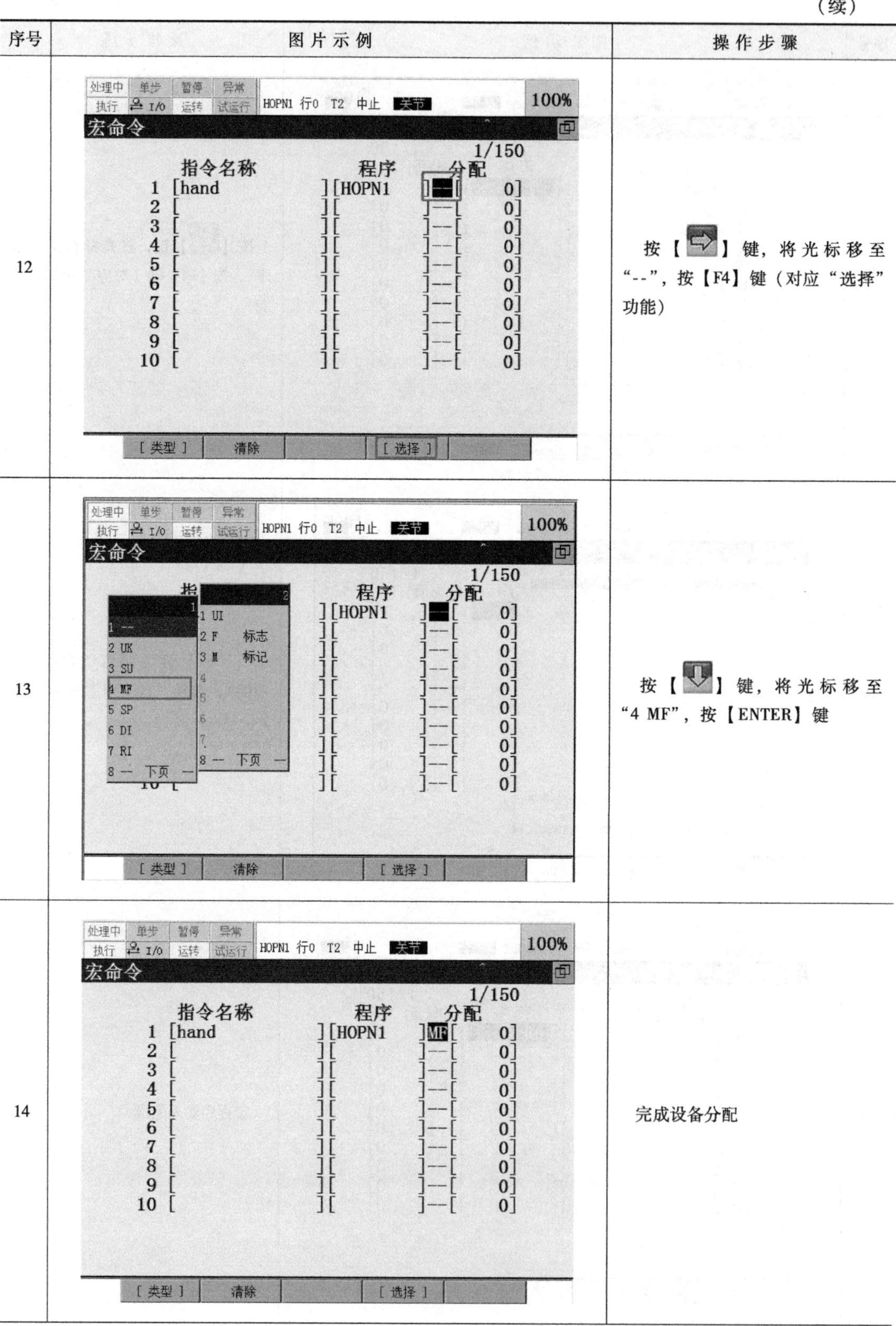

序号	图片示例	操作步骤
12	宏命令 1/150 指令名称 程序 分配 1 [hand][HOPN1]--[0]	按【→】键，将光标移至“--”，按【F4】键（对应“选择”功能）
13	宏命令 1 -- 2 UK 3 SU 4 MF 5 SP 6 DI 7 RI 8 -- 下页 --	按【↓】键，将光标移至“4 MF”，按【ENTER】键
14	宏命令 1/150 指令名称 程序 分配 1 [hand][HOPN1]MF[0]	完成设备分配

（续）

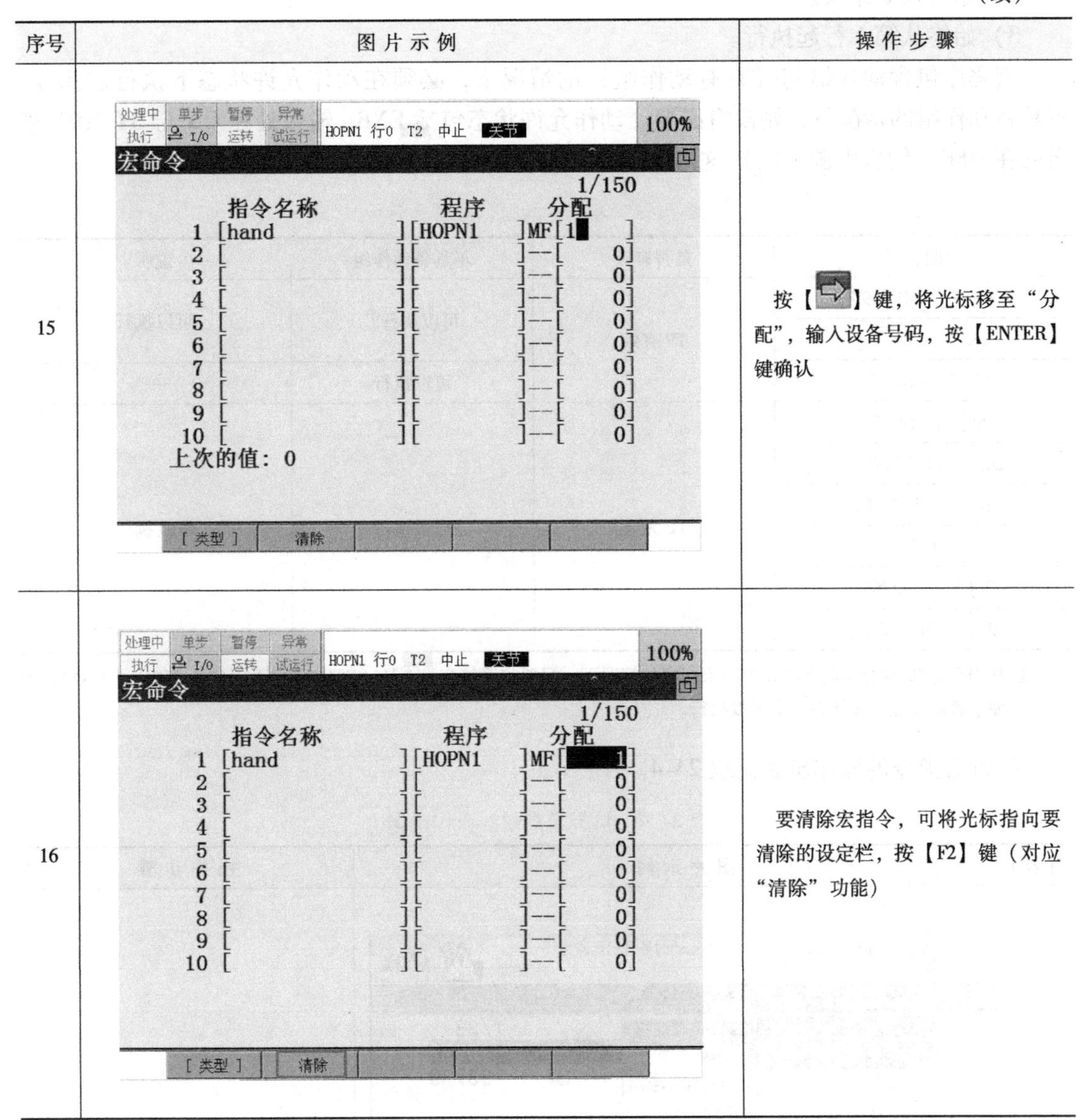

序号	图片示例	操作步骤
15		按【⇨】键，将光标移至“分配”，输入设备号码，按【ENTER】键确认
16		要清除宏指令，可将光标指向要清除的设定栏，按【F2】键（对应“清除”功能）

24.2.2 执行宏指令

可以通过以下方法来执行宏指令：

1）示教器的手动操作画面（同时按【SHIFT】键）。

2）示教器的用户键（不按【SHIFT】键）。

3）示教器的用户键（同时按【SHIFT】键）。

4）DI、RI、UI、F、M。

5）程序中的宏指令调用。

通过宏指令的启动，可以与执行通常的程序一样执行宏程序，但是受到以下制约：

1）单步运转方式不起作用（始终在连续运转方式下运转）。

2）始终强制结束。

3）始终从第1行起执行。

宏程序包含动作语句（具有动作组）的情况下，必须在动作允许状态下执行宏指令。不具备动作组的情况下，则没有必要。动作允许状态包括ENBL输入处在ON与SYSRDY输出处在OFF（伺服电源关闭）这两种状态。宏指令的执行允许条件见表24-3。

表24-3　宏指令的执行允许条件

分配装置	是否有效	不具备动作组	说明
MF[1]~MF[99]	TP有效	可以执行①	可以执行
UK[1]~UK[7]			
SU[1]~SU[7]		可以执行	—
SP[4]~SP[5]	TP无效	可以执行	可以执行
DI[1]~DI[32766]			
RI[1]~RI[32766]			
UI[7]			
F[1]~F[32766]			
M[1]~M[32766]			

①从MF或SU执行不具备动作组的宏指令的情况下，只要将系统变量$MACRTPDSBEXE设定为TRUE（有效），即便示教器处在无效状态下也可以执行。

执行宏指令的操作步骤见表24-4。

表24-4　执行宏指令的操作步骤

序号	图片示例	操作步骤
1	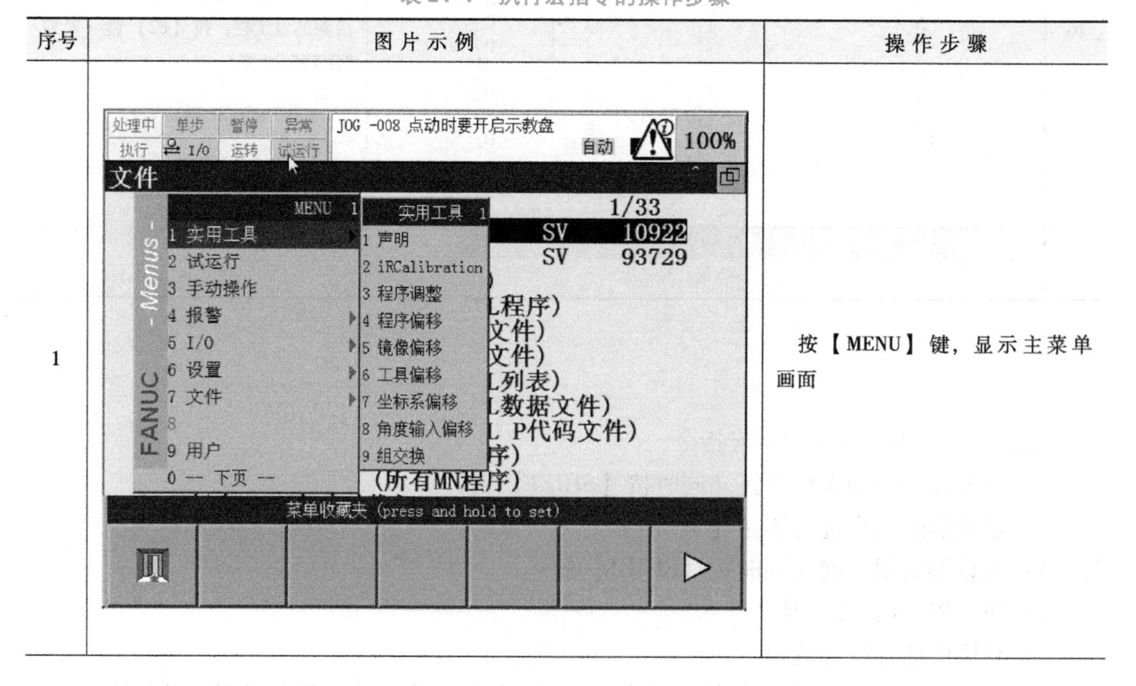	按【MENU】键，显示主菜单画面

（续）

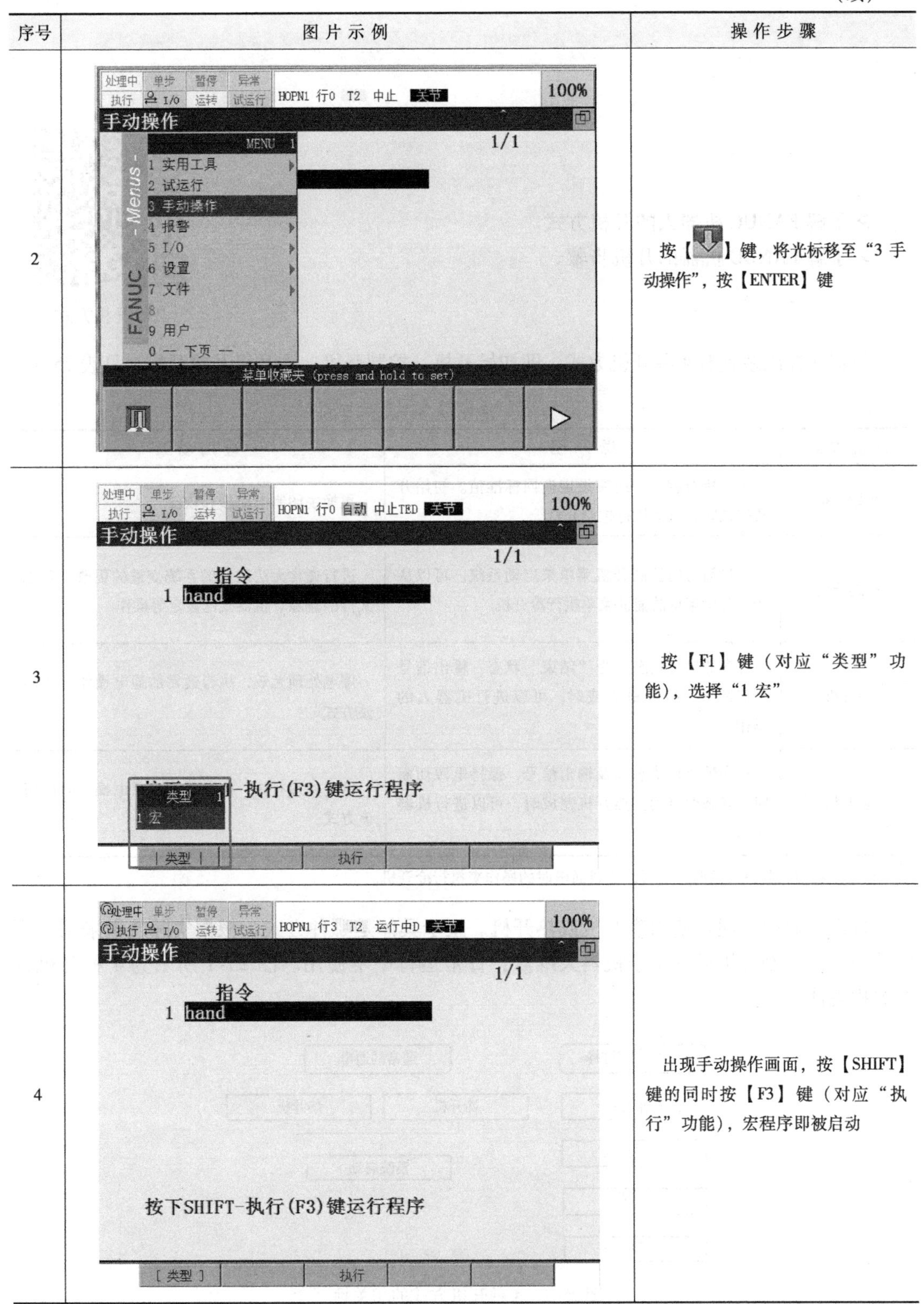

序号	图片示例	操作步骤
2		按【↓】键，将光标移至“3 手动操作”，按【ENTER】键
3		按【F1】键（对应“类型”功能），选择“1 宏”
4		出现手动操作画面，按【SHIFT】键的同时按【F3】键（对应“执行”功能），宏程序即被启动

开机方式

25. 开机方式

25.1 本节要点

➢ 了解 FANUC 机器人的开机方式。
➢ 了解 FANUC 机器的开机步骤。

25.2 要点解析

机器人控制装置有 4 种开机方式，即初始开机、控制开机、冷开机及热开机，见表 25-1。

表 25-1 FANUC 机器人开机方式

开机方式	说明	应用场景
初始开机	删除所有程序，所有设定返回标准值。初始开机完成时，自动执行控制开机	更换主印制电路板和软件
控制开机	通过简易的控制开机菜单来启动系统。可以从控制开机菜单的辅助菜单执行冷开机	进行通常无法改变的系统变量的更改、系统文件的删除、机器人的设定等操作
冷开机	程序的执行状态成为“结束”状态，输出信号全部断开。冷开机完成时，可以进行机器人的操作	停电处理无效，执行通常的通电操作时使用该方式①
热开机	程序的执行状态以及输出信号，保持电源切断时的状态而启动。热开机完成时，可以进行机器人的操作	停电处理有效，执行通常的通电操作时使用该方式

① 即使在停电处理有效时，也可以通过通电时的操作来执行冷开机。

日常作业中，通常使用冷开机或热开机。至于具体是哪种方式，根据实际效果采用。而初始开机和控制开机通常用于机器人维修，日常运行中不使用。图 25-1 所示为 4 种开机方式的相关性。

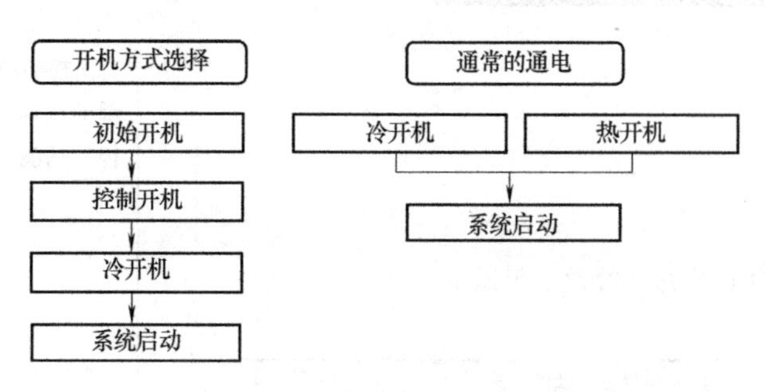

图 25-1 4 种开机方式的相关性

25.2.1 初始开机

执行初始开机时，程序、设定等所有数据都将丢失。此外，出厂时所设定的零点标定数据也将被清除。初始开机步骤见表25-2。

表25-2 初始开机步骤

序号	图片示例	操作步骤
1	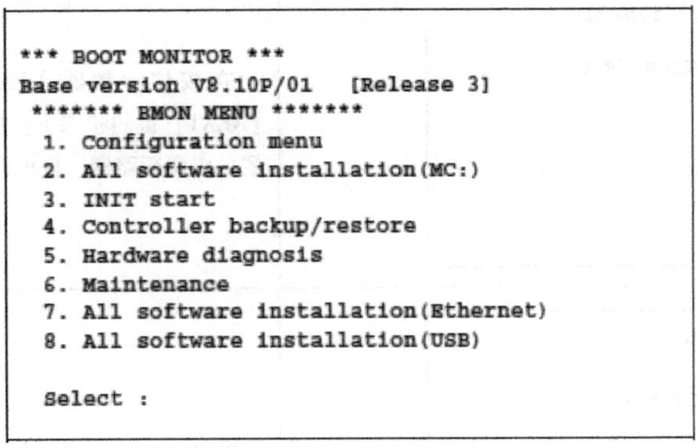 *** BOOT MONITOR *** Base version V8.10P/01 [Release 3] ******* BMON MENU ******* 1. Configuration menu 2. All software installation(MC:) 3. INIT start 4. Controller backup/restore 5. Hardware diagnosis 6. Maintenance 7. All software installation(Ethernet) 8. All software installation(USB) Select :	在按住示教器【F1】键和【F5】键的状态下，接通控制装置的电源断路器，出现引导监视器画面
2	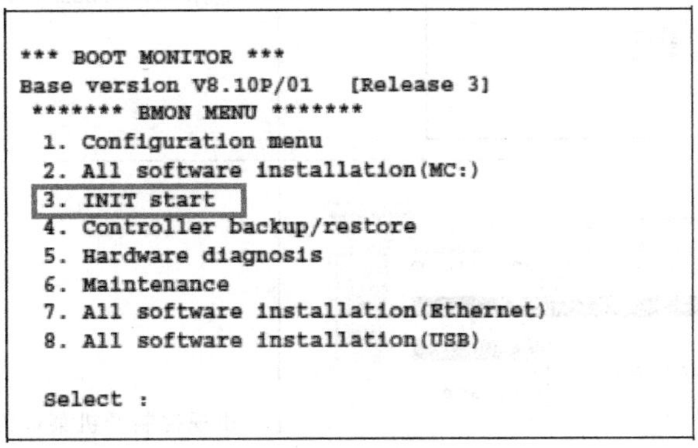 *** BOOT MONITOR *** Base version V8.10P/01 [Release 3] ******* BMON MENU ******* 1. Configuration menu 2. All software installation(MC:) 3. INIT start 4. Controller backup/restore 5. Hardware diagnosis 6. Maintenance 7. All software installation(Ethernet) 8. All software installation(USB) Select :	选择“3. INIT start”
3	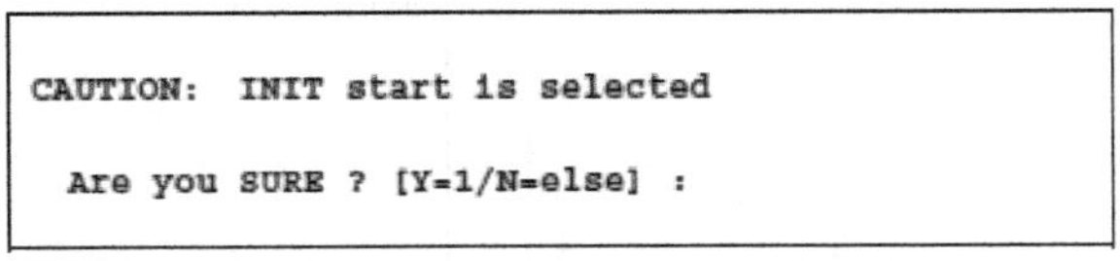 CAUTION: INIT start is selected Are you SURE ? [Y=1/N=else] :	要确认初始开机的启动情况时，输入“1”（YES）
4	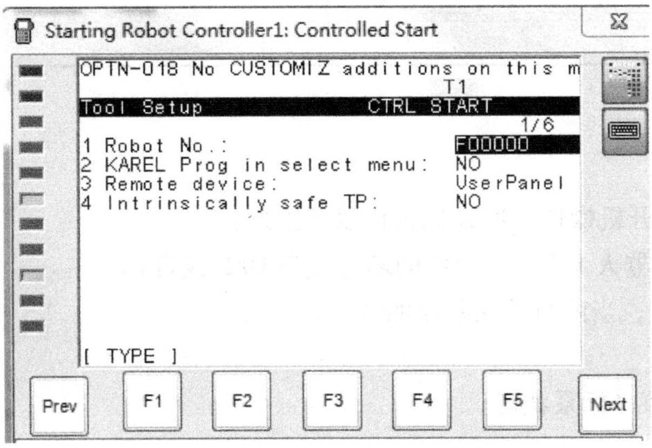 Starting Robot Controller1: Controlled Start OPTN-018 No CUSTOMIZ additions on this m T1 Tool Setup CTRL START 1/6 1 Robot No.: F00000 2 KAREL Prog in select menu: NO 3 Remote device: UserPanel 4 Intrinsically safe TP: NO [TYPE] Prev F1 F2 F3 F4 F5 Next	执行初始开机。初始开机完成时，自动执行控制开机，显示控制开机菜单

25.2.2 控制开机

控制开机步骤见表25-3。

表25-3 控制开机步骤

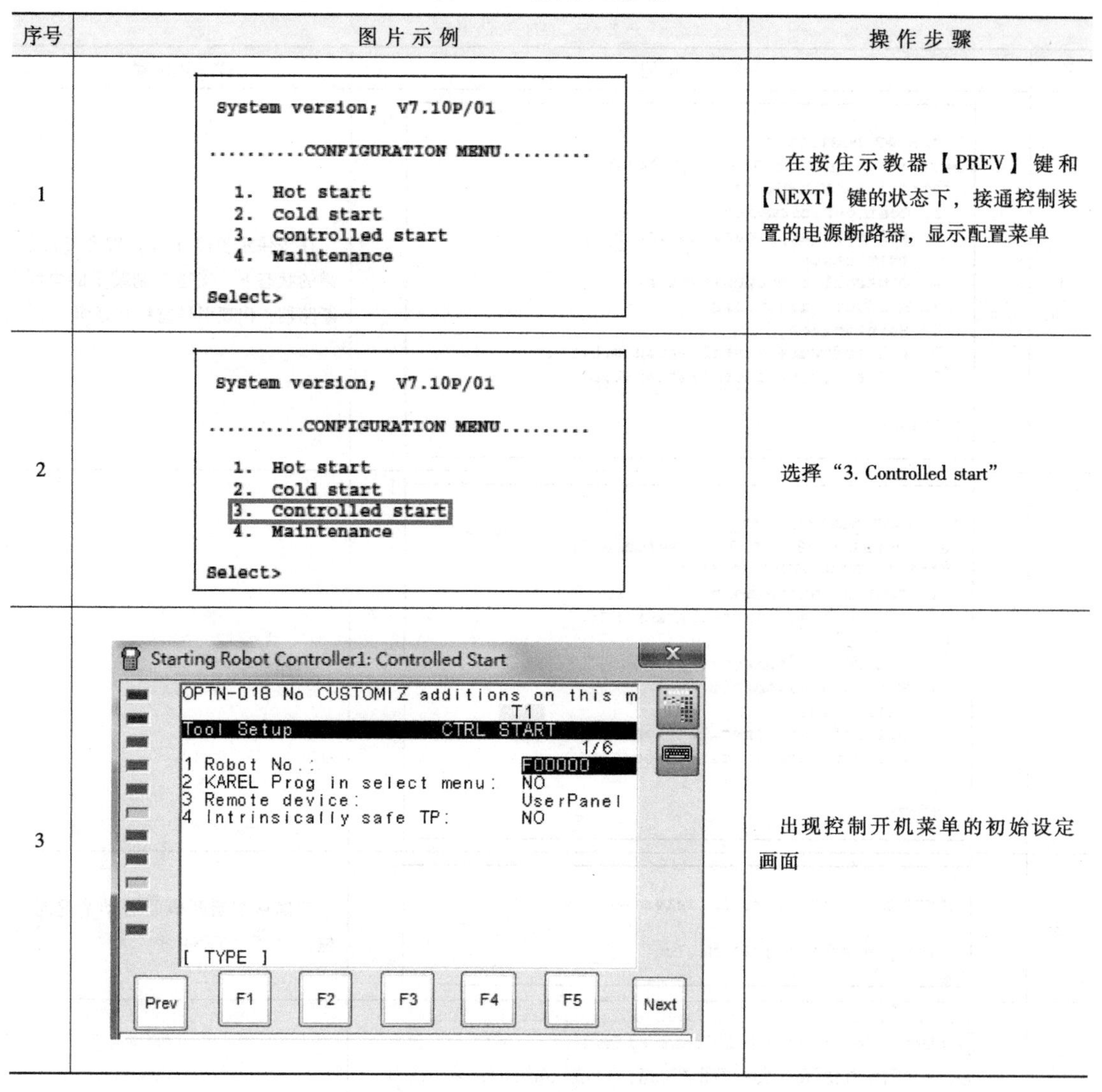

序号	图片示例	操作步骤
1	System version; V7.10P/01 ..........CONFIGURATION MENU......... 1. Hot start 2. Cold start 3. Controlled start 4. Maintenance Select>	在按住示教器【PREV】键和【NEXT】键的状态下，接通控制装置的电源断路器，显示配置菜单
2	System version; V7.10P/01 ..........CONFIGURATION MENU......... 1. Hot start 2. Cold start 3. Controlled start 4. Maintenance Select>	选择“3. Controlled start”
3	Starting Robot Controller1: Controlled Start OPTN-018 No CUSTOMIZ additions on this m T1 Tool Setup CTRL START 1/6 1 Robot No.: F00000 2 KAREL Prog in select menu: NO 3 Remote device: UserPanel 4 Intrinsically safe TP: NO [TYPE] Prev F1 F2 F3 F4 F5 Next	出现控制开机菜单的初始设定画面

25.2.3 冷开机

要操作机器人，需要执行冷开机操作，冷开机执行以下处理：

1）数字I/O、模拟I/O、机器人I/O、组I/O的输出成为OFF或者0。

2）程序的执行状态“结束”，当前行返回程序的开头。

3）速度倍率返回初始值。

4）手动进给坐标系成为关节坐标系状态。

5）机床锁住被解除。

停电处理有效时，冷开机详细步骤见表25-4。

表25-4 冷开机详细步骤

序号	图片示例	操作步骤
1	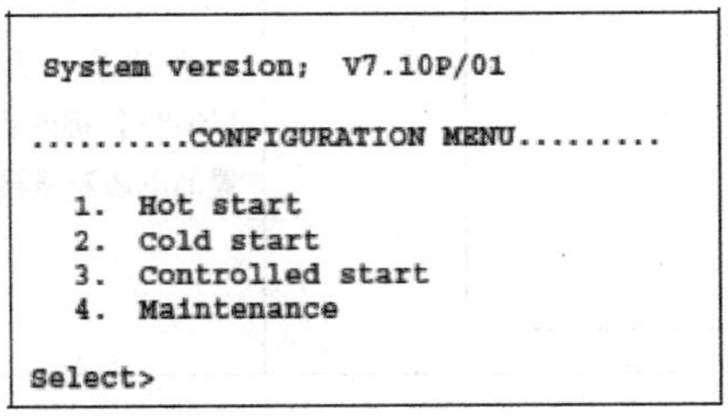 System version; V7.10P/01 ..........CONFIGURATION MENU......... 1. Hot start 2. Cold start 3. Controlled start 4. Maintenance Select>	在按住示教器【PREV】键和【NEXT】键的状态下，接通控制装置的电源断路器，显示配置菜单
2	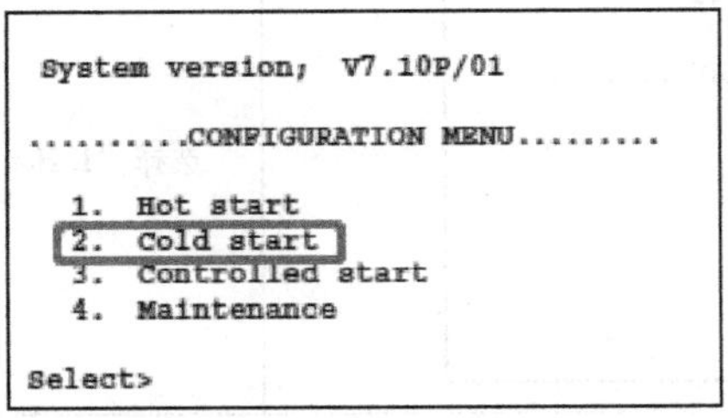 System version; V7.10P/01 ..........CONFIGURATION MENU......... 1. Hot start 2. Cold start 3. Controlled start 4. Maintenance Select>	选择“2. Cold start”
3	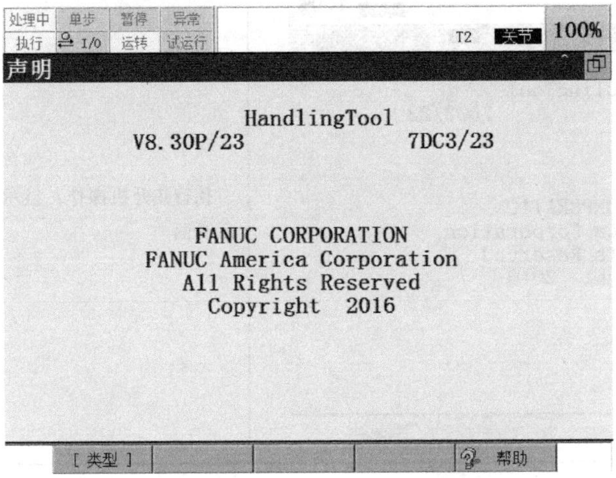 处理中 单步 暂停 异常 执行 I/O 运转 试运行 T2 关节 100% 声明 HandlingTool V8.30P/23 7DC3/23 FANUC CORPORATION FANUC America Corporation All Rights Reserved Copyright 2016 [类型] 帮助	执行冷开机操作，显示如左图所示画面

25.2.4 热开机

热开机执行以下处理：

1）数字I/O、模拟I/O、机器人I/O、组I/O的输出成为与电源切断时相同的状态。

2）程序的执行状态成为与电源切断时相同的状态。电源切断时程序正在执行的情况下，进入“暂停”状态。

3）速度倍率、手动进给坐标系、机床锁住成为与电源切断时相同的状态。

停电处理有效，接通控制装置的电源断路器。执行热开机操作，显示电源切断时显示的画面。热开机详细步骤见表25-5。

表 25-5　热开机详细步骤

序号	图片示例	操作步骤
1	System version;　V7.10P/01 ..........CONFIGURATION MENU......... 1.　Hot start 2.　Cold start 3.　Controlled start 4.　Maintenance Select>	在按住示教器【PREV】键和【NEXT】键的状态下，接通控制装置的电源断路器，显示配置菜单
2	System version;　V7.10P/01 ..........CONFIGURATION MENU......... 1.　Hot start 2.　Cold start 3.　Controlled start 4.　Maintenance Select>	选择“1. Hot start”
3	处理中 单步 暂停 异常 执行 I/O 运转 试运行 T2 关节 100% 声明 HandlingTool V8.30P/23　7DC3/23 FANUC CORPORATION FANUC America Corporation All Rights Reserved Copyright　2016 [类型]　帮助	执行热开机操作，显示如左图所示画面

负载设定

26.1　本节要点

- 了解负载设定的含义。
- 了解负载设定的操作步骤。

26. 负载设定

26.2　要点解析

负载设定是指对安装在机器人上的负载进行相关信息（如重量、重心位置等）的设定。通过适当设定负载信息，机器人会有以下效果：

➢ 动作性能提高，如振动减小、周期改善等。

➢ 更加有效地发挥与动力学相关的功能，如碰撞检测功能、重力补偿功能等。

负载信息的设定在动作性能画面上进行，如图 26-1 所示，其相关说明见表 26-1。使用该画面可以设定 10 种负载信息。可以预先设定多个负载信息，只要切换负载设定编号就可变更到对应的负载。

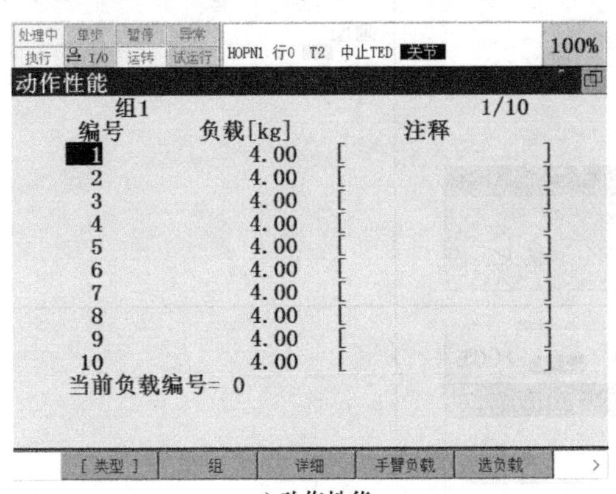

a) 动作性能

b) 动作性能/负载设定

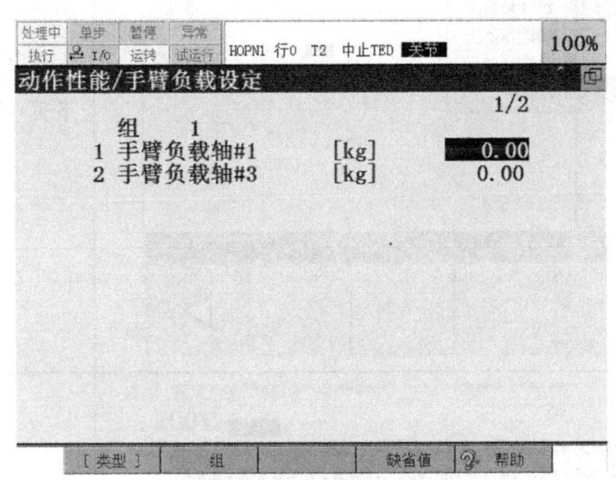

c) 动作性能/手臂负载设定

图 26-1　动作性能画面

表 26-1　动作性能画面说明

画面名称	内　容
动作性能（一览画面）	显示负载设定的一览信息（No. 1 ~ 10）；实际使用的负载设定编号的确认、切换，也可以在此画面上进行
动作性能/负载设定	负载信息的详细设定画面；可以进行负载的重量、中心位置、惯量的显示设定；针对每个负载设定编号进行设置
动作性能/手臂负载设定	用来设定机器人上设置的设备重量的画面；可以对 J1 手臂（即 J2 机座部）和 J3 手臂上的负载重量进行设定

负载设定的操作步骤见表26-2。

表26-2　负载设定的操作步骤

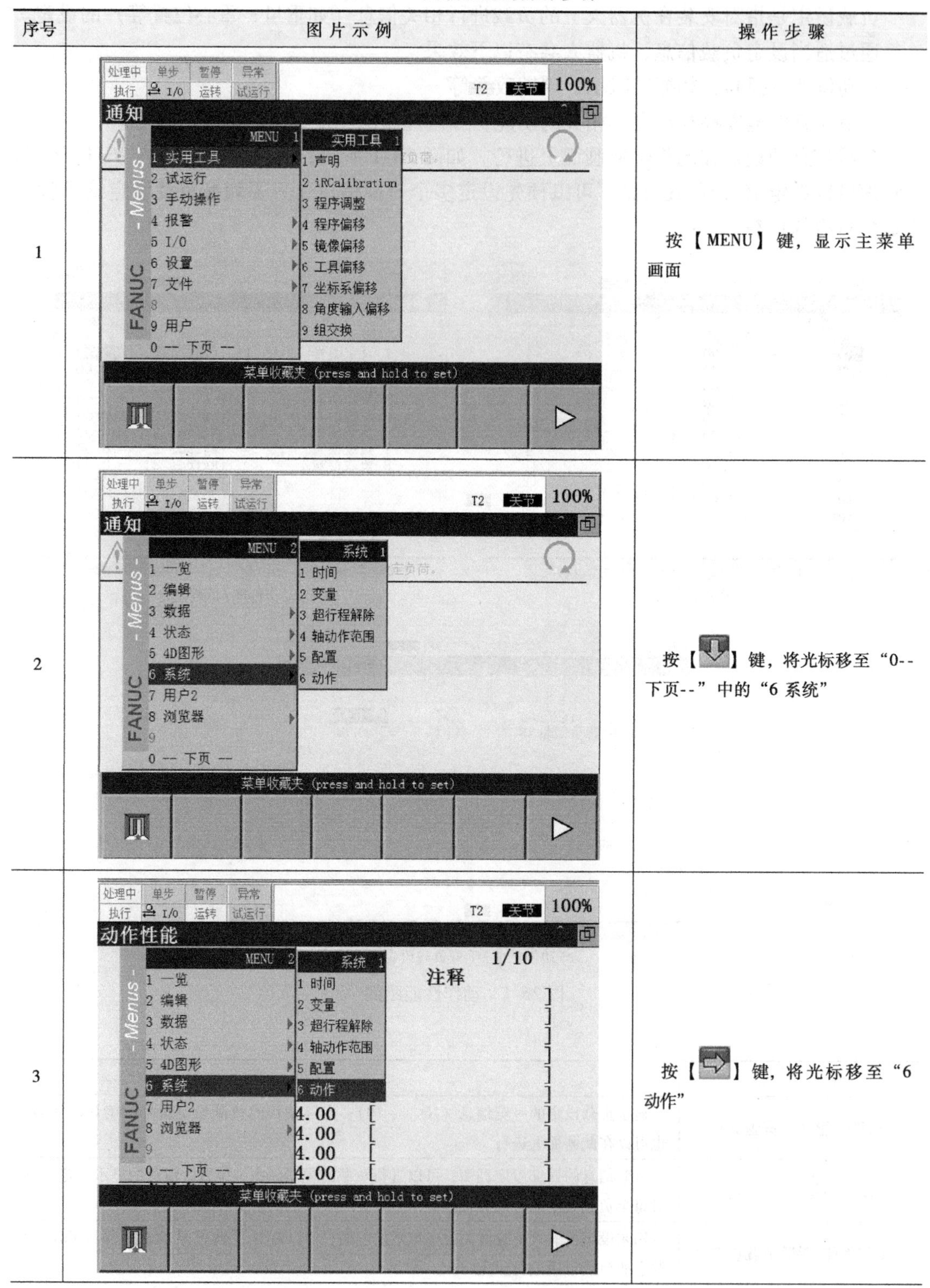

序号	图片示例	操作步骤
1		按【MENU】键，显示主菜单画面
2		按【 】键，将光标移至“0--下页--”中的“6 系统”
3		按【 】键，将光标移至“6 动作”

（续）

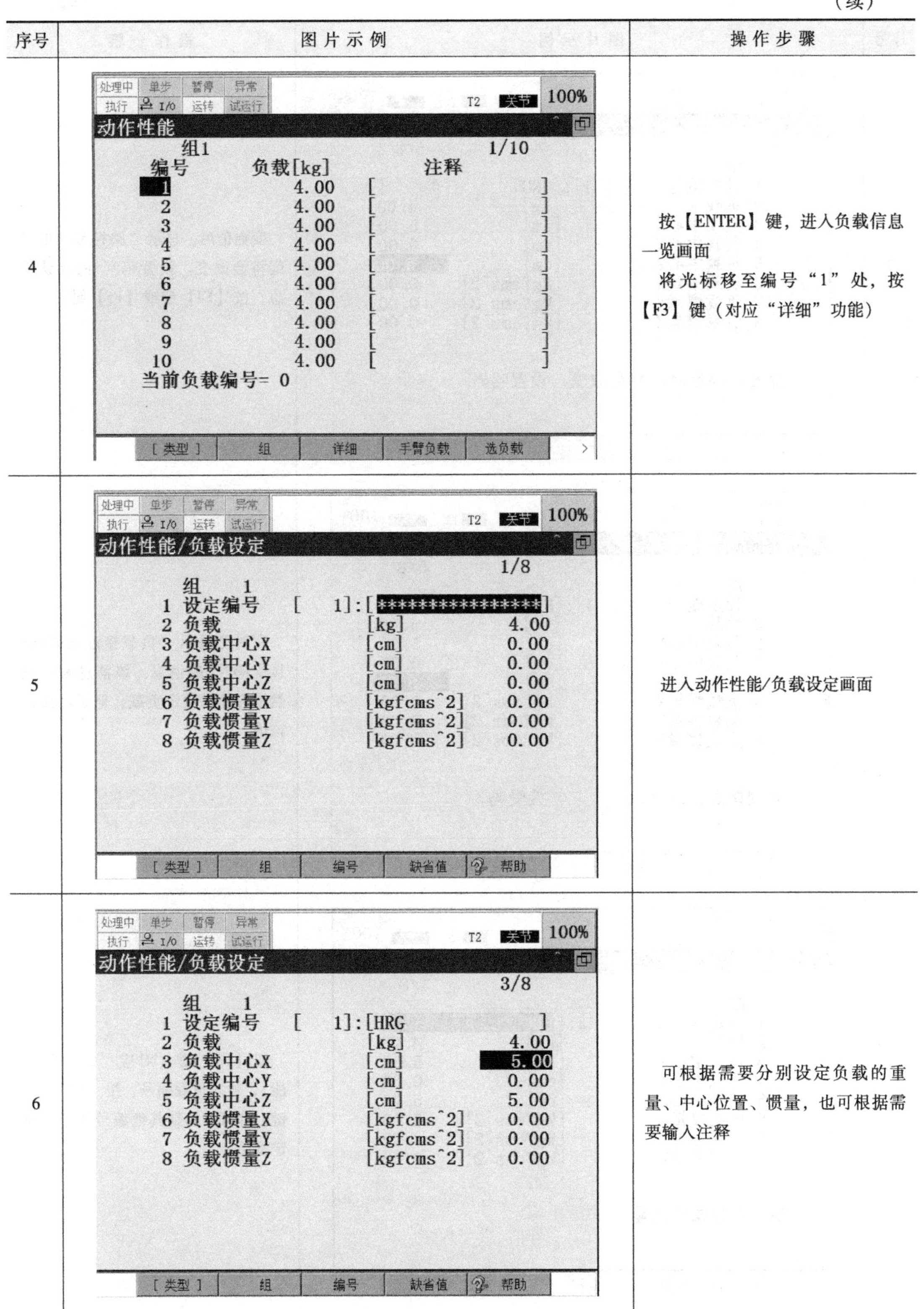

序号	图片示例	操作步骤
4		按【ENTER】键，进入负载信息一览画面 将光标移至编号“1”处，按【F3】键（对应“详细”功能）
5		进入动作性能/负载设定画面
6		可根据需要分别设定负载的重量、中心位置、惯量，也可根据需要输入注释

（续）

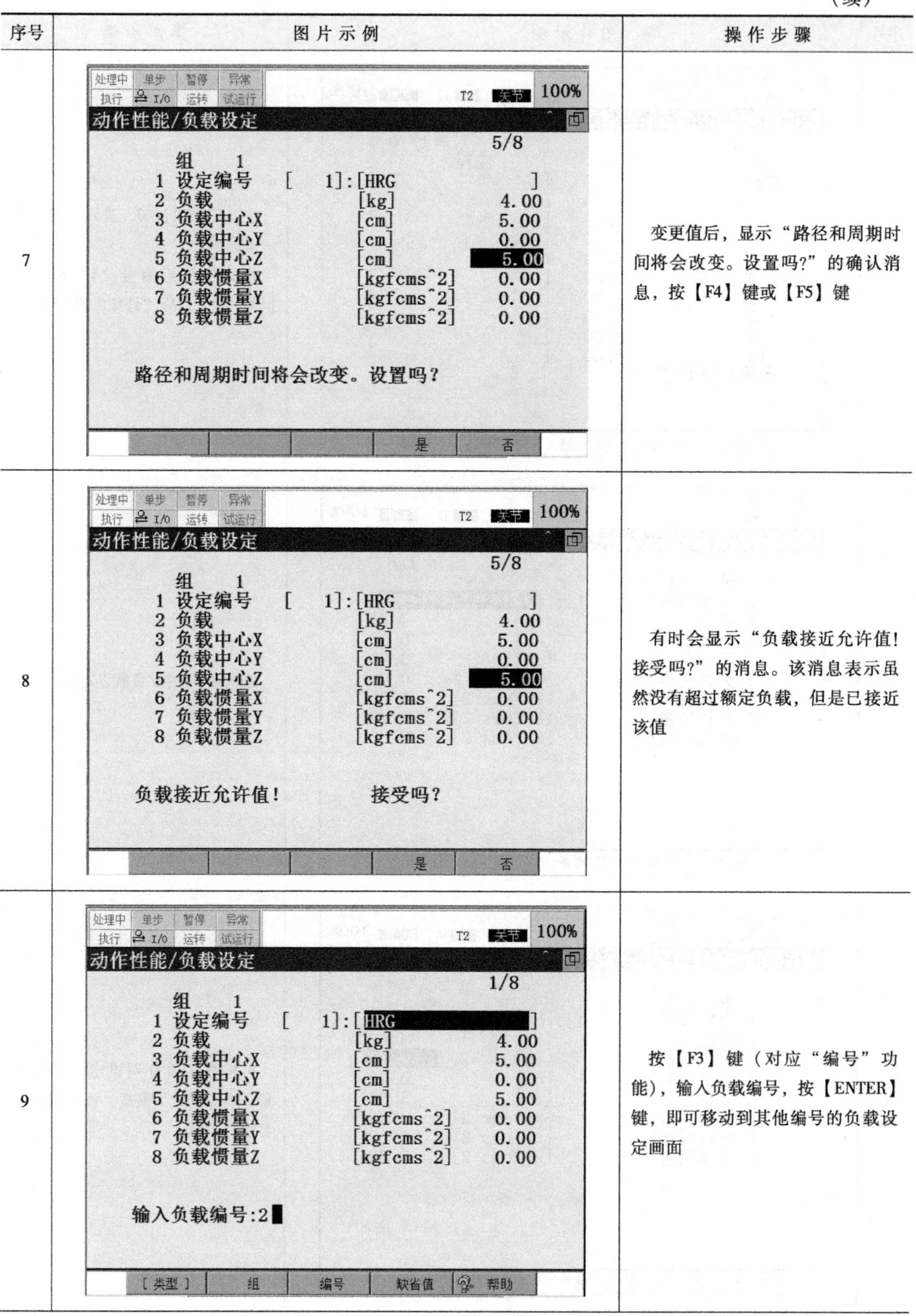

序号	图片示例	操作步骤
7	处理中 单步 暂停 异常 执行 I/O 运转 试运行 T2 关节 100% 动作性能/负载设定 5/8 组 1 1 设定编号 [1]:[HRG] 2 负载 [kg] 4.00 3 负载中心X [cm] 5.00 4 负载中心Y [cm] 0.00 5 负载中心Z [cm] 5.00 6 负载惯量X [kgfcms^2] 0.00 7 负载惯量Y [kgfcms^2] 0.00 8 负载惯量Z [kgfcms^2] 0.00 路径和周期时间将会改变。设置吗？ 是 否	变更值后，显示“路径和周期时间将会改变。设置吗?”的确认消息，按【F4】键或【F5】键
8	处理中 单步 暂停 异常 执行 I/O 运转 试运行 T2 关节 100% 动作性能/负载设定 5/8 组 1 1 设定编号 [1]:[HRG] 2 负载 [kg] 4.00 3 负载中心X [cm] 5.00 4 负载中心Y [cm] 0.00 5 负载中心Z [cm] 5.00 6 负载惯量X [kgfcms^2] 0.00 7 负载惯量Y [kgfcms^2] 0.00 8 负载惯量Z [kgfcms^2] 0.00 负载接近允许值！ 接受吗？ 是 否	有时会显示“负载接近允许值！接受吗?”的消息。该消息表示虽然没有超过额定负载，但是已接近该值
9	处理中 单步 暂停 异常 执行 I/O 运转 试运行 T2 关节 100% 动作性能/负载设定 1/8 组 1 1 设定编号 [1]:[HRG] 2 负载 [kg] 4.00 3 负载中心X [cm] 5.00 4 负载中心Y [cm] 0.00 5 负载中心Z [cm] 5.00 6 负载惯量X [kgfcms^2] 0.00 7 负载惯量Y [kgfcms^2] 0.00 8 负载惯量Z [kgfcms^2] 0.00 输入负载编号:2 [类型] 组 编号 缺省值 帮助	按【F3】键（对应“编号”功能），输入负载编号，按【ENTER】键，即可移动到其他编号的负载设定画面

（续）

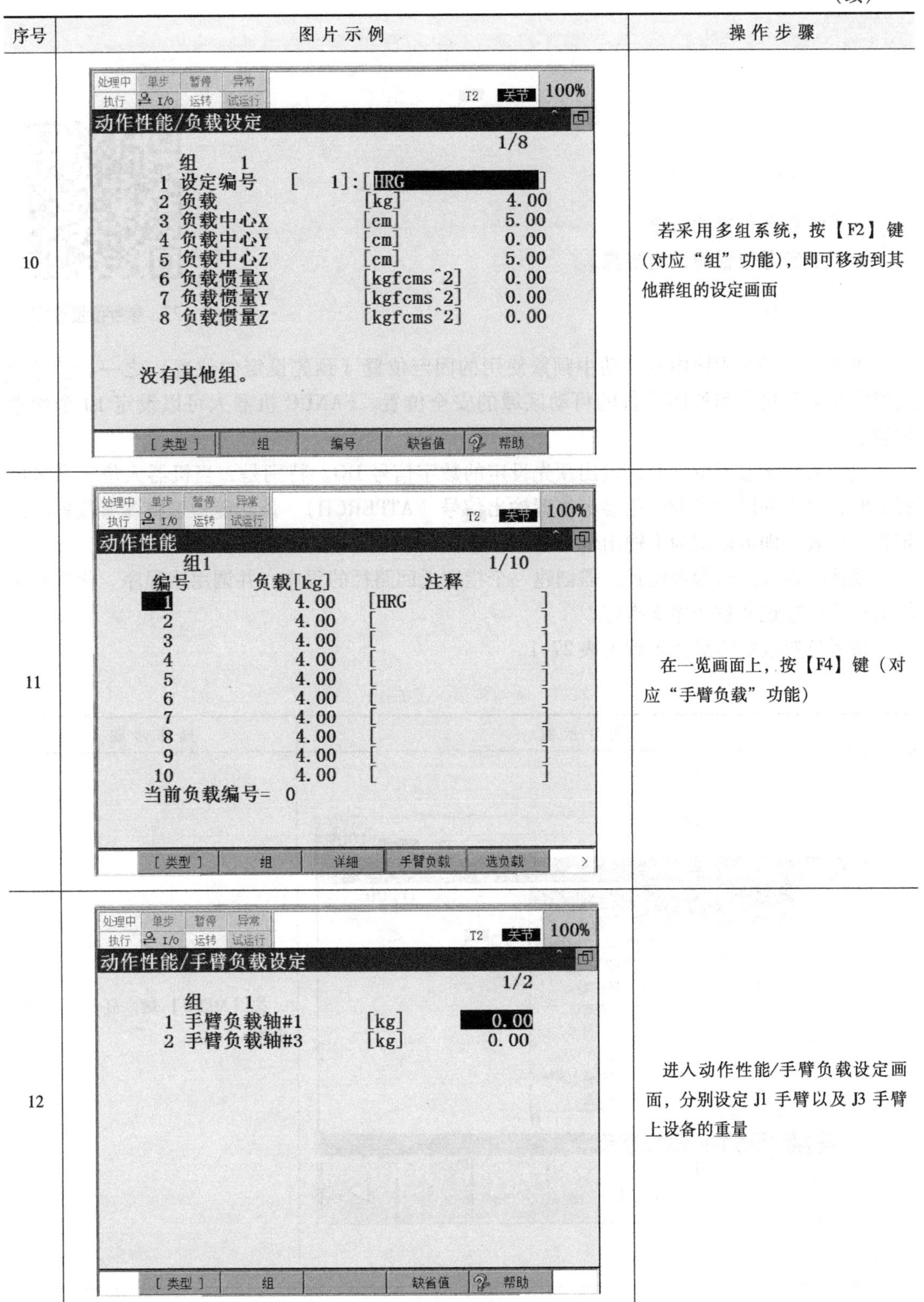

序号	图片示例	操作步骤
10		若采用多组系统，按【F2】键（对应“组”功能），即可移动到其他群组的设定画面
11		在一览画面上，按【F4】键（对应“手臂负载”功能）
12		进入动作性能/手臂负载设定画面，分别设定J1手臂以及J3手臂上设备的重量

知识点27 参考位置设定

27. 参考位置设定

27.1 本节要点

➢ 了解参考位置的概念。
➢ 了解参考位置的设定步骤。

27.2 要点解析

参考位置是在程序中或点动中频繁使用的固定位置（预先设定的位置）之一。参考位置通常是离开机床和外围设备的可动区域的安全位置。FANUC 机器人可以设定 10 个参考位置。

机器人位于参考位置时，输出预先设定的数字信号 DO。特别是，当机器人位于参考位置 1 时，输出外围设备 I/O 的参考位置输出信号（ATPERCH）。该功能通过将参考位置的设定置于无效，即可设定为不输出信号。

要使机器人返回参考位置，需创建一个指定返回路径的程序，并调用该程序。此时有关轴的返回顺序也通过程序来指定。

参考位置设定的操作步骤见表 27-1。

表 27-1 参考位置设定的操作步骤

序号	图片示例	操作步骤
1	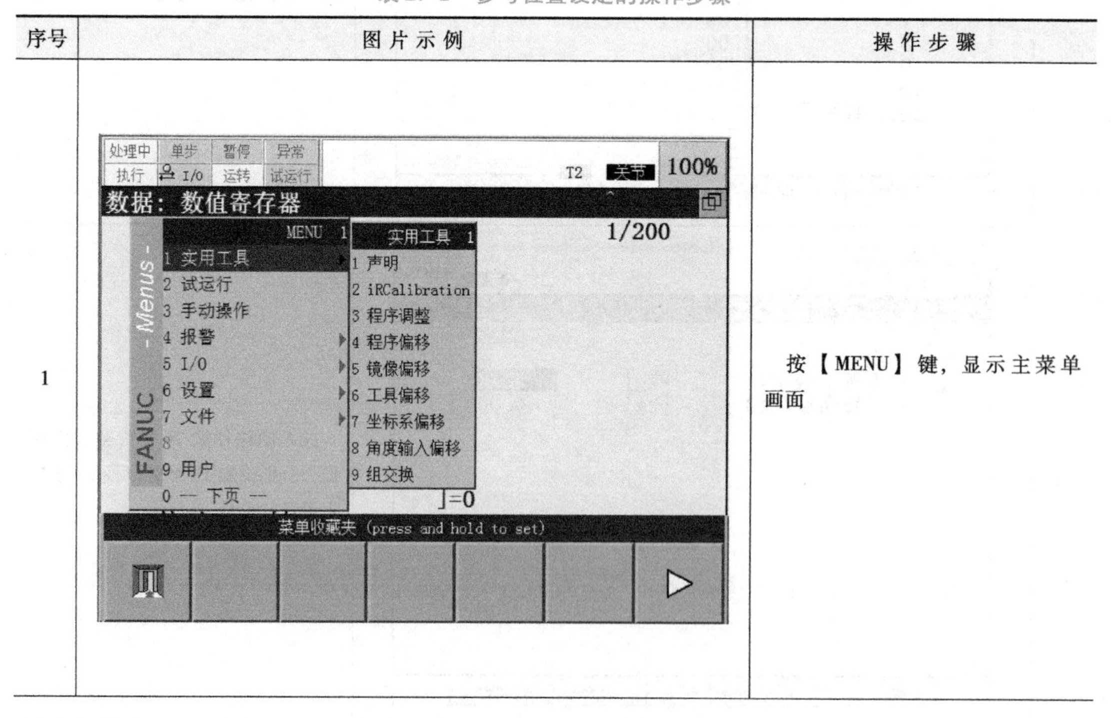	按【MENU】键，显示主菜单画面

（续）

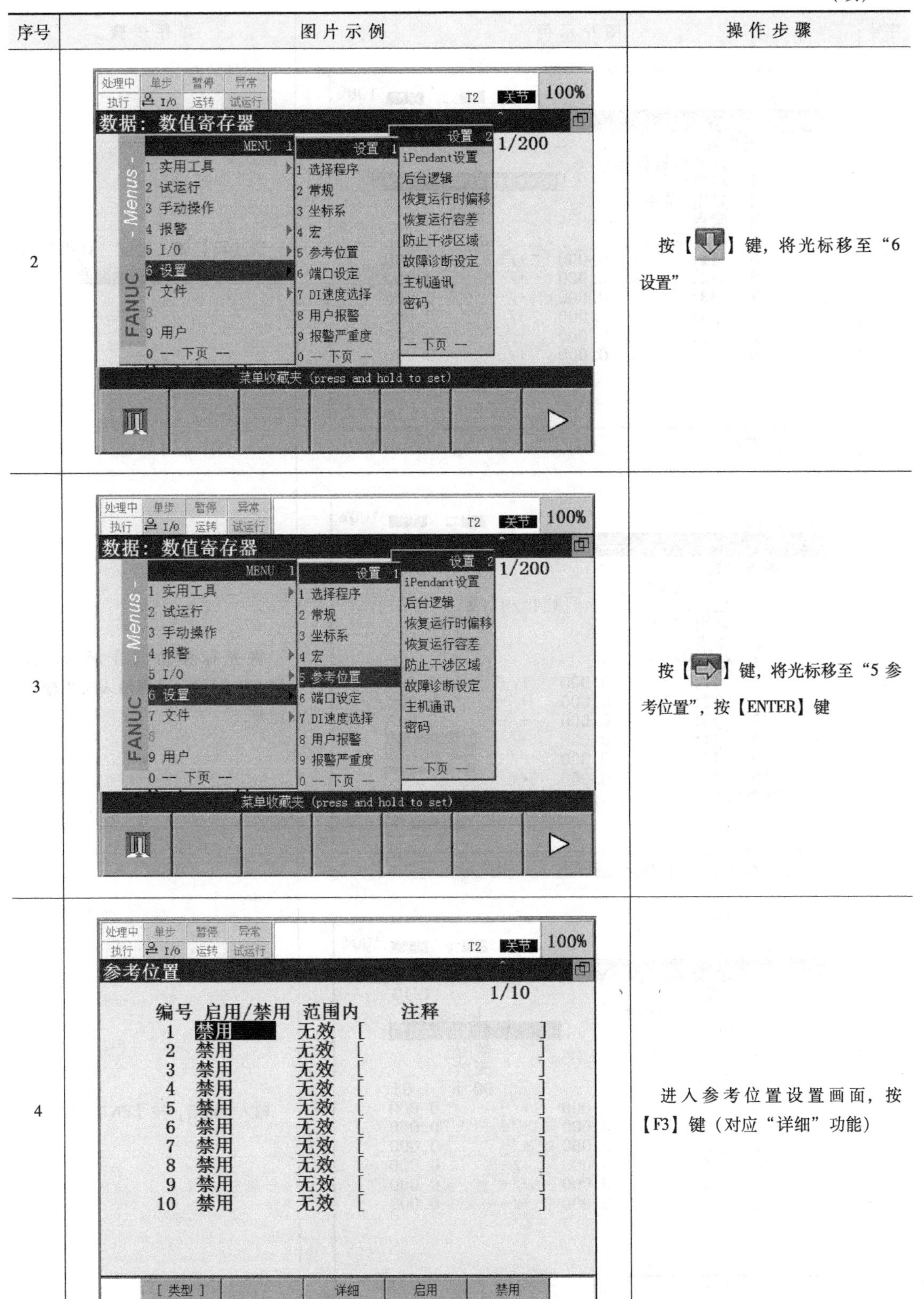

序号	图片示例	操作步骤
2		按【↓】键，将光标移至“6 设置”
3		按【⇨】键，将光标移至“5 参考位置”，按【ENTER】键
4		进入参考位置设置画面，按【F3】键（对应“详细”功能）

（续）

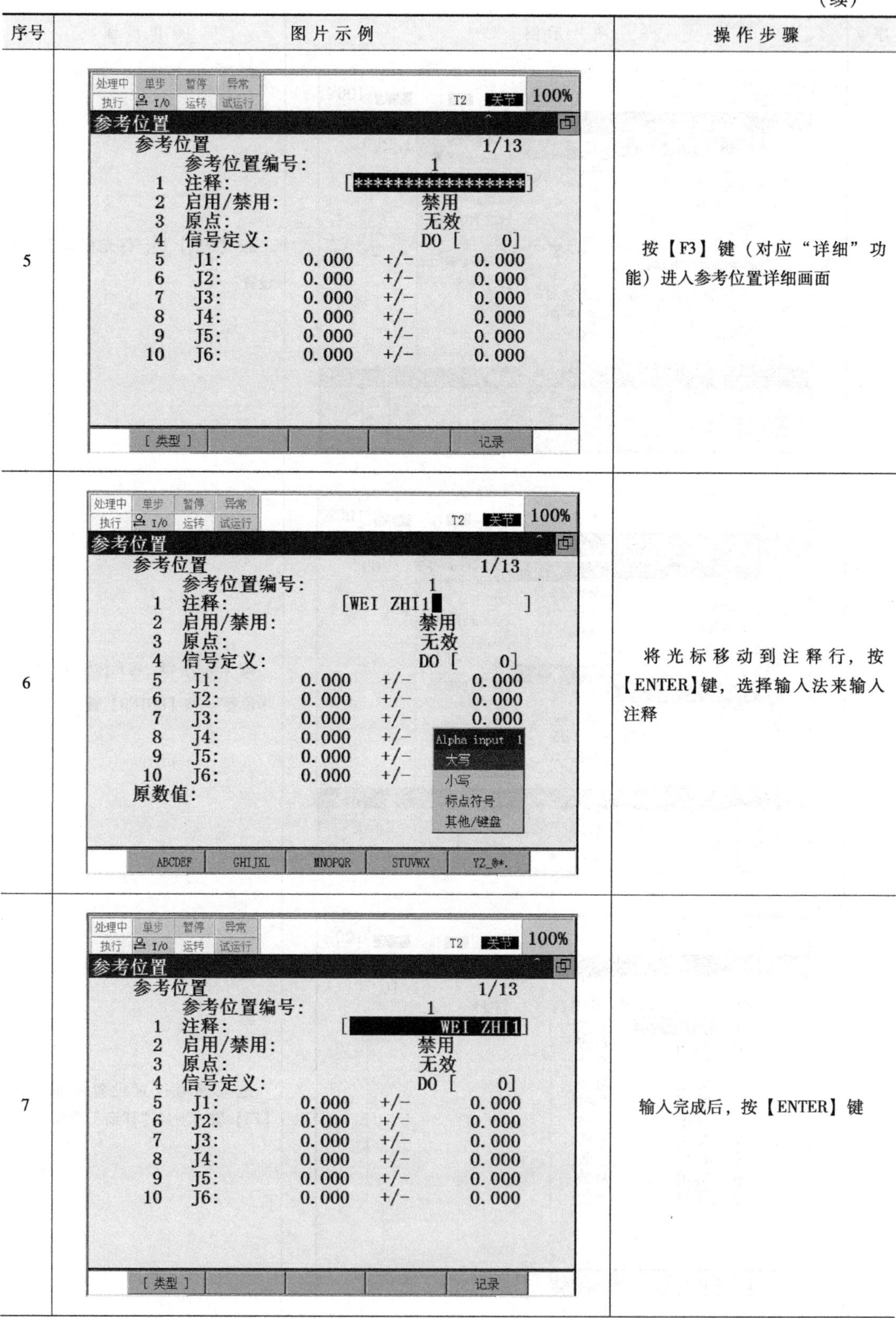

序号	图片示例	操作步骤
5		按【F3】键（对应“详细”功能）进入参考位置详细画面
6		将光标移动到注释行，按【ENTER】键，选择输入法来输入注释
7		输入完成后，按【ENTER】键

（续）

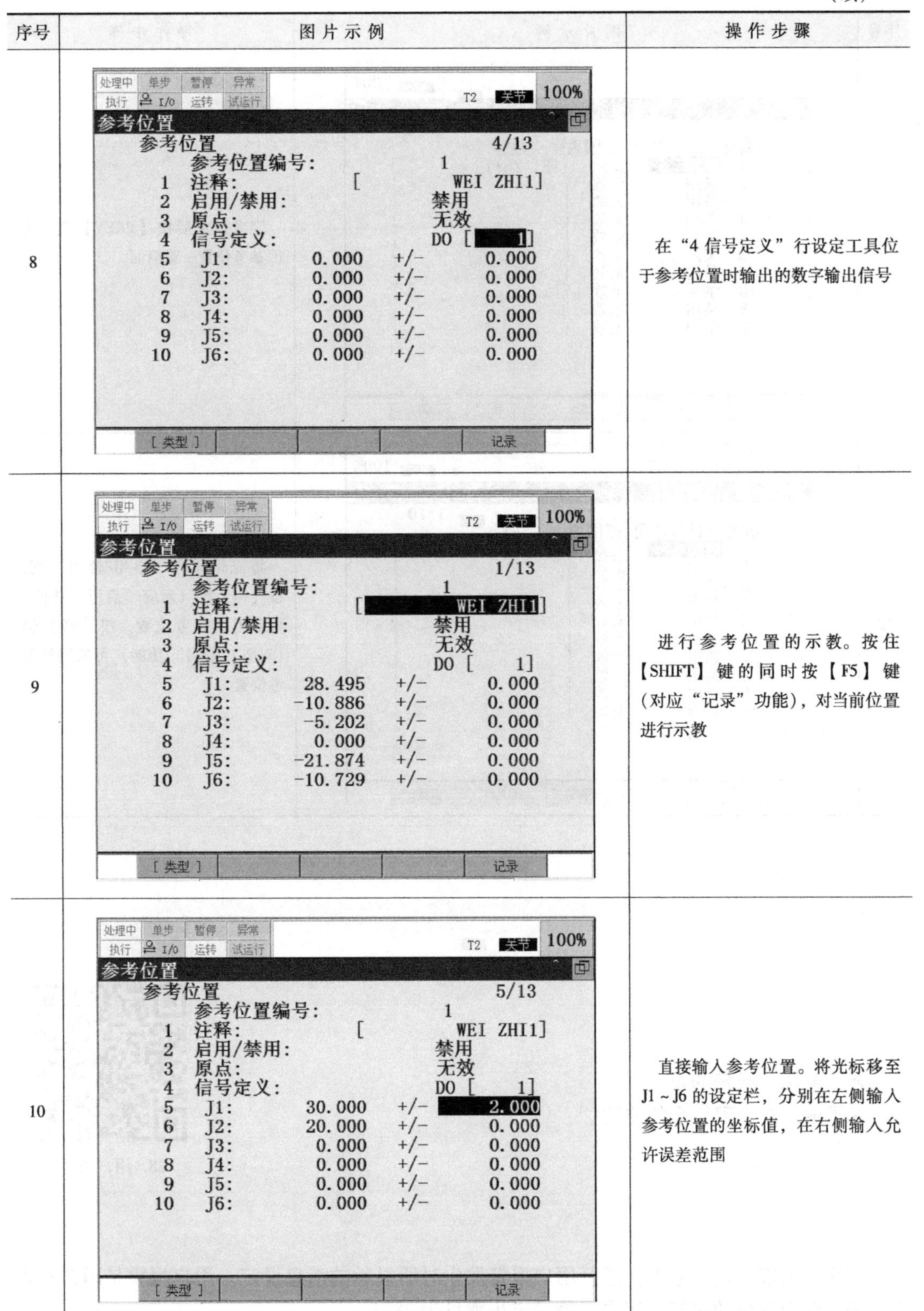

序号	图片示例	操作步骤
8		在“4 信号定义”行设定工具位于参考位置时输出的数字输出信号
9		进行参考位置的示教。按住【SHIFT】键的同时按【F5】键（对应“记录”功能），对当前位置进行示教
10		直接输入参考位置。将光标移至J1～J6的设定栏，分别在左侧输入参考位置的坐标值，在右侧输入允许误差范围

（续）

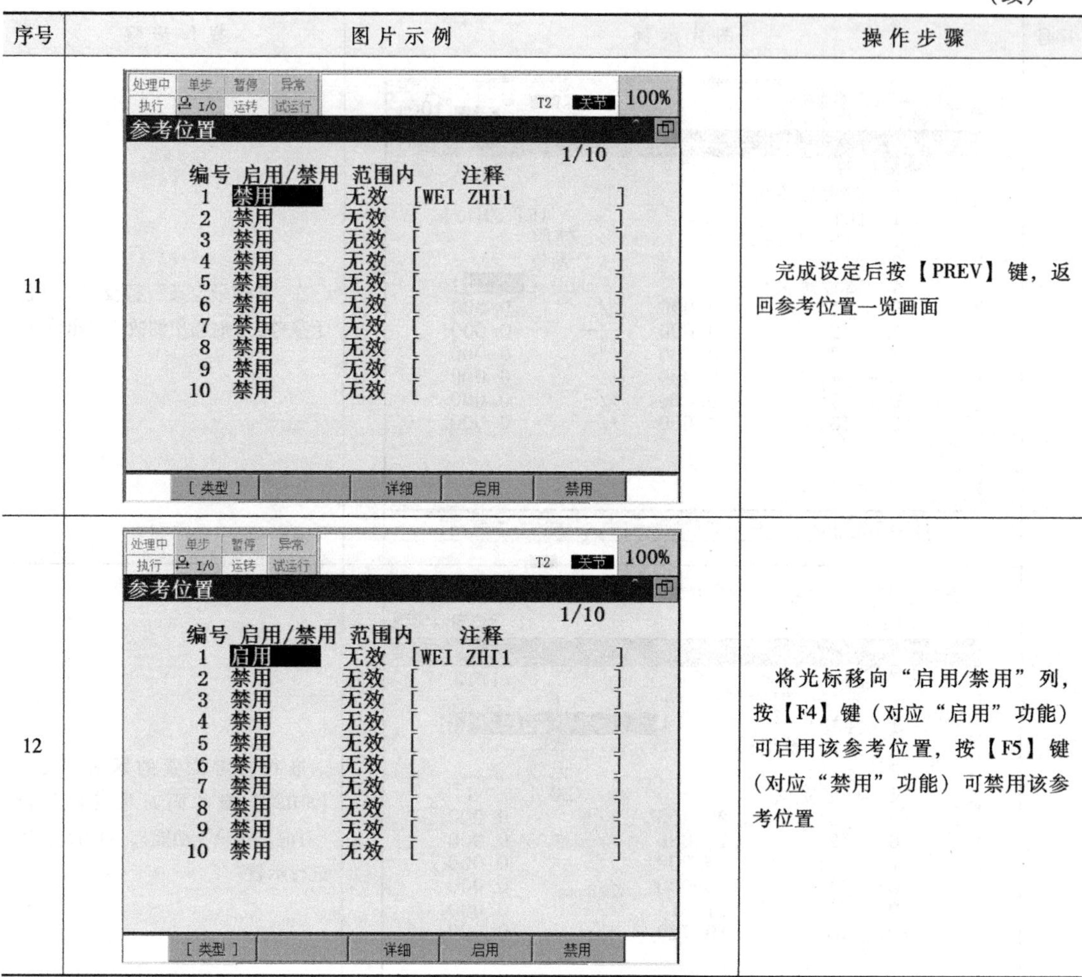

序号	图片示例	操作步骤
11		完成设定后按【PREV】键，返回参考位置一览画面
12		将光标移向“启用/禁用”列，按【F4】键（对应“启用”功能）可启用该参考位置，按【F5】键（对应“禁用”功能）可禁用该参考位置

用户报警

28. 用户报警

28.1 本节要点

- 了解用户报警的设定。
- 了解用户报警指令的使用。

28.2 要点解析

28.2.1 用户报警设定

在用户报警设定画面上，进行用户报警发生时所显示的消息设定。用户报警是因执行用户报警指令而发生的报警。用户报警设定步骤见表28-1。

（续）

表 28-1　用户报警设定步骤

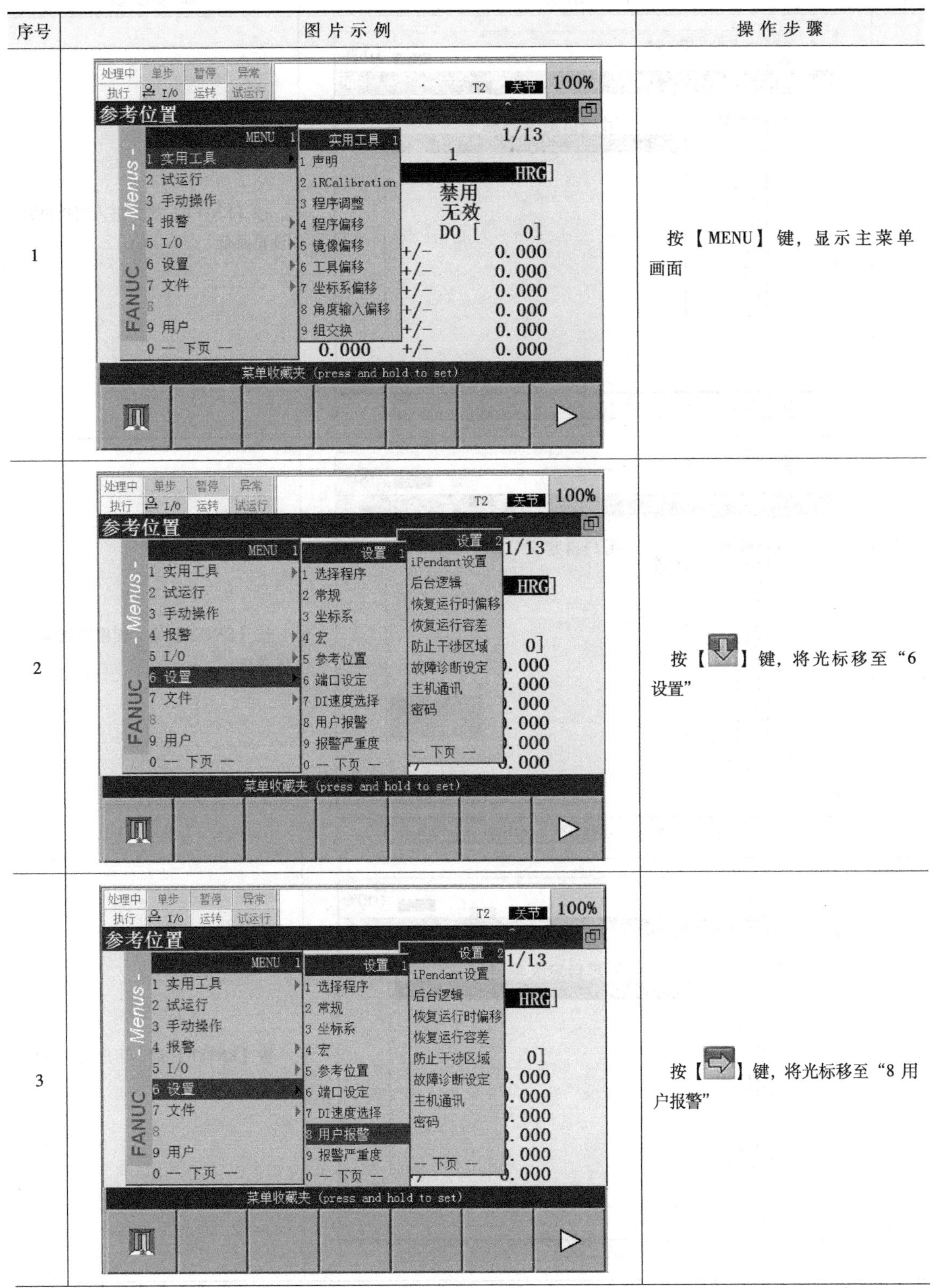

序号	图 片 示 例	操 作 步 骤
1		按【MENU】键，显示主菜单画面
2		按【↓】键，将光标移至“6 设置”
3		按【⇨】键，将光标移至“8 用户报警”

（续）

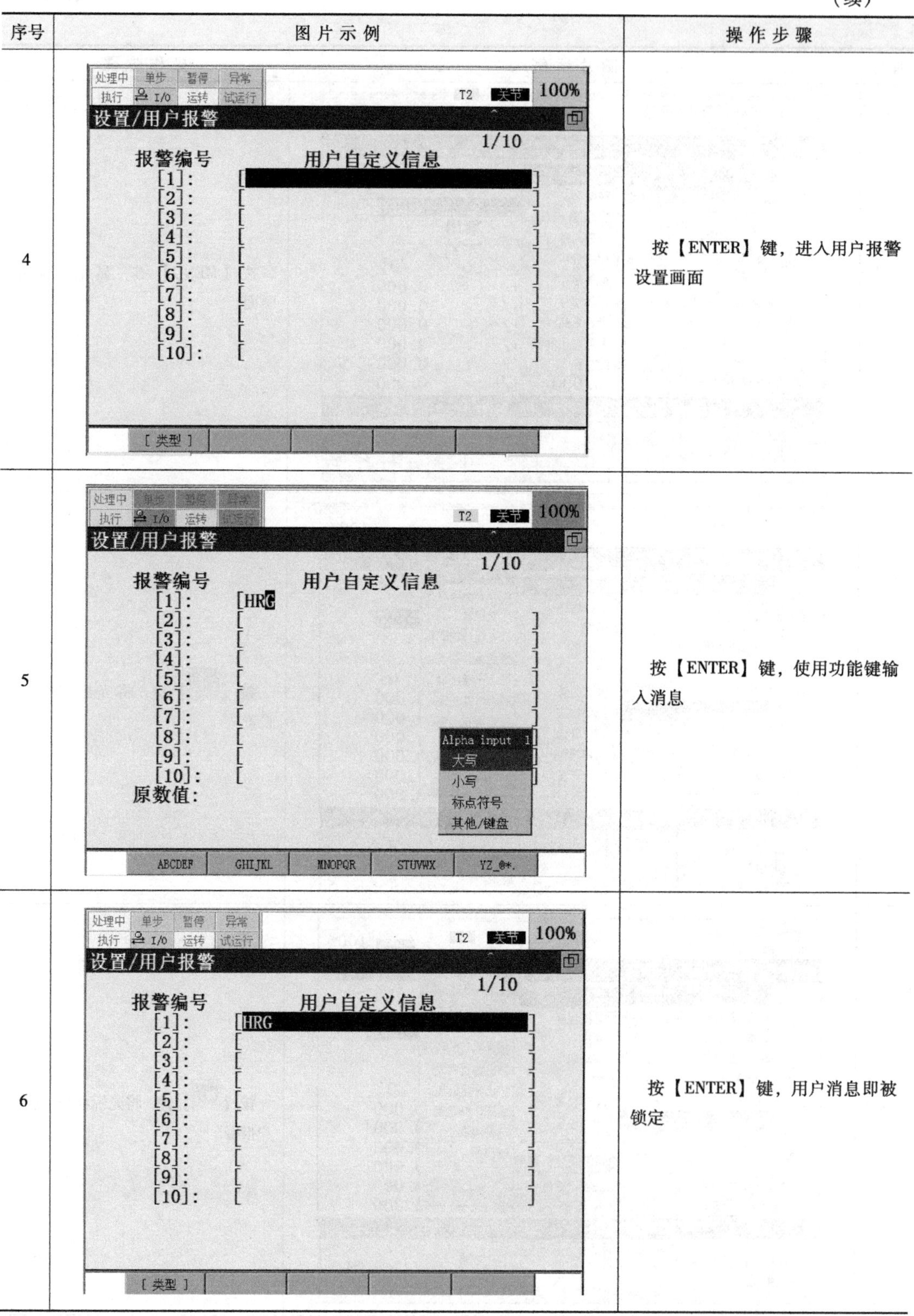

序号	图片示例	操作步骤
4		按【ENTER】键，进入用户报警设置画面
5		按【ENTER】键，使用功能键输入消息
6		按【ENTER】键，用户消息即被锁定

28.2.2 用户报警指令

在报警显示行会显示预先设定的用户报警号码的报警消息。用户报警指令使执行中的程序暂停，见表28-2。

表28-2 用户报警指令

格式	UALM[*i*] UALM[*i*]：其中 *i* 为报警号码
示例	UALM[1]　　([1]：HRG)
说明	显示报警号码为1的报警消息

码垛堆积

29.1 本节要点

29. 码垛堆积

- 了解码垛堆积功能。
- 了解码垛堆积指令的使用。
- 了解码垛堆积的示教。

29.2 要点解析

29.2.1 码垛堆积功能

码垛堆积是指只要对几个具有代表性的点进行示教，即可从下层到上层按照顺序堆上工件的一种功能。码垛堆积路径规划如图29-1所示。

- 通过对堆上点的代表点进行示教，即可简单创建堆上式样。
- 通过对路径点（接近点、逃点）进行示教，即可创建经路式样。
- 通过设定多个经路式样，即可进行多种式样的码垛堆积。

码垛堆积由以下两种式样构成。

（1）堆上式样　确定工件的堆上方法。

（2）经路式样　确定堆上工件时的路径。

根据堆上式样和经路式样设定方法的差异，码垛堆积可分为以下3种。

（1）码垛堆积B　对应所有工件的姿势一定、堆上时的底面形状为直线或者平行四边形的情形。

（2）码垛堆积E　对应更为复杂的堆上式样的情形（如希望改变工件姿势的情形、堆上时的底面形状不是平行四边形的情形等）。

（3）码垛堆积BX、EX　可以设定多个经路式样。码垛堆积B和码垛堆积E只能设定一个经路式样。

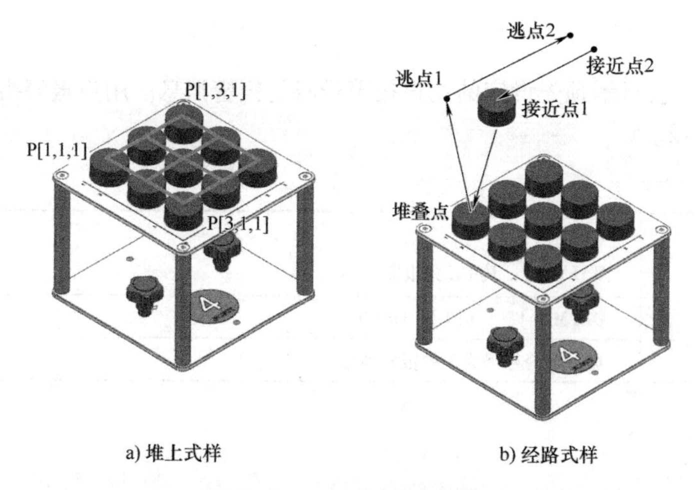

a) 堆上式样　　b) 经路式样

图 29-1　码垛堆积路径规划

29.2.2　码垛堆积指令

码垛堆积指令共分为以下 3 种。

（1）码垛堆积指令　基于堆上式样、经路式样和码垛寄存器的值，计算当前的路径，并改写码垛堆积动作指令的位置数据。

码垛堆积指令格式如下：

PALLETIZING[样式]_i

B,BX,E,EX　　码垛堆积号码(1~16)

（2）码垛堆积动作指令　使用具有接近点、堆上点和逃点的路径点作为位置数据的动作指令。

码垛堆积动作指令格式如下：

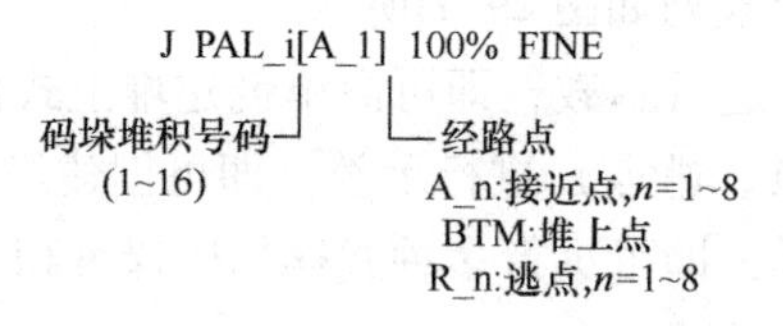

（3）码垛堆积结束指令　计算下一个堆上点，改写码垛寄存器的值。

码垛堆积结束指令格式如下：

PALLETIZING-END_i

码垛堆积号码(1~16)

29.2.3　路径规划

1. 路径规划

本知识点以搬运码垛模块工位上的圆饼物料为例，演示 FANUC 六轴串联机器人进行码垛应用的轨迹路径运动。针对码垛应用，将运动路径分为两部分：一部分是机器人将圆饼物料从异步输送带模块搬运至搬运模块正上方；另一部分是码垛堆积路径。

（1）异步输送带到搬运模块的路径规划　圆饼物料搬运路径为：机器人运动至安全点 PR[1：HOME]→等待异步输送带上的圆饼检测信号→圆饼物料到位→机器人持真空吸盘至抓取过渡点 P[1]→以线性运动的方式移动至抓取点 P[2]→打开吸盘抓取圆饼物料→以线性运动方式返回至抓取过渡点 P[1]→移动机器人至搬运模块正上方 P[3] 点，如图 29-2 所示。

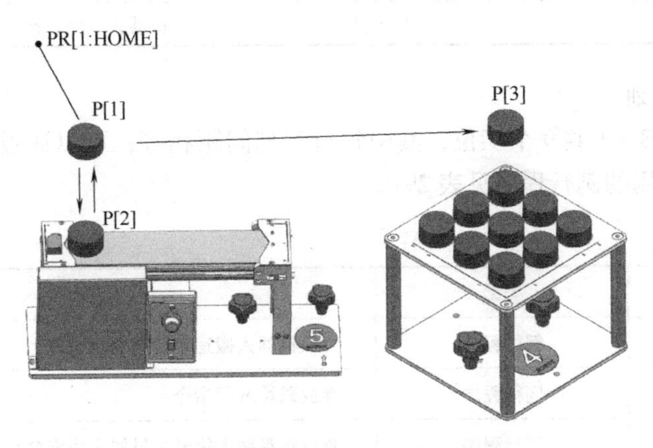

图 29-2　圆饼物料搬运路径规划

（2）码垛堆积路径规划　由于搬运模块是一个 3×3×1 的布局，因此只需对几个具有代表性的点进行示教，即可从下层到上层按照顺序堆上工件。如图 29-3a 所示，需要示教 3 个点，分别是 P[1，1，1]、P[1，3，1]、P[3，1，1]。码垛堆积路径为：机器人利用吸盘抓取圆饼物料→移动机器人至物料放置点 P[1，1，1] 并记录当前位置→移动机器人至物料放置点 P[1，3，1] 并记录当前位置→移动机器人至物料放置点 P[3，1，1] 并记录当前位置。3 个点示教完成后需要示教经路路径点。经路式样如图 29-3b 所示。

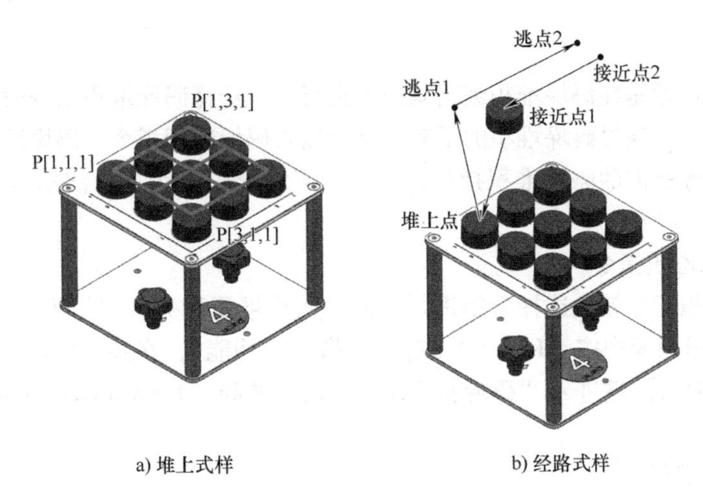

a) 堆上式样　　b) 经路式样

图 29-3　码垛堆积路径规划

示教点命名及注释见表 29-1。

表 29-1　示教点

名称	点数据	注　释
堆上点	P[BTM]	放置物料点位
接近点 1	P[A_1]	放置物料过渡点 1
接近点 2	P[A_2]	放置物料过渡点 2
逃点 1	P[R_1]	机器人返回过渡点 1
逃点 2	P[R_1]	机器人返回过渡点 2

2. 程序编辑规划

搬运模块上有 3×3 共 9 个工位，其中每行每列间距相等，可以通过创建码垛模块进行编程。本实例所使用的例行程序见表 29-2。

表 29-2　程序规划

名称	类型	作　用
BANYUN	例行程序	存放机器人搬运物料至搬运模块上方的轨迹路径程序
MADUO	例行程序	存放码垛堆积指令
INIT2	例行程序	复位吸盘输出信号，机器人回安全点位

3. 要点解析

1）搬运动作采用吸盘工具，需定义吸盘工具坐标系。首先应利用标定尖锥建立工具坐标系，然后将该坐标系在 Z 方向进行偏移即得到吸盘工具坐标系。

2）动作由吸盘工具完成，需配置吸盘 I/O 信号。由于吸盘动作会有延时，为了提高机器人效率，需提前开吸盘和关吸盘。

3）码垛的次数需要使用 FOR/ENDFOR 指令来确定。

29.2.4　示教码垛堆积

码垛堆积的示教是在码垛堆积编辑画面上进行的。选择码垛堆积指令时，自动出现一个码垛堆积编辑画面。通过码垛堆积的示教，自动插入码垛堆积指令、码垛堆积动作指令、码垛堆积结束指令等所需的码垛堆积指令。下面以码垛堆积 B 为例，演示示教码垛堆积的操作步骤，如图 29-4 所示。

1. 选择码垛堆积指令

选择码垛堆积指令就是选择希望进行示教的码垛堆积种类（码垛堆积分为 B、BX、E、EX）。在程序编辑画面中按【F1】键（对应“指令”功能），在弹出的辅助菜单中选择“7 码垛”，按【ENTER】键进入“码垛指令 1”界面，选择“1 PALLETIZING-B”，如图 29-5 所示。

2. 输入初期资料

在码垛堆积初期资料输入画面，可以设定进行什么样的码垛堆积。画面中设定的数据将在后面的示教画面上使用。码垛堆积的种类有 4 种，此处以码垛堆积 B 为例，演示初期资料的设定步骤。详细操作步骤见表 29-3。

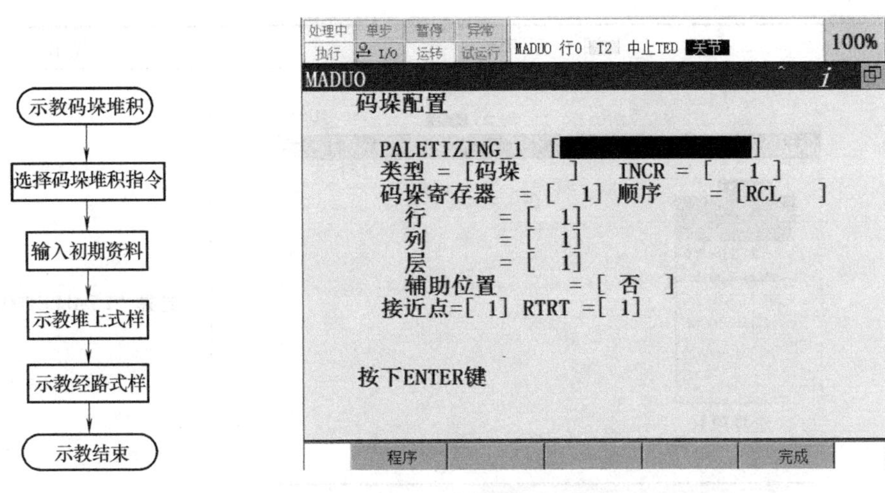

图 29-4　码垛堆积 B 示教步骤　　　　图 29-5　码垛堆积指令

表 29-3　输入初期资料的详细操作步骤

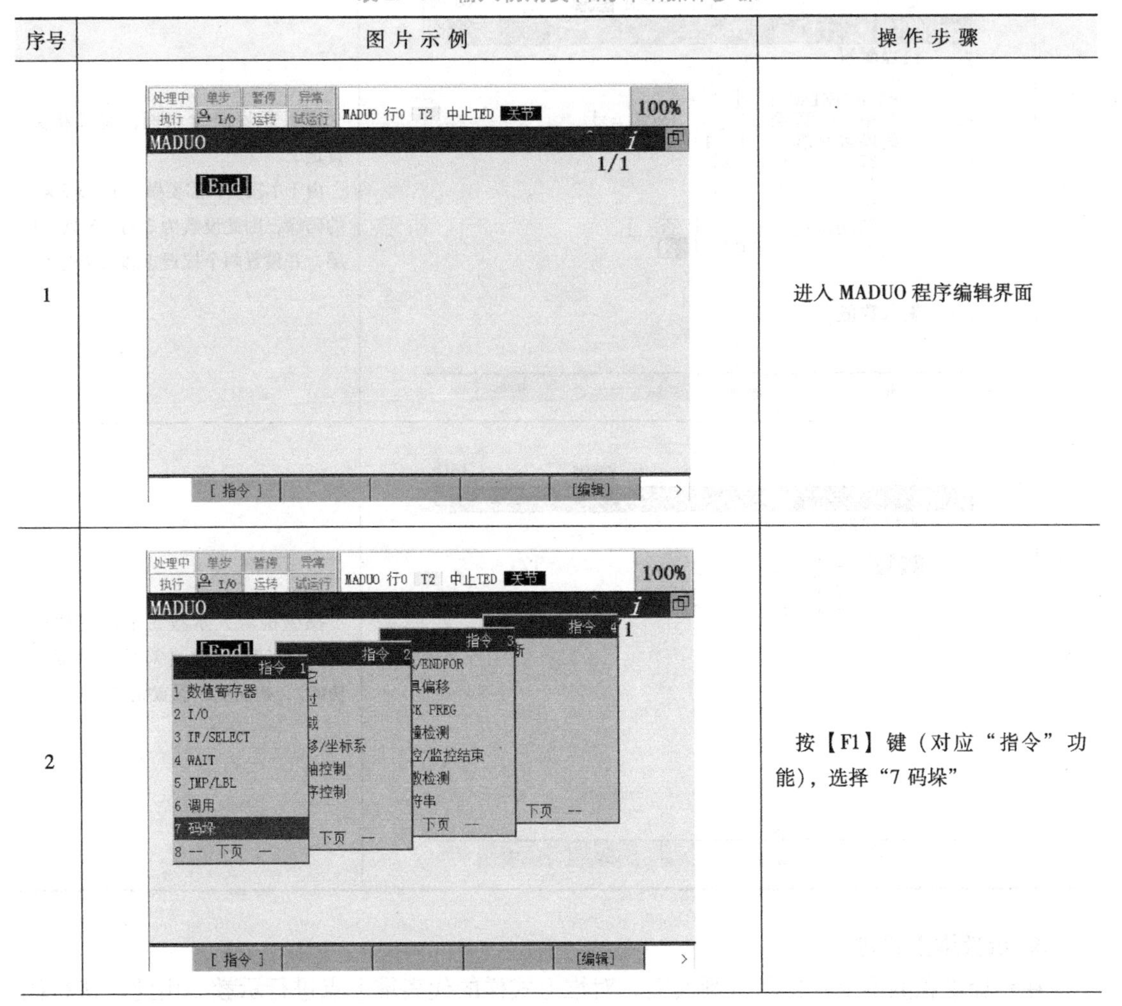

序号	图片示例	操作步骤
1		进入 MADUO 程序编辑界面
2		按【F1】键（对应“指令”功能），选择“7 码垛”

（续）

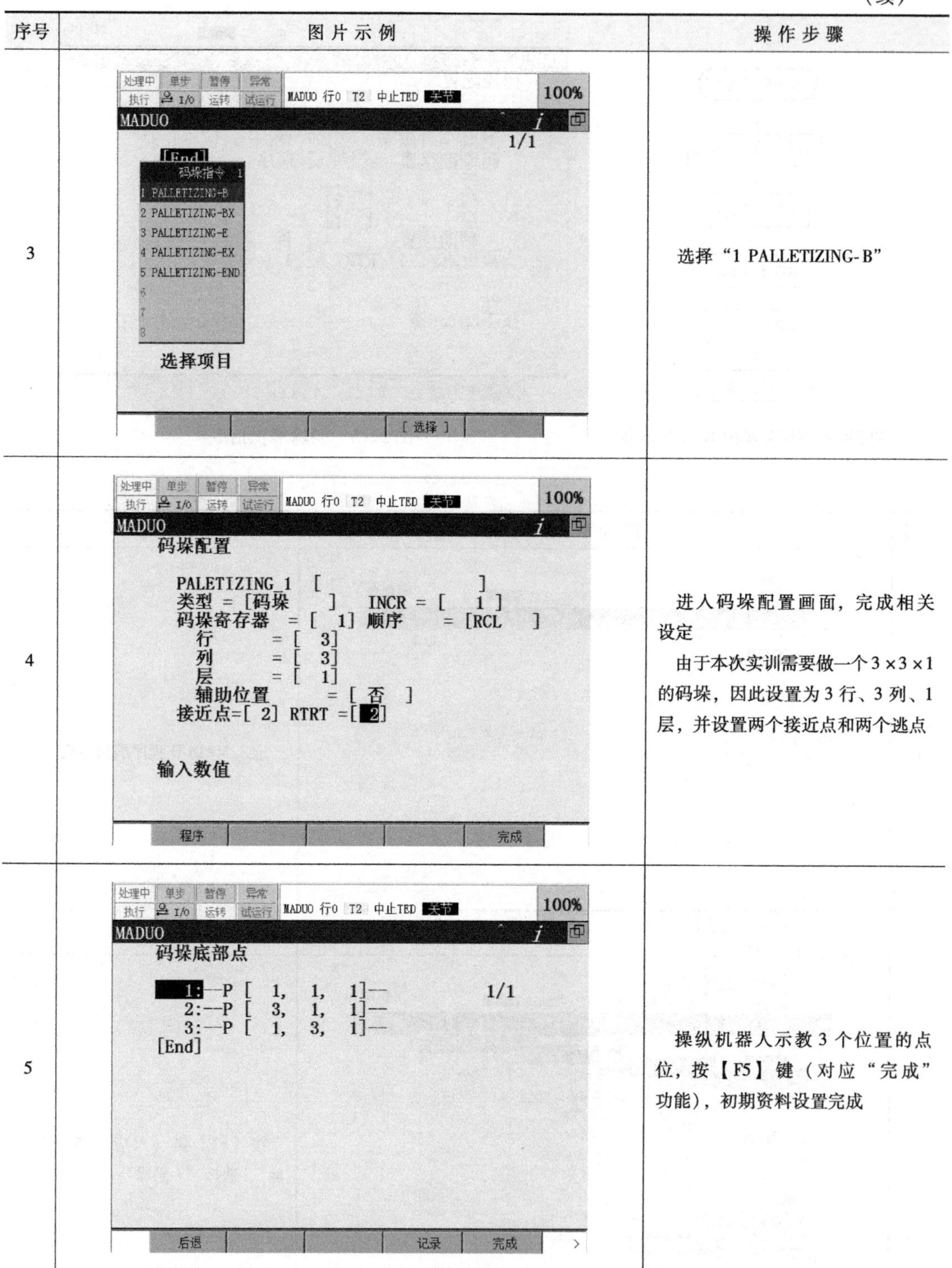

序号	图片示例	操作步骤
3		选择“1 PALLETIZING-B”
4		进入码垛配置画面，完成相关设定 由于本次实训需要做一个3×3×1的码垛，因此设置为3行、3列、1层，并设置两个接近点和两个逃点
5		操纵机器人示教3个位置的点位，按【F5】键（对应“完成”功能），初期资料设置完成

3. 示教堆上式样

在码垛堆积的堆上式样示教画面上，对堆上式样的代表堆上点进行示教。由此，执行码垛堆积时，会从所示教的代表点自动计算目标堆上点。下面以码垛堆积 B 为例，演示码垛堆积堆上示教的操作步骤，见表 29-4。

表 29-4 示教堆上式样的步骤

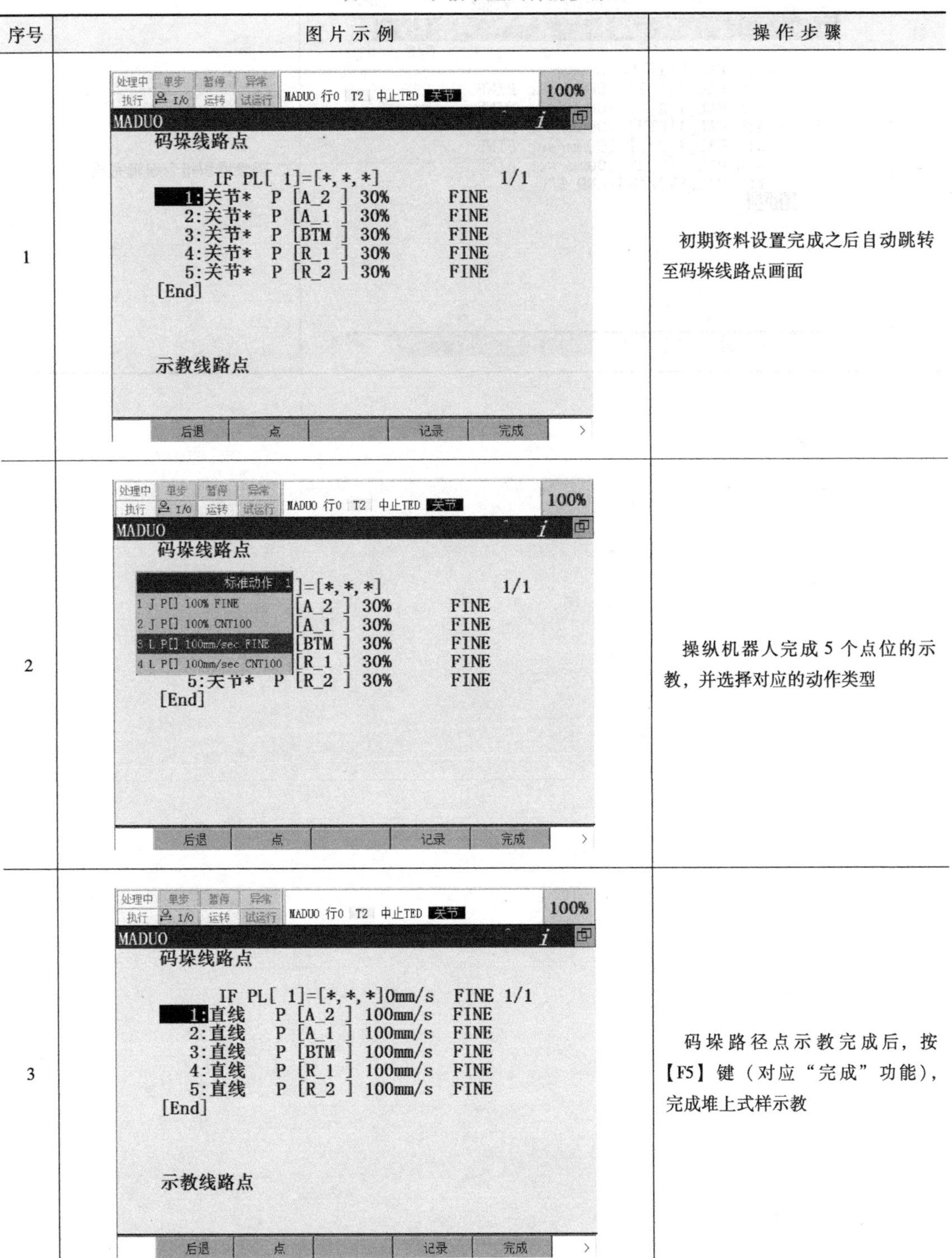

序号	图片示例	操作步骤
1		初期资料设置完成之后自动跳转至码垛线路点画面
2		操纵机器人完成 5 个点位的示教，并选择对应的动作类型
3		码垛路径点示教完成后，按【F5】键（对应“完成”功能），完成堆上式样示教

（续）

序号	图片示例	操作步骤
4	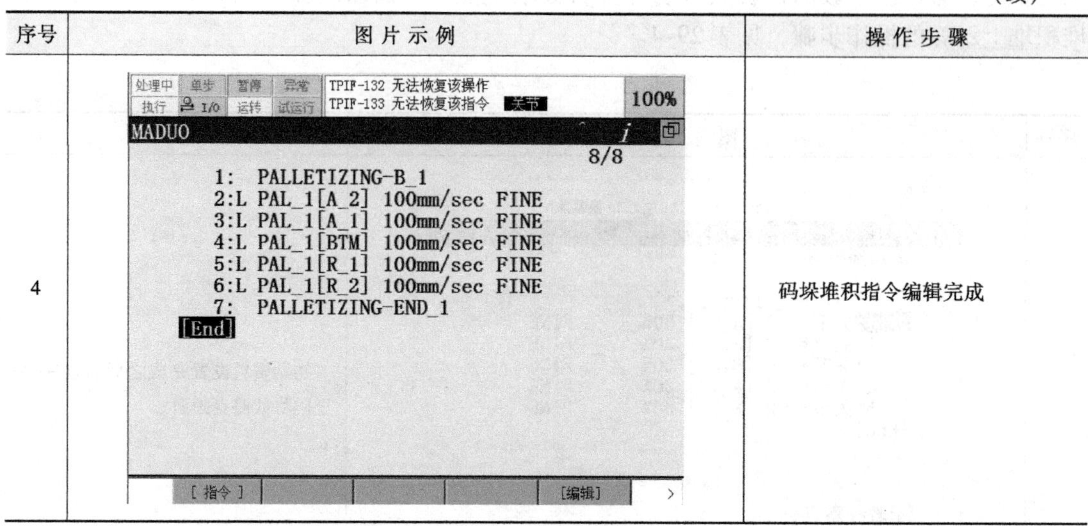	码垛堆积指令编辑完成

教学课件下载步骤

步骤一

登录“工业机器人教育网”

www.irobot-edu.com，菜单栏单击【学院】

步骤二

单击菜单栏【在线学堂】下方找到您需要的课程

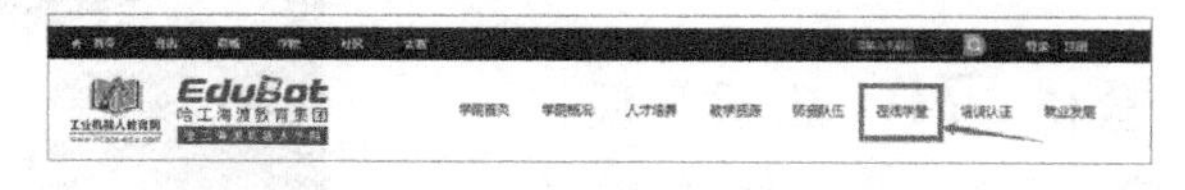

步骤三

课程内视频下方单击【课件下载】

咨询与反馈

尊敬的读者：

感谢您选用我们的教材！

本书有丰富的配套教学资源，凡使用本书作为教材的教师可咨询有关实训装备事宜。在使用过程中，如有任何疑问或建议，可通过邮件（zhangmwen@126.com）或扫描右侧二维码，在线提交咨询信息，反馈建议或索取数字资源。

（教学资源建议反馈表）

全国服务热线：400-6688-955